生活·讀書·新知 三联书店

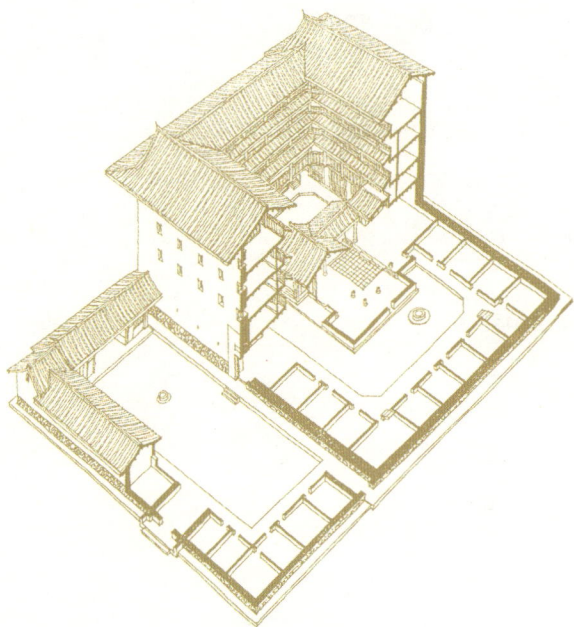

福建土楼

中国传统民居的瑰宝

修订版

黄汉民 著

图书在版编目（CIP）数据

福建土楼：中国传统民居的瑰宝（修订版）／黄汉民著．—北京：
生活·读书·新知三联书店，2017.7
ISBN 978 − 7 − 108 − 05866 − 9

Ⅰ．①福…　Ⅱ．①黄…　Ⅲ．①民居－介绍－福建省
Ⅳ．① TU241.5

中国版本图书馆 CIP 数据核字（2016）第 320443 号

文字编辑　黄　华
责任编辑　徐国强
装帧设计　宁成春　康　健
责任印制　徐　方
出版发行　生活·讀書·新知 三联书店
　　　　　（北京市东城区美术馆东街 22 号　100010）
网　　址　www.sdxjpc.com
经　　销　新华书店
印　　刷　北京新华印刷有限公司
版　　次　2017 年 7 月北京第 1 版
　　　　　2017 年 7 月北京第 1 次印刷
开　　本　635 毫米 × 965 毫米　1/16　印张 23.25
字　　数　83 千字　图 519 幅
印　　数　0,001 − 3,000 册
定　　价　98.00 元
（印装查询：01064002715；邮购查询：01084010542）

目　录

序

　　拨乱反正以后，黄汉民是最早研究中国民居的人之一。1982年，他完成了关于福建民居的硕士论文。福建是他的故乡，20年来，他一方面为建设故乡作了许多杰出的贡献，一方面利用一切机会继续研究民居，把福建全省跑了几个遍，不断有著作出版。10年前我到福州，他拉开柜子门，给我看一摞一摞的资料，晚上在他家里，吃着鲜龙眼，听他讲他对福建民居的分区特征等等学术上基础性的看法，使我大为兴奋。蛇年将尽，马年还差两天，一早收到他托人带来的厚厚一叠书稿，是《福建土楼——中国传统民居的瑰宝》。我立即坐下来，一天不动弹，把它读完。这是目前关于福建土楼的最详尽、最全面、最深入的著作，它不但是中国民居研究的重大收获，也是中国建筑史研究的重大收获。我钦佩而且高兴，于是，除夕之夜，放下手边催得十万火急的稿子，要为这本书写几句话。

　　写这样一本书，当然不是一年两年的事，要作许许多多实地调查、访问，要查阅许许多多资料、方志。黄汉民是怎么干的呢？他已经当了好几年的福建省建筑设计院院长兼总建筑师，这可是一件烦人的公职，要管组织、行政、业务，还有想不到的婆婆妈妈的事。有一次，在去南靖的车上，我听他用手机跟福州通话，原来是调解院里一对夫妻吵架闹离婚。我问他，怎么院长还得管这种事？他说，家庭不和就会影响情绪，情绪不好就会影响工作，所以，归根到底还是公事。当了院长，他照样要担任很繁重的设计工作，不但福建省内的工程常常指定要他主持设计，还有境外、国外也要他带头去打开市场。他开车带我在福州市里兜圈子，刚指给我看左边一幢楼是他们院设计的，右边马上又有了一座。虽然是转眼就闪过去，但我还来得及看出这些建筑都是出色的精心之作，很有新意。

　　又当院长又当建筑师，够教人手忙脚乱、筋疲力尽的了，他居然还一丝不苟地做他的学术工作，真是不可思议。

　　黄汉民是个利利索索、从容不迫的人。不论什么时候见到他，总是衣着整洁、腰板挺直。说话平心静气，而且脸上漾着微笑。我简直想象不出来，一个没有笑容的黄汉民是什么样子。台湾《汉声》杂志社的美术指导、享有国际声誉的书籍装帧艺术家黄永松跟我说，他随黄汉民去调查土楼，楼上楼下跑几趟，照几张相，就弄得灰头土脸、衫履不整。再一看黄汉民，一个人在厨房、厕所、猪圈和杂物堆中钻进钻出，画出了测绘图来，居然依旧衣冠楚楚、一尘不染，头发也纹丝不乱。

黄汉民是个细心而有条有理的人。境内的不必说了，香港、台湾的建筑界朋友，几乎人人知道福建有个黄汉民，想来参观，总能得到他的接待，不但热情，更重要的是照料得很周到，有时候还亲自陪着。我们在福建做过三个研究课题，全都是他介绍的。他托好了可靠的人，下乡吃、住、交通都安排得妥妥帖帖，隔三差五还来个电话，什么都关心到。有一次，在福安结束了工作，为了不想打扰他，我们雇了一辆农用车开到福州，他挺认真地说：为什么不叫我派车，万一农用车出了事，我怎么交代。又有一次我们在永安作完了调查，要过福州乘飞机回北京，也是怕过分打扰了他，就没有给他打电话。不料一早火车到福州，他已经在出站口等着了。那天他下午就要去香港，预先一个钟头一个钟头地定下了行动计划，一切按计划行事，最后准时把我们送到飞机场。

就是这样利利索索、从容不迫，这样有条有理、细致精心，他才能在当院长和作设计的间隙里，跑遍全省的山乡，作那么实在的调查研究，获得了很高水平的学术成就。这当然更要靠对学术工作的热忱和信念。我有不少朋友，早期都钟情于学术，一旦做上设计师，尤其是当上了个什么长，便长叹一声，埋怨没有了时间，再也不提学术了。其实他们中有不少是缺少黄汉民那种对学术坚毅执著的献身精神。黄汉民的家离设计院不远，他老伴身体一度很不好，但每天下班之后，他都要在办公室里再坚持几个钟头的学术工作。20世纪90年代的后半期，黄汉民几次因过度劳累而住院，有一次好像是为了颈椎病。消息传来，说他以后恐怕很难再继续搞民居研究了，我们心情都十分沉重，既为他的健康担忧，也为福建的民居研究担忧。福建民居的多样化和独特性在全国都是少见的，何况保存情况也比较好。但它们正在迅速消失，如果工作滞缓几年，以后谁来做都不行了。那时我两度到福州，硬下心肠没有说一句劝他以保重身体为先的话，只盼望他坚持研究下去，一本又一本地看到他新的著作出版。他还是漾着一脸的微笑，从容面对困难。在这本《福建土楼——中国传统民居的瑰宝》的书稿里，黄汉民写了一段"福建土楼发掘的历史"，可惜里面没有一个字提到他自己工作的艰辛过程，只很有兴味地回想起20年前他居然骑着自行车找到了南靖县书洋镇两座研究者还不知道的很有典型意义的土楼。前年初冬，他带我去看过这两座土楼，我敢断定，他不可能是一路骑自行车去的，至少有一半路程他要推着自行车，跌跌撞撞、跟跟跄跄地上坡下坡。

不知用了多少个夜晚，不知用了多少个周末，黄汉民终于写出了这本关于福建土楼的专著。创造了闻名世界的土楼的中国有了研究土楼的高水平专著。这本书，有纵向的考察也有横向的考察，有宏观的也有微观的，有科学的也有民俗的，有技术的也有文化的，有物质的也有心理的。里里外外，翻过来掉过去，研究了个透。

写这样一本书，最大的困难当然不是静态地描述土楼，而是回答一系列关于土楼的定性以及土楼的诞生、发展、流布等等的问题，黄汉民把它们叫做"谜"。他用不小的篇幅解答了这些谜，自称为"揭秘"。为了揭秘，他对简单化的单因论提出了有力的质疑，从历史的、地理的、经济的、军事的、社会的、文化的和心理的各个方面下手，综合地分析，而不是固执于一两个因素。他的分析不是想当然的，而是建立在文献史料、调查统计、实物比较等等的基础之上的，所以有难以辩驳的说服力。例如，圆楼发源于漳州这个判断就是这样论证的，而这个判断具有很重要的学术价值。

黄汉民这次托人带来的是文稿，他在电话里说，正在准备画一批插图。20年前他手绘的硕士论文插图就是第一流的，20年来，我们都拿它们当做教材。《汉声》杂志社的黄永松很喜欢他的图，多次对我们说，你们为什么不画黄汉民那样的图呀？我们总是无可奈何地回答，我们画不出来。自从使用电子计算机画图之后，效率倒是提高了，但图面僵化了，黄汉民那样既严谨又有活气的徒手画今后就可能成了绝唱。我企待着他为这本书多多地画些插图。

我更企望着不久黄汉民能完成他关于福建全省民居的著作。

陈志华

2002 年 2 月蛇年除夕

前　言

在福建省南部山区，一座座奇特的土楼星罗棋布，它是居住在那里的客家人和闽南人所创造的一种用生土夯筑的巨型的民居建筑，它无意炫耀自己的风采，但世界却在它面前爆发出声声惊叹！一位联合国教科文组织的顾问赞叹它是"世界上独一无二的神话般的山区建筑模式"！它又被誉为"东方文明的一颗璀璨的明珠"。这个"中国南方的山中传奇"吸引着从日本和欧美远道而来的学者和旅游者。对它感兴趣的已不仅仅是建筑师、摄影家和画家，还包括历史学、地理学、人类学、民俗学等学科的专家。

二十多年来我与福建土楼结下了不解之缘。陪伴中外友人、专家和学者，我一次又一次探访土楼，穿行在神奇的土楼村落。我感叹，我思索，福建土楼到底有什么魅力能如此地倾倒众生，令世界瞩目？是它无与伦比的建筑造型和建筑规模？是它巧夺天工的建筑技术和建筑艺术？还是它深刻的中华民族的文明底蕴？

2008年7月福建土楼正式列入世界文化遗产名录，使福建土楼名扬海内外。如今土楼旅游蓬勃发展，土楼研究不断深入。前来考察福建土楼的国外专家络绎不绝。站在历经数百年风雨的土楼前，即使是面对一幢已经无人居住的土楼废墟，人们也不能不震惊，不能不发出惊叹。人们好像面对饱

福建省南靖县书洋镇上河坑村土楼群。这就是被称为"世界上独一无二、神话般的山区建筑模式"的福建土楼。（文中照片除注明外均为黄汉民摄影）

福建省南靖县书洋镇田螺坑村土楼群。日本东京艺术大学茂木计一郎教授把它形容成天上掉下的"飞碟"、地上冒出的"蘑菇"。不管世人用何等词句描述，总比不上身临其境来得震撼、来得动人。（庄文国 摄）

经沧桑的历史老人，听他诉说那一段斑驳陆离的历史，那一篇悲欢离合的故事。走进土楼，一种崇敬的心绪会奔腾于胸臆。啊！神奇的福建土楼，你用最原始最简单的材料，为人类遮风避雨、御敌生存几百上千年！即使遭火焚、遇雷击，依然傲立苍穹，以宏伟的身躯证明着你的辉煌，给人以视觉的冲击和退思的享受……多少游客在饱览了土楼风采之后无不为之折服，称赞福建土楼是"中国古建筑的奇葩"，是"中国人民和世界人民共同的文化财富"。但在盛赞之余，都希望更多、更全面地了解福建土楼的奥秘，都想知道为什么会出现如此奇特的住宅形式。

　　本书尝试以福建土楼及其聚落的典型实例全面展现福建土楼民居的各种不同类型及其形式特色，力图通过对福建土楼的聚居方式、防卫系统、建造技术、空间特色、民俗风情和历史成因的探讨，将这个世界文化遗产、中国民俗文化的珍贵"活化石"、世界民居建筑中绝无仅有的瑰宝呈现给世人，从而揭示福建土楼这一独特建筑文化的深刻内涵。

福建省华安县仙都镇大地村二宜楼内院。这是第一个被列为全国重点文物保护单位的福建土楼。

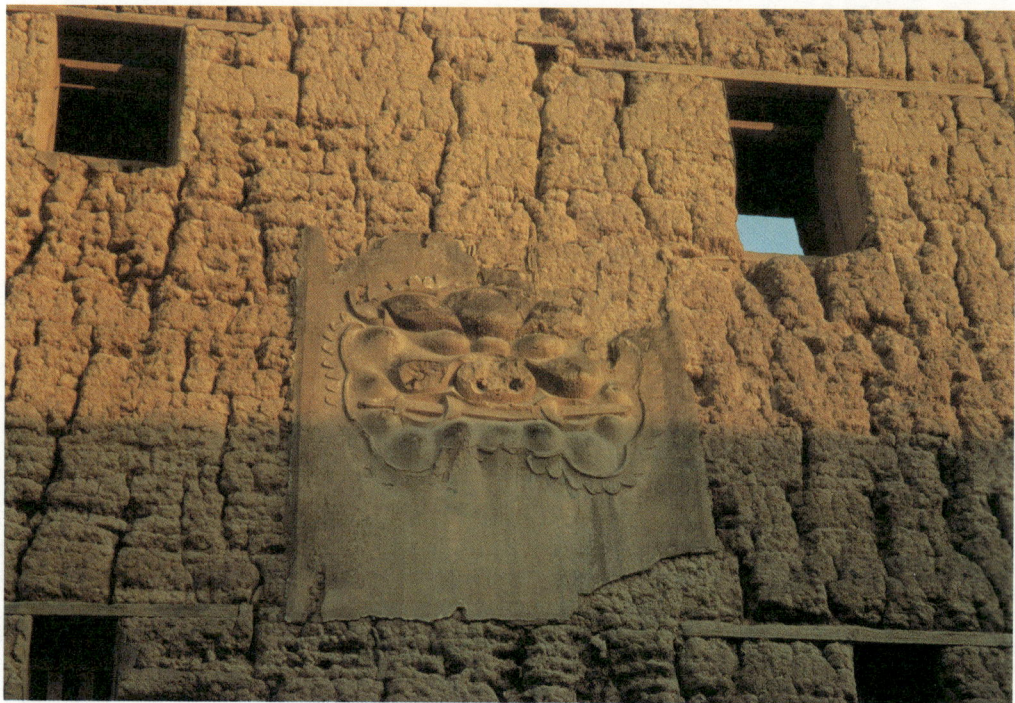

正值木薯收获季节,这是二宜楼内院中妇女正
在加工木薯、晾晒薯粉。一幅热气腾腾的土楼
生活场景。(黄永松 摄)

永定县古竹乡五实楼土墙上泥塑的"狮头咬
剑"饰。这装饰是为辟邪还是风水使然?神
秘的福建土楼有无数的谜等待你去破解。

静卧在永定县金丰溪边的圆土楼
——振福楼。（艾德蒙 摄）

南靖县书德楼的断壁残垣。面对它你不能不震惊，不能不发出惊叹。你好像面对饱经沧桑的历史老人，听他诉说那一段斑驳陆离的历史，那一篇悲欢离合的故事。你简直难以置信，这个楼的另一半至今仍然住人。

福建土楼

中国传统民居的瑰宝

永定县高头乡高北村承启楼的"小巷"。
在圆楼与方楼的夹缝中，一条小路通向
一个神奇的世界，它吸引多少中外学者
与游客前往探寻。

第 壹 章

土楼研究的历史回顾

一、福建土楼"发掘"的历史

福建永定县的土楼早在五十多年前就已经"发现":张步骞等三人合著的《福建永定县客家住宅》一文在南京工学院学报1957年4月号刊登后,学术界第一次知道了永定客家土楼的奇特形式。然而,知道闽南也有土楼至今只有二十多年时间。

1987年中国建筑工业出版社出版的高珍明等三人所著《福建民居》一书中,只介绍了永定县的客家土楼。1992年天津科技出版社出版的黄为隽等五人所著《闽粤民宅》一书中也不见闽南土楼的踪影。孰不知闽南的圆形、方形土楼比永定县还要多,只是它躲藏在深山之中未被人发现而已。

记得1981年初,为了完成福建传统民居研究的论文,我来到闽南进行田野调查,一个偶然的机会,在漳州市政府招待所认识了一位老红军战士——曾任龙溪地区副专员的陈维仪同志,他告诉我"南靖也有很多土楼"。当年他就在南靖县梅林镇打游击。意外的惊喜,促使我立即驱车直奔南靖县城,再转车赴书洋镇,翻过海拔近千米的"天岭",果然神奇的土圆楼第一次展现在我的眼前。初见圆楼的兴奋与惊喜真难以用言语表达。我落脚在书洋镇政府,借了辆自行车开始了找寻特色土楼之旅。

现在已经列入世界文化遗产名录的圆形土楼怀远楼和方

形土楼和贵楼就是当时发现的，这两座有特色的土楼，以其完美的造型，至今仍然被当做方、圆土楼的典型代表。二十多年来我又多次乘汽车回访这两座土楼，真不可思议，当年骑自行车怎么能找到距书洋镇十几公里外的梅林镇坎下村的怀远楼和璞山村的和贵楼。

记得还是在南靖县曲江村市场的小旅社中认识了石桥村的张容进，是他带我步行六七里地来到石桥村。小小的山村，方、圆土楼高低错落，层层梯田交相映衬，山环水抱，茂林翠竹，土楼山村的美景真把我给迷住了，从此开始了与石桥村的不解之缘。当时在石桥村测绘的长源楼已成坡地土楼结合地形的典型代表。同时发现的圆楼顺裕楼，至今仍是客家圆楼中直径较大的一座。随后还是张容进的母亲带路，帮我挑着行李，从石桥村徒步翻山越岭，抄近路第一次来到永定县的古竹乡，开始了永定土楼的探寻……

和贵楼 璞山村 梅林镇 南靖县

怀远楼　坎下村　梅林镇　南靖县

　　1982年我完成了以《福建民居的传统特色与地方风格》为题的硕士论文，并于1984年在《建筑师》丛刊第19期、第21期连载。其中发表了南靖县怀远楼、和贵楼和长源楼的测绘图，使闽南地区南靖县的土楼第一次展现在世人面前。

　　日本东京艺术大学的茂木计一郎教授看到这篇文章后，向中国建筑学会提出申请，点名要考察文中所列举的几座土楼。由于当时福建山区还未对外开放，几经周折，1986年春天茂木计一郎先生才得以带领他的11名助手来到南靖。日本学者的到来引起当地政府和文化部门的关注，南靖县文化局开始把土楼列入文物普查的一项内容，使随后对南靖土楼的研究有了较好的基础。1987年3月茂木计一郎教授在日本《住宅建筑》杂志发表了土楼研究的文章，并于1986年底至1988年三次在东京与大阪举办了图片展览，引起日本各界极大的关注。1989年他发表了研究报告《中国民居研究——客家的方形、环形土楼》；1991年又出版了专著。这期间，欧美以及日本的不少学者都先后来到永定、南靖考察。这样，福建土楼，其中包括它的精华——永定和闽南的土楼开始走向世界。

　　1987年6、7月间，同济大学路秉杰教授和9位教师率

领 105 位学生，来到南靖县进行建筑学专业的测绘实习，12天共测绘了 32 座圆楼，并绘制了长达 9.65 米的塔下村立面图，于 1988 年汇编成《福建南靖圆楼实测图集》，大大丰富了闽南土楼研究的第一手资料。闽南土楼研究得到国内外学者的广泛关注。

1987 年 11 月我陪同美国伯克利加州大学刘可强博士到南靖考察土楼。

1988 年 12 月我陪同台湾《汉声》杂志社的黄永松先生又来到闽南、闽西考察。1990 年以台湾文化大学古建筑专家李乾朗教授为领队的台湾学者一行 11 人来福建考察土楼。

1990 年 9 月，刘可强博士和两位台湾学者再次来到福建考察土楼。

1993 年中国传统民居学术委员会组织了福建土楼研究考察，二十余位国内外民居研究专家（包括香港、新加坡建筑师）被神奇的福建土楼深深地吸引。

1997 年 10 月，黄永松先生、李乾朗教授又一次率领台湾学者 18 人重访福建土楼。

1997 年 11 月，荷兰著名学者赫曼·赫茨伯格（Herman Hertzberger）教授和夫人应邀到台湾讲学后，第一次到大陆就要求看福建土楼，我陪同他们考察了五天，圆了他十多年的土楼梦。随后，法国土建调查运用中心的秘书长爱莱·海勒来了，日本琉球大学工学部的福岛骏介先生来了，法国的建筑师艾德蒙来了……随着土楼旅游的开展，一批又一批外国学者来到永定、南靖……福建土楼就这样一步一步由台湾、香港开始走出国门，从日本到欧美，一股"福建土楼热"掀起了。

由于闽南土楼的发现，福建土楼分布的范围一下子扩大到整个福建南部地区，对土楼感兴趣的已经远远超出了建筑学者，研究土楼的队伍不断扩大，已从单一的建筑学者发展到多学科领域的学者。多学科的共同研究，使研究范围逐步拓宽，研究课题逐步深化。近年来，招商用土楼去引资，影视选土楼做场景，小说取土楼为题材，媒体借土楼来炒作，旅游以土楼为中心……土楼的保护和旅游的开发受到更广泛的重视。

1996年闽南土楼二宜楼在福建土楼中第一个被列入全国重点文物保护单位，2001年永定县的振成楼、福裕楼、奎聚楼、承启楼，南靖县的田螺坑、和贵楼，平和县的绳武楼等又被国务院公布为全国重点文物保护单位。同年福建省人民政府又先后公布了永定县的环极楼、衍香楼和南靖县的怀远楼等为省级重点文物保护单位。1994年永定县成立了永定客家土楼文化研究会，1997年成立了永定客家土楼保护管理委员会，投入数百万元资金维修重点土楼，整治土楼的环境。南靖县相继公布了76座土楼为县级文物保护单位。华安县1992年和1999年开展全县土楼普查登记工作，相继公布4座土楼为县级文物保护单位。

1999年，福建土楼申报列入世界文化遗产的工作正式启动。领导重视，全民动员，上下一心，走过近十年的艰苦"申遗"路。北京时间2008年7月7日凌晨，在加拿大魁北克举行的联合国教科文组织第32届世界遗产大会上，表决通过了将福建土楼正式列入世界遗产名录。福建土楼从此真正走向世界。

大夫第　大塘角村　高陂镇　永定县

二、福建土楼研究的历程

五十多年来，对福建土楼的研究，经历了从最初发现个别土楼作零星介绍，发展到广泛调查进而全面研究两个阶段。

20世纪50年代至80年代，国内的建筑学者开始注意到福建土楼民居，从最早的发现到初步的调查，研究范围仅限于福建永定县的客家土楼，对此感兴趣的还只是少数的高校教师和学者。限于当时的环境条件，对永定的客家土楼只是作些零星的介绍：

1956年南京工学院刘敦桢先生领导的中国建筑研究室最早开始对永定县的客家土楼进行研究。《南京工学院学报》1957年4月号的《福建永定县客家住宅》一文是最早发表的研究文章。

中国传统民居的瑰宝

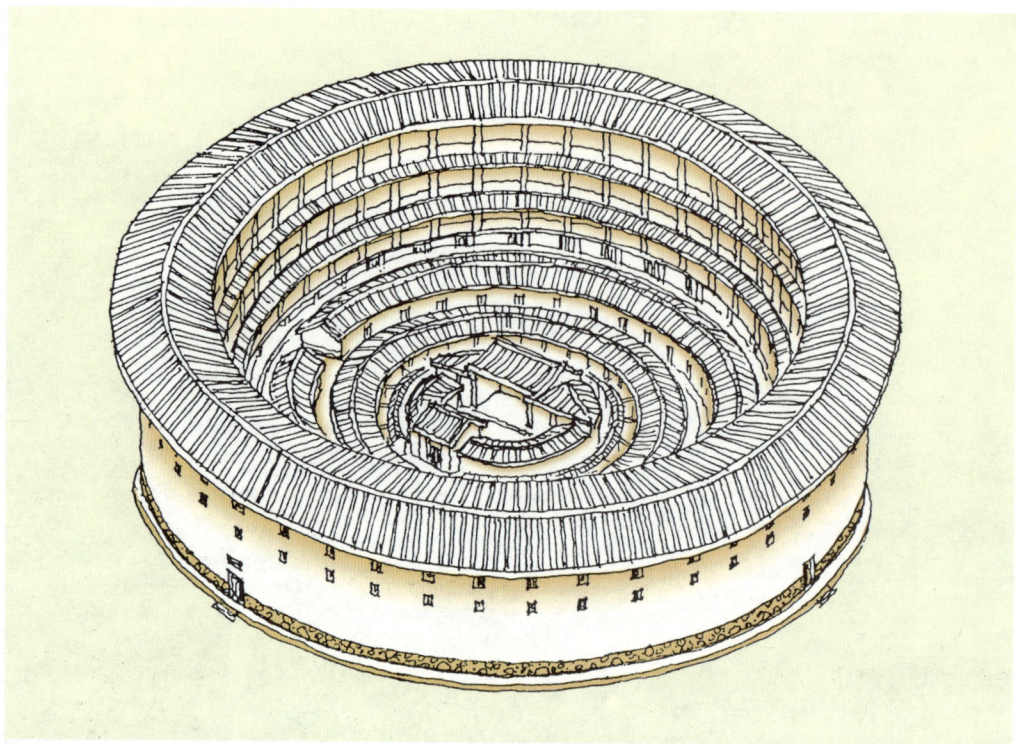

承启楼　高北村　高头乡　永定县（文中插图除注明外均为黄汉民绘制）

　　1962 年 10 月版的《中国建筑简史》一书中介绍了永定客家土楼振成楼。1964 年 4 月刘敦桢先生编著的《中国古代建筑史》一书中介绍了客家民居——承启楼与艺槐第。1978 年 6 月出版的《中国建筑史图集》中只画了一座客家小圆楼。1963 年 9 月中国建筑科学研究院建筑理论及历史研究室的王其明、陈耀东、傅熹年、于震生、邱玉兰、何国进等先生曾对福建永定县的客家土楼作过详细调查，后来被当做"封资修"批判，"文化大革命"中资料全部散失，未见发表。

　　1980 年 10 月版的《中国古代建筑史》一书中收入了两个永定县客家土楼的实例——承启楼与大夫第。

　　1983 年《建筑师》杂志第 16 期发表了高珍明等著的《福建民居掠影》一文，其中介绍了福建永定的客家土楼。

　　1987 年中国建筑工业出版社出版《福建民居》一书，对永定县的客家土楼作了较全面的介绍。

　　总之，直到1987年，学术界对福建土楼的研究，在范围上还仅仅限于永定县的客家人的土楼，以至于直到如今人们一听到福建土楼第一反应就是客家人的土圆楼，而对福建南部闽南人居住的单元式土楼即闽南土楼则一无所知，还误将闽南土楼与客家土楼混为一谈。

　　1987年11月，为了筹划拍摄有关土楼的科教片，我陪同上海科教电影制片厂的朱育林导演和福建电视台的叶雄彪先生又一次重访土楼。这一次在漳州市文物科老科长曾五岳先生的引导下，来到了漳州市所属的华安县、平和县和云霄县，我才第一次发现闽南人居住的单元式圆土楼。

　　1988年5月在泉州召开的中国建筑学会"建筑与城市"学术讨论会上，我发表了《福建圆楼考》的论文，介绍了闽

二宜楼　大地村　仙都镇　华安县

西的通廊式和闽南的单元式圆楼，并荣获"优异奖"。随后论文在《建筑学报》1988年第9期发表，文中首次向学术界介绍了华安县二宜楼、云霄县树滋楼和漳浦县锦江楼的测绘平面图，以及华安县升平楼、雨伞楼和漳浦县八卦堡的照片，第一次展现了单元式圆楼的形态，提出了圆楼的"根"在漳州的观点，揭示了从城堡、山寨到圆楼的发展进程。

台湾《汉声》杂志发行人黄永松先生看到《建筑学报》上的文章后很感兴趣。1988年12月他带两位编辑和我一行4人，对闽西的永定县和闽南的南靖县以及漳州地区的土楼作了全面的考察，足迹遍及龙岩、漳州等11个县市，调查测绘了72座土楼，真正实现了"福建土楼之旅"的梦想，这一次才证实闽南漳州市几乎所有的县都有土楼，更坚定了圆形土楼源于漳州的观点。

振成楼（鸟瞰）洪坑村
湖坑镇　永定县

福裕楼　洪坑村　湖坑镇
永定县（李玉祥　摄）

　　1989年8月《汉声》杂志以南靖县河坑村鸟瞰的照片作封面，推出了《福建圆楼专集》，系统介绍了福建的圆楼。1989年8月30日台湾《联合报》副刊以整版篇幅刊登了我的文章《走进圆楼世界》。

　　福建土楼的研究从此由永定一个县扩大到龙岩适中镇以及整个闽南地区，包括漳州市所属的10个县区和泉州市的安溪县、惠安县、南安市。由局限于客家人居住的土楼扩大到闽南人居住的土楼，从仅仅知道客家人的内通廊式土楼到了解闽南人居住的平面形式完全不同的单元式土楼，以及更加丰富的土楼变异形式。

1987年、1989年我两次赴美参加学术研讨会均发表了介绍福建土楼的论文，并在哈佛大学、伯克利加州大学、明尼苏达大学等地以及日本东京艺术大学讲演介绍福建土楼，使福建土楼引起更多国外学者的关注。1989年12月我在国内唯一的英文建筑杂志《中国建筑》上发表了《福建闽南的古堡奇观》一文。同时国内不少报刊杂志也开始对福建土楼作了一些报道。

到了20世纪90年代，"福建土楼热"全面兴起。

1990年福建人民出版社出版了《永定土楼》一书。

1991年日本茂木计一郎教授的《中国民居的空间探索》一书和1992年黄为隽等著的《闽粤民居》一书，都介绍了福建土楼。

1992年林嘉书等著《客家土楼与客家文化》一书，在较广泛的领域探讨了客家土楼与客家文化。

1992年7至8月，路秉杰教授又带领学生实测了福建龙岩市适中镇的土楼（非客家人的土楼），汇编成《龙岩适中土楼实测图集》。

1994年台湾《汉声》杂志社出版了笔者的专著《福建土楼》，对福建闽南及客家土楼作了较全面的论述。该书荣获《中国时报》开卷版评出的1994年"台湾十大好书奖"。1994年4月在台北举办"福建土楼建筑考察特展"，展出了书中的手绘图与照片。

2000年11月我应邀赴韩国，在仁荷大学、延世大学、汉城大学以及韩国文化研究所讲演，介绍福建土楼及其现代应用，引起韩国同行极大的兴趣。

这几年到福建考察土楼的国内外专家学者络绎不绝。一个福建土楼的研究热潮方兴未艾。随着研究的深入、国内外反响的增强，福建土楼引起了各级领导和有关部门的重视。中央、地方的媒体也不断地报道或拍摄专题片广泛介绍福建土楼。福建土楼专题旅游业已开发，永定的振成楼已部分辟为土楼旅馆。对福建土楼的研究正逐步深入。这一时期土楼

承启楼祖堂　高北村　高头乡　永定县

绳武楼　蕉路村　芦溪镇　平和县

衍香楼　新南村　湖坑镇　永定县

研究的特点表现在：(1) 土楼调查研究和保护得到了政府有关部门的重视；(2) 调查面扩大了，从永定土楼扩大到整个闽南地区的土楼；(3) 大体摸清了福建土楼的基本类型与形式；(4) 从建筑学者单学科的研究，渗透发展到人文、地理、历史、民俗等多学科学者的研究，研究人员队伍扩大了；(5) 从单纯建筑形式的介绍发展到建筑文化内涵的研究，进而与客家和福佬两大民系的研究联系起来，使研究范围逐步拓宽；(6) 多学科研究的结合与相互补充，中外学者的共同研究与相互启发，使研究不断深化。

尽管如此，地方学者囿于本地区范围的研究，虽提供了本地区详实的资料，由于无法全面了解其他地区的情况而表现出明显的局限性。个别学者单纯从宣传客家文化的角度来介绍客家土楼，不自觉地陷入了狭隘的片面性。建筑学者较多致力于基础资料的调查测绘，确实提供了宝贵的第一手实测资料，但还有待深入分析。外国学者的研究，使我们了解了外国人眼中的福建土楼，同时也给我们提供了可资借鉴的研究方法，但他们毕竟是走马观花，缺乏对历史、国情的深入了解，经常被片面的宣传所误导。总之，关于福建土楼的研究虽然还只能算做起步，但可以说有了一个很好的开端，毕竟已为下一步深入的研究打下了坚实的基础。

第 **貳** 章

丰富多彩的土楼形式

　　福建土楼的类型主要有三种：圆楼、方楼与五凤楼，此外还有诸多变异的形式。

　　五凤楼主要集中在永定县的高陂、坎市、湖雷、抚市4个乡镇，圆楼与方楼主要分布在闽西龙岩市的新罗区、漳平市，永定县的古竹、湖坑、岐岭、下洋、陈东、湖山、高头几个乡镇，闽南南靖县的梅林、书洋、奎洋、船场4个乡镇，平和县的芦溪、九峰、霞寨、长乐、大溪几个乡镇。此外漳州市所属10个县区，泉州市的安溪、南安、惠安等县市亦有这种土楼（详见"福建土楼数量及分布简表"）。这些圆、方土楼又分内通廊式和单元式。内通廊式主要是闽西客家人的聚居建筑，单元式主要是闽南人的聚居建筑，它们外观造型相同，平面布局差异极大。

　　现存土楼的建造年代从明嘉靖年间直到20世纪80年代。

福建土楼数量及分布简表

地区\类型	龙岩市			漳州市									泉州市				合计
	新罗区	永定县	漳平市	南靖县	漳浦县	诏安县	华安县	平和县	长泰县	云霄县	龙海县	芗城区	龙文区	安溪县	南安市	德化县	惠安县	
圆楼	1	362		386	60	86	41	240		8	3	3		2	1			1193
方楼	965	380	45	502	48	34	20	135	4	5	1	6	7	2	9	1	1	2165
五凤楼		250																250
其他形式		10		6	17	6	8	72		6								125
合计	966	1002	45	894	125	126	69	447	4	19	4	9	7	4	10	1	1	3733

注：以上为地方有关部门及研究学者2001年提供的统计数，土楼遗址未统计在内。

福建土楼分布地区示意图

一、圆 楼

　　福建圆楼总数经初步统计总共一千一百多座。其中内通廊式圆楼近八百座，单元式圆楼三百多座。绝大多数圆楼的层数为三、四层，直径约 30 米—50 米。单元式圆楼的祖堂都设在正对大门的环楼底层，内院作为公共活动的场院。内通廊式圆楼中，建造年代较近的，祖堂也是设在正对大门的环楼底层，内院完全空敞。建造年代较早又比较讲究的圆楼，祖堂都建在内院中心。福建的内通廊式圆楼，其外环楼的形制大致相同，只有层数及直径大小的差别，所不同的主要是

河坑村（鸟瞰）
书洋镇　南靖县

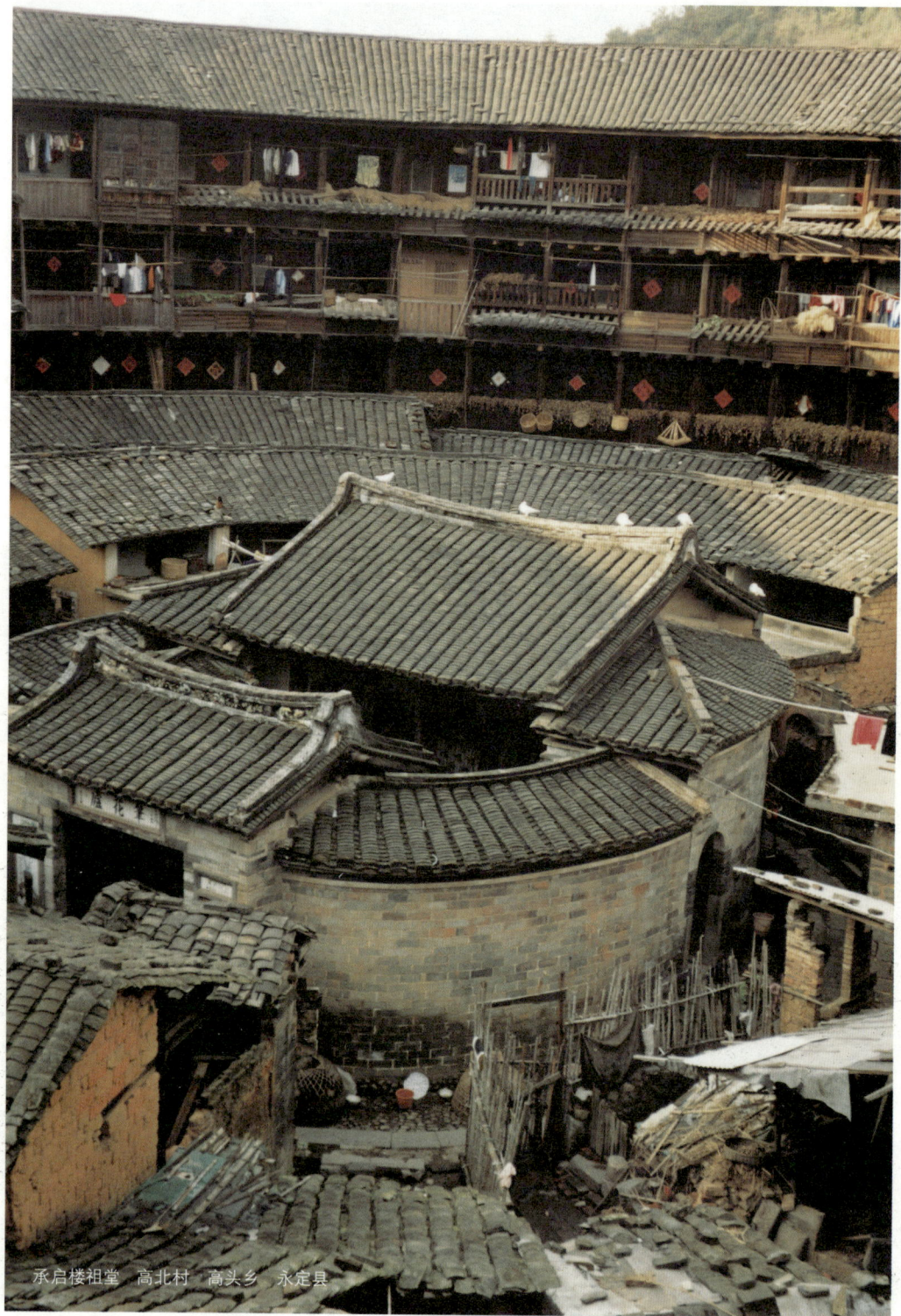

承启楼祖堂　高北村　高头乡　永定县

中国传统民居的瑰宝

环极楼　南中村　湖坑镇　永定县

环极楼内院

环极楼内环屋顶

环极楼内环屋顶

内院部分。有的内院中增加一两圈环楼，有的只是在内院中心设祖堂，而且祖堂有的方有的圆，变化颇多，使内院空间丰富多彩。如永定县高头乡高北村的承启楼，内院中设两圈环楼，中心是祖堂。永定县湖坑镇南中村的环极楼，内院中有两圈单层的环屋，形成内环和中环。正对大门的厅作为祖堂，厅两侧各六开间的入口门楼连成"内环"。其"中环"是各户的小客厅。各户之间用矮墙隔开，进入户门是小天井，方形客厅对天井开敞，客厅兼做接待客人的餐厅。"中环"方厅与方厅之间隔出的三角形空间作为备餐室，有门与外环楼底层的厨房连通。内部空间及平面布置别具一格。永定县湖坑镇新南村的衍香楼及下洋镇霞村的永康楼，内院中祖堂与连廊组成的是方形的四合院。永定县湖坑镇西片村的振福楼，内院祖堂与弧形的厢房及中门组成马蹄形的单层内环，别有特色。

以下各列举一个内通廊式圆楼和单元式圆楼的典型实例作详细介绍。

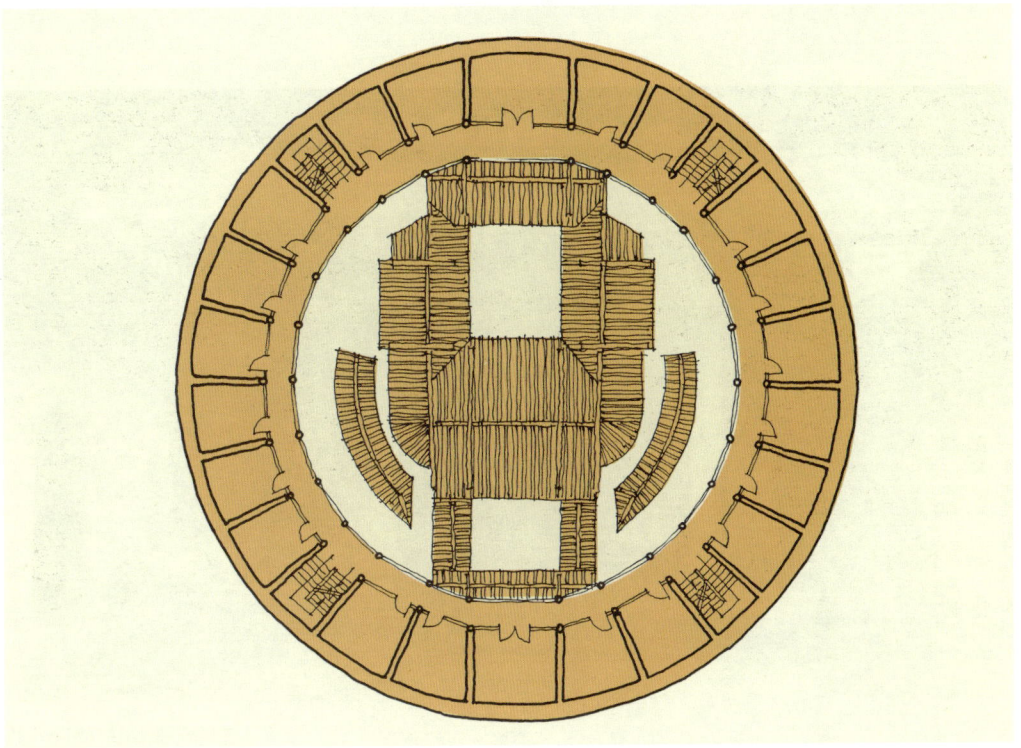

永康楼二层平面图　霞村　下洋镇　永定县

永康楼内院

振福楼马蹄形天井
西片村　湖坑镇　永定县

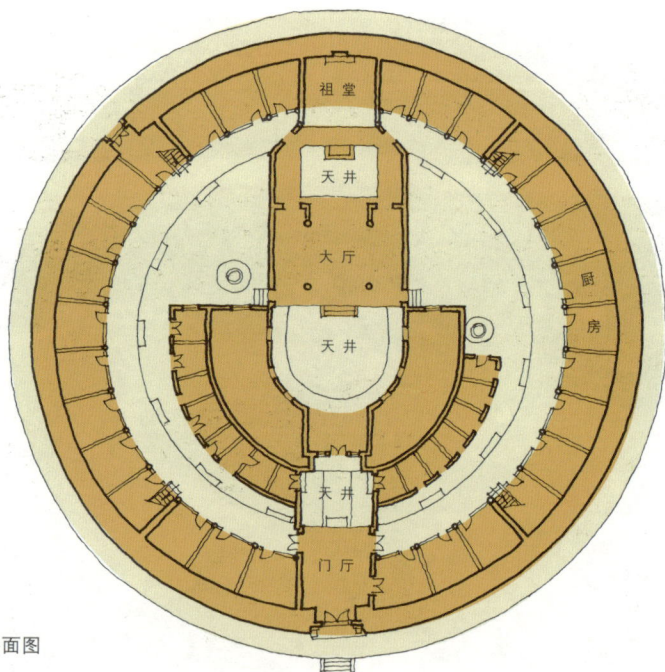

振福楼一层平面图

振福楼立面图

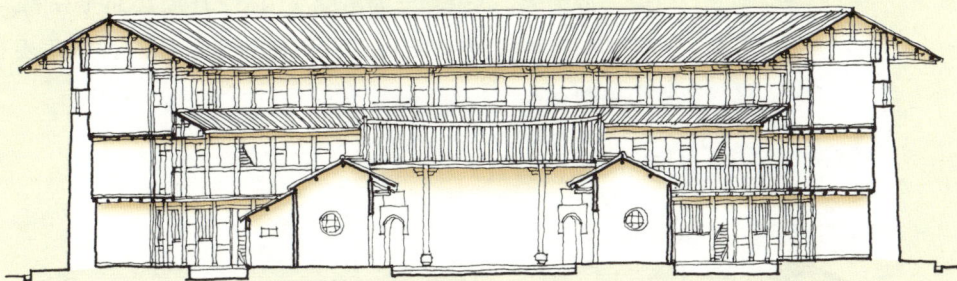

振福楼剖面图

振福楼内环及祖堂

振福楼一二层平面图

怀 远 楼

　　怀远楼是内通廊式圆楼的典型。位于南靖县梅林镇坎下村。始建于清宣统元年（1909），至今形态完整，保存完好。80年代楼内曾居住18户、115人，2000年还居住15户、63人。

　　圆楼占地1.7亩，大门朝南，整座建筑由直径38米的环形土楼和中央圆形祖堂两部分组成。环形土楼高四层，外围土墙为夯土墙，其余部分为木穿斗构架。环周共34个开间、4部楼梯沿圆环均匀分布。除门厅所在的开间为敞厅外，每层有29个房间。

福建土楼 中国传统民居的瑰宝

怀远楼剖面图

怀远楼立面图

0　　　　5m

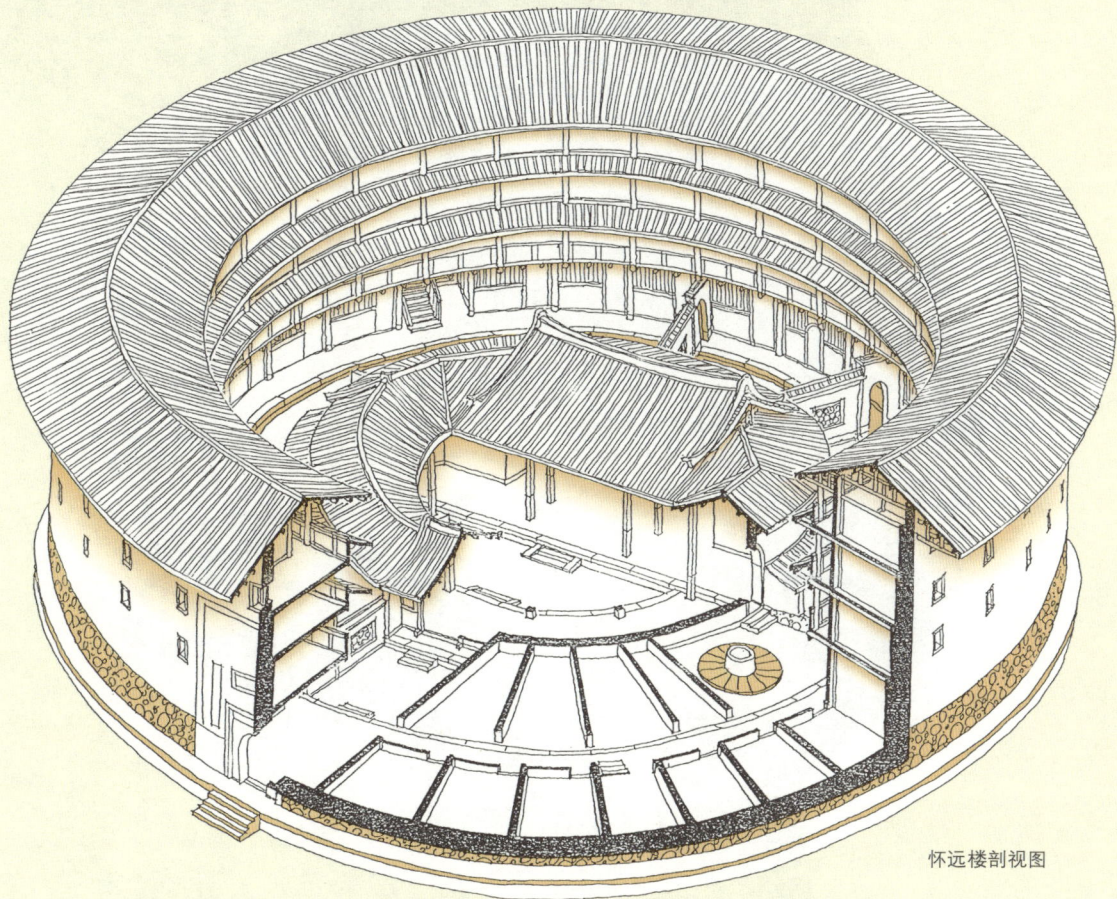

怀远楼剖视图

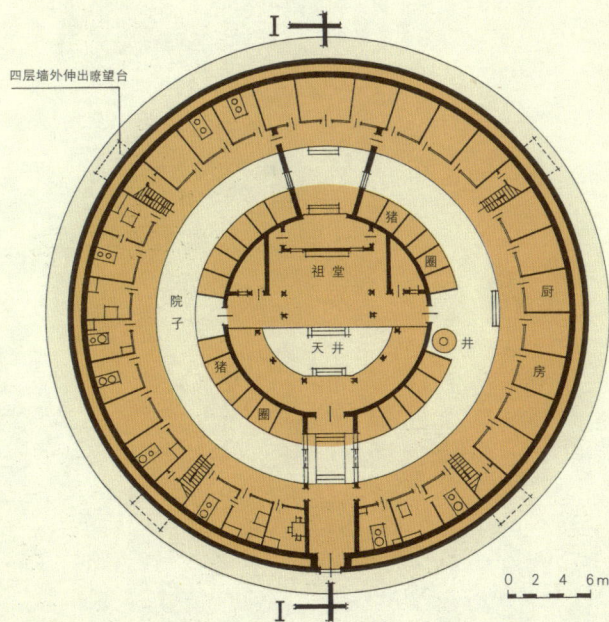

四层墙外伸出嘹望台

院子

祖堂

猪圈

猪圈

天井

井

厨房

怀远楼底层平面图

0 2 4 6m

怀远楼外环楼

底层的房间用做厨房、餐室，二层作为谷仓，三、四层为卧房。卧房呈扇形，沿走廊一侧面宽2.6米，外墙一侧宽3.1米，房间进深3.35米，面积不到10平方米。卧房大小相同，不分老幼尊卑一律平等。卧房之间以土坯墙隔断。二至四层内侧设"走马廊"联系各个房间，廊宽1.2米，完全用木结构悬挑。三、四层"走马廊"的栏杆外侧设腰檐遮雨，檐下的空间可以贮物。整座圆楼设一个入口大门，大门周边的土墙上用白灰粉饰。大门上方是巨大的横匾，书"怀远楼"三个大字，两侧以楼名作藏头嵌字联："怀以德敦以人借此修齐遵祖训，远而山近而水凭兹灵秀育人文。"反映了楼主的生活理念与思想追求。

这座楼最引人注目之处是在庞大的环楼围合的天井中央，有一个同心圆形的祖堂，它兼做家族子弟读书的私塾书斋。祖堂大门正对土楼的入口，堂上横匾刻着苍劲有力的"斯是室"

◀ 怀远楼唯一的入口大门

丰富多彩的土楼形式　47 ●

斯是室

三个大字，两侧柱上有对联曰："斯堂讵为游观，祇计教书开
耳目；是室何嫌隘陋，惟思尚德课儿孙。"正堂两边梁架斗栱
上装饰着木刻书卷式饰物，室内雕梁画栋工细绝伦，一派古
雅的书香气息。祖堂正面开敞，左右回廊围成半圆形的小天
井。其严谨对称的布局和圆形的平面构成了全楼的中心。祖
堂圆形的高墙外是一个挨一个的小猪圈。外环楼与中心祖堂
之间形成环形的内院，院内有一口水井。沿中轴线又以矮墙
分隔出前后两个小天井，形成充满生活气息的楼内公共空间。

四层的圆楼外围夯土墙高12.28米，底层墙厚1.3米，
河卵石墙脚高2.5米。外墙一、二层不开窗，三、四层卧房
开小窗。全楼唯一的大门设有牢固的门闩。门洞的横梁上埋
有三根竹筒直通二层，可以从二楼往下灌水，在木门外壁形
成水幕，以防火攻。在第四层外墙还挑出四个瞭望台，互为
犄角，瞭望台三面砌砖围合，留有枪眼，可向外射击。厚实的
土墙和牢靠的洞口防卫设施使整座圆楼坚不可摧。

三个注水的竹筒口

龙 见 楼

　　龙见楼是单元式圆楼的典型。位于平和县九峰镇的黄田村，建于清康熙年间（1662—1722），其外径82米，环周50个开间，外墙厚1.7米，只设一个大门。圆楼为单元式布局，每个开间为一个独立的居住单元，单元之间完全隔断，互不相通。各家均从设在内院一侧的门口入户，标准单元呈窄长的扇形平面，门口处面宽只有2米，靠外墙处宽约5米，单元进深21.6米。每个单元的平面布局相同，进门口后依次为前院、前厅、小天井、后厅和卧房，卧房共三层，有独用的楼梯上下。单元内空间有闭有敞，或暗或亮，有层次又有变化。圆楼中央直径35米的内院是公共活动的空间，院中有一口三眼水井。祖堂设在正对大门的三个开间中。环周有八个合二而一的单元，即前院、前厅合并共用，厅后部开始才完全隔开成两个单元，这适应了不同的居住要求。

龙见楼

0　　5m

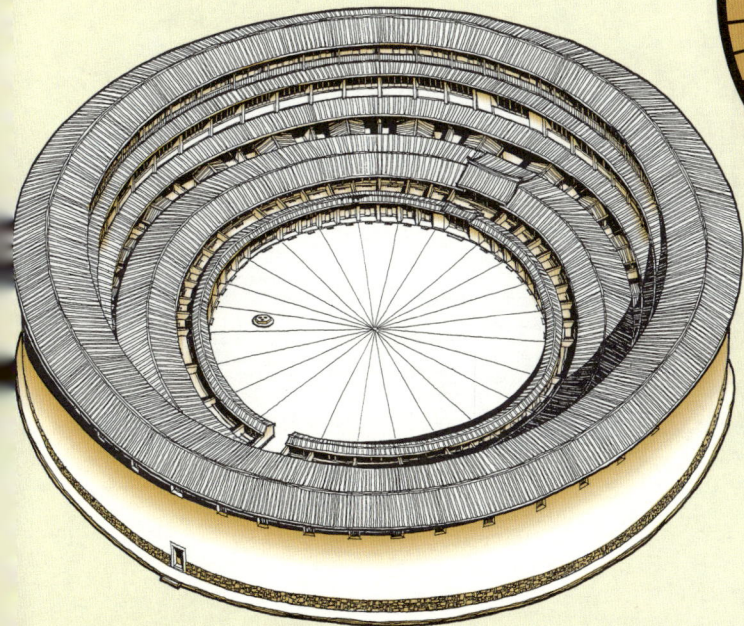

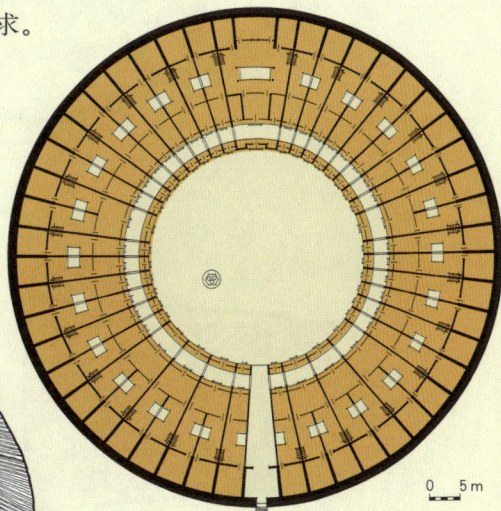

龙见楼平面图

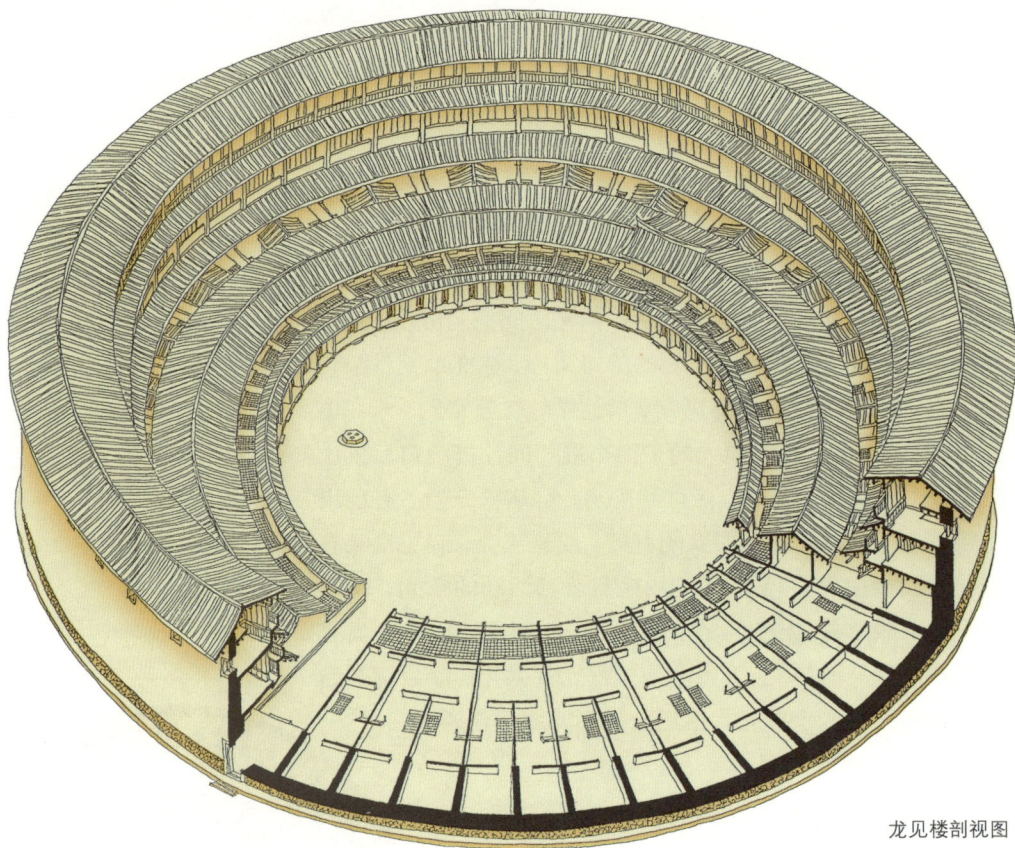

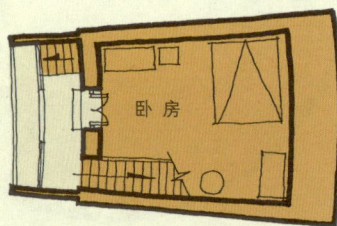

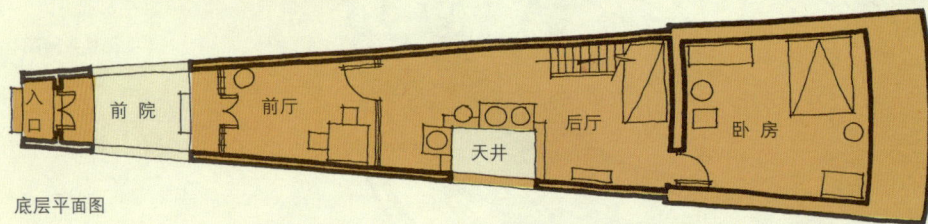

龙见楼剖视图

龙见楼单元平面图

二层平面图

卧房

0　　　　　　　5 m

底层平面图

入口　前院　前厅　天井　后厅　卧房

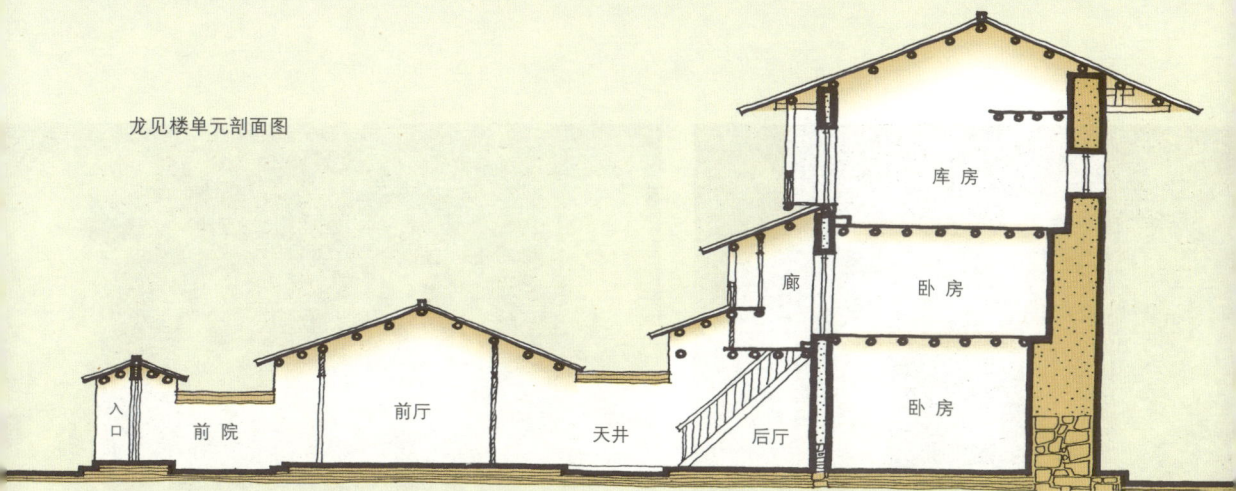

龙见楼单元剖面图

入口 前院 前厅 天井 后厅 卧房 卧房 廊 库房

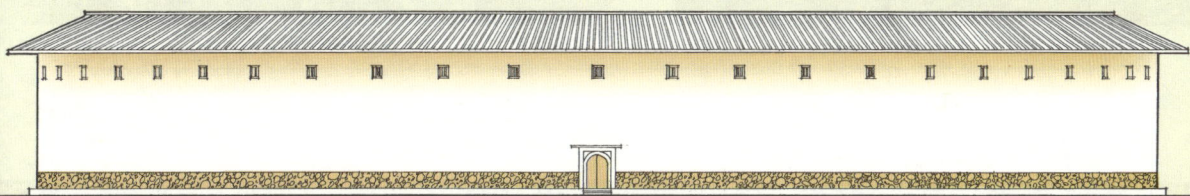

龙见楼立面图

0 5m

龙见楼大门

龙见楼前院

龙见楼某单元入口大门

龙见楼内院

龙见楼后厅

龙见楼单元前厅门窗装饰

龙见楼单元入口

二、方楼

　　福建方楼总数有二千一百多座。其中内通廊式方楼一千九百多座，单元式方楼约二百座。内通廊式方楼绝大多数为方形或长方形平面。单元式方楼常见平面为前面方后面两角抹圆，也有少数四角抹圆的方形平面。内通廊式方楼内院空敞的居多，祖堂设在中轴线尽端的底层。比较讲究的祖堂前设客厅及回廊，即方楼内院中又套着一个方形的四合院，使楼内空间更为丰富。如永定县下洋镇的德辉楼，院内又有一个方形四合院，楼内形成四个大小形状各异的天井，空间既分隔又流通。永定县湖坑镇洪坑村的奎聚楼，结合地形前半

奎聚楼　洪坑村
湖坑镇　永定县

中
国
传
统
民
居
的
瑰
宝

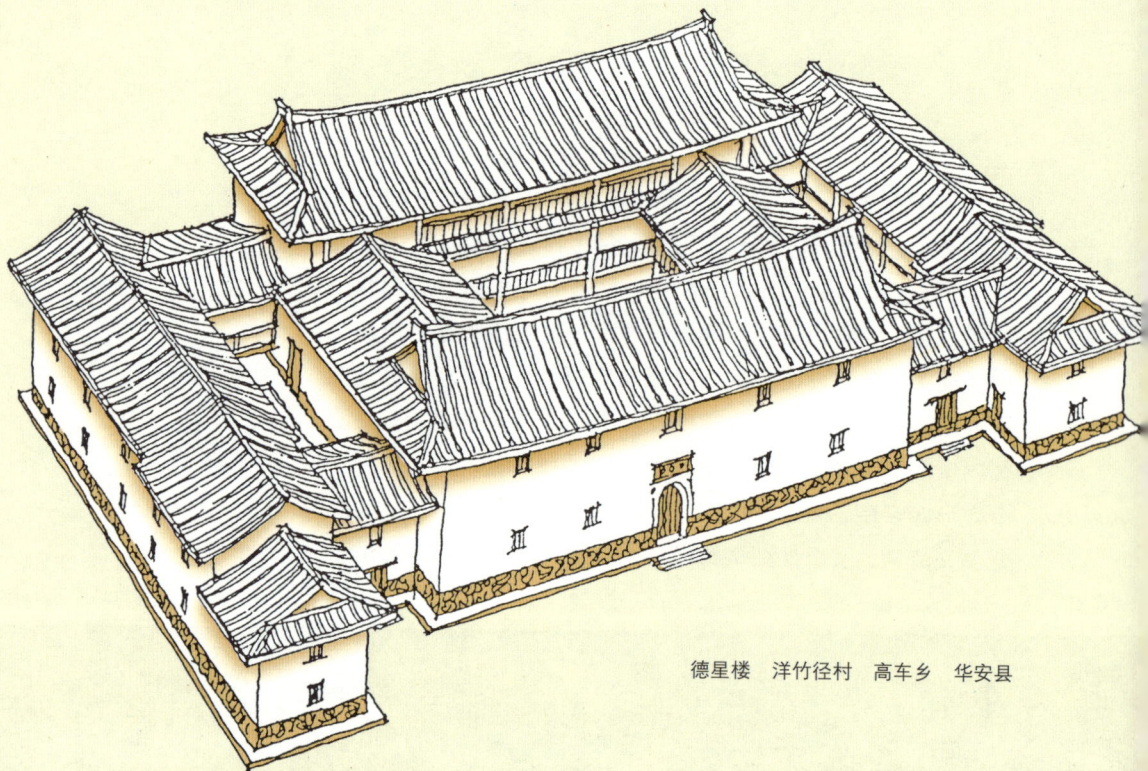

德星楼　洋竹径村　高车乡　华安县

德星楼底层平面图

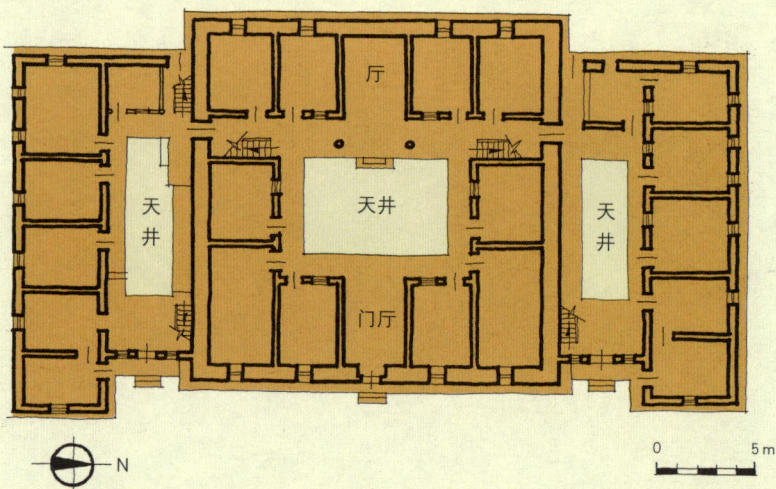

厅

天
井

天井

天
井

门厅

N

0　　　　5m

部三层后半部四层，前低后高，迭落有序，屋顶组合丰富。其内院中套一四合院，祖堂部分处理成四层的楼阁式，格外华丽。永定县古竹乡的五实楼，内院中也是四合院式的祖堂，与众不同的是其楼层的通廊不在内侧而是在外侧土墙之内，形成"隐通廊"，更有利于防卫。南靖县书洋镇石桥村的振德楼，则是在坡地上建造，前三层后二层，方楼内院中又横一幢两层的土楼，整座方楼呈"日"字形，是比较特殊的形式。此外，在总体布局上，有的方楼两侧加护厝（福建方言，房屋，家。），有的大门外又围合前院生出诸多变化。如漳浦县湖西乡赵家堡的完璧楼，就是在22米见方的三层方楼大门前围出一个前院，入口设在前院的两侧。华安县高车乡洋竹径村的德星楼，是一座后边三层、前边及左右为两层的内通廊式方楼。

振德楼　石桥村　书洋镇　南靖县

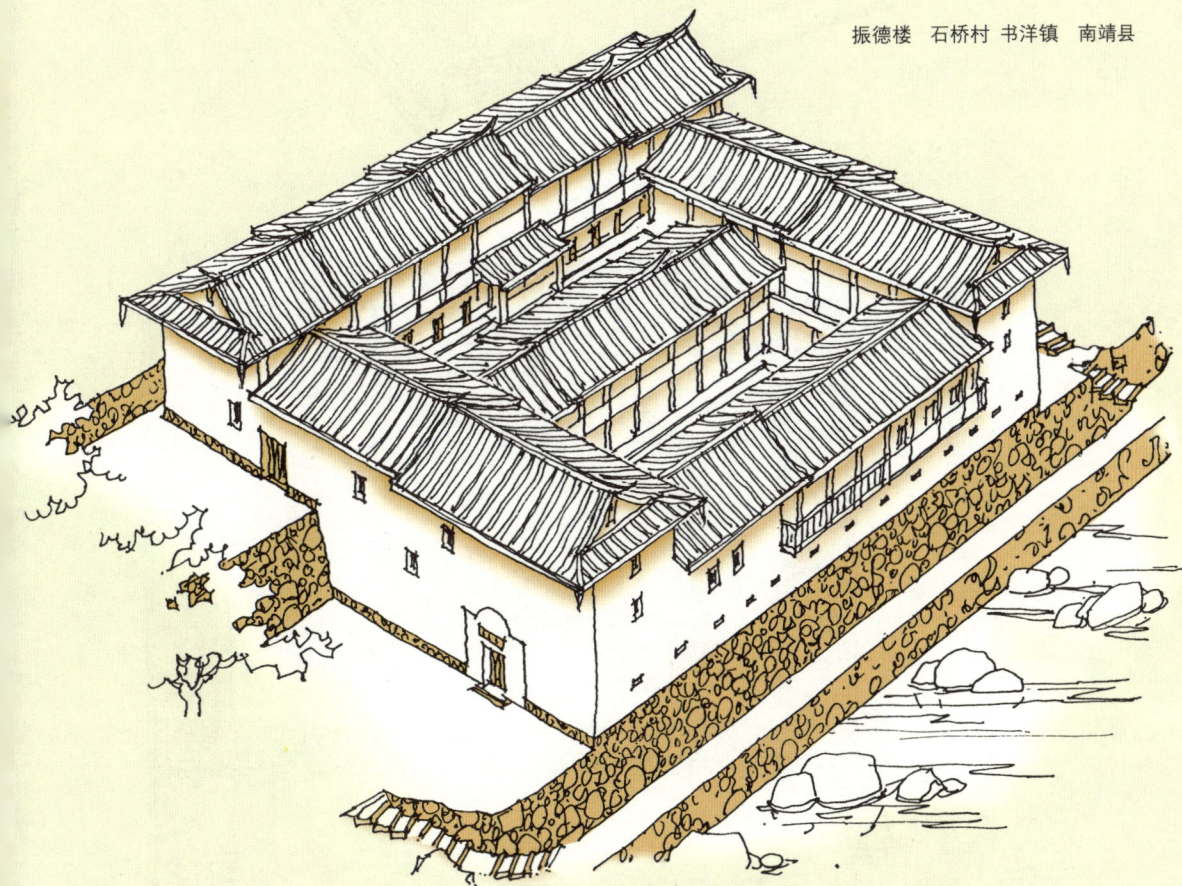

善成楼 适中镇 龙岩市

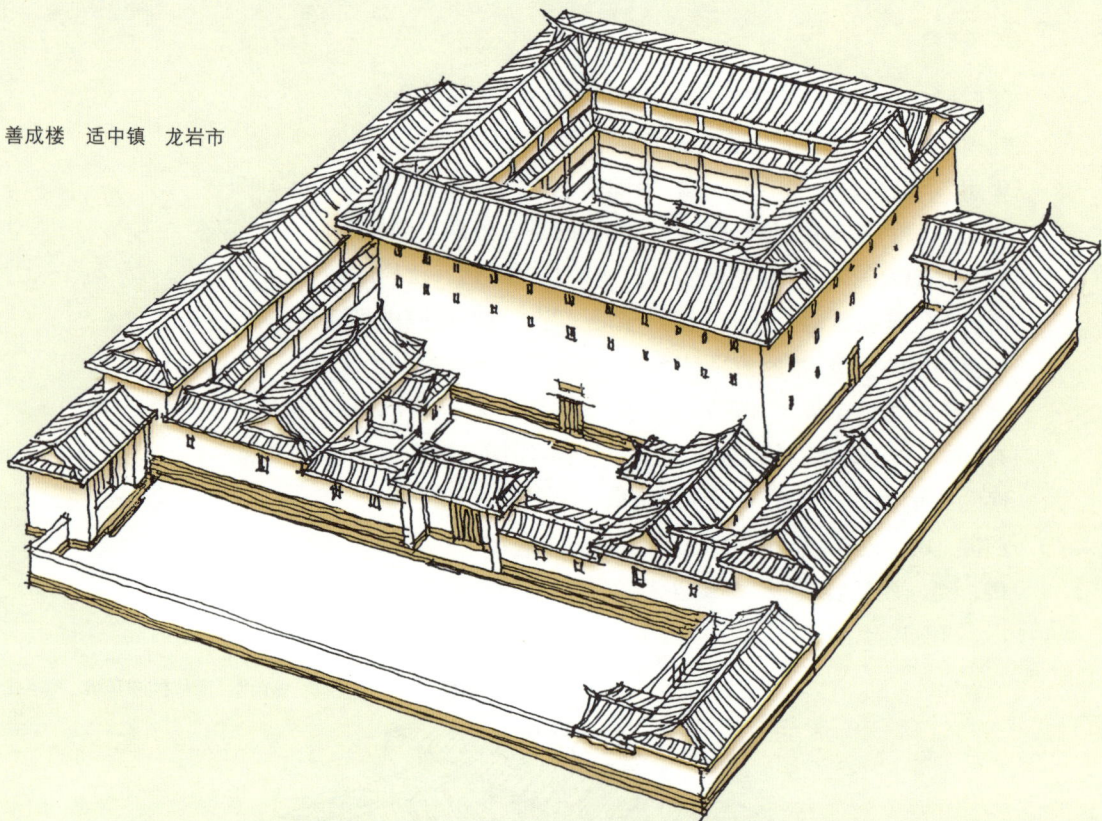

福建土楼

中国传统民居的瑰宝

善成楼平面示意图

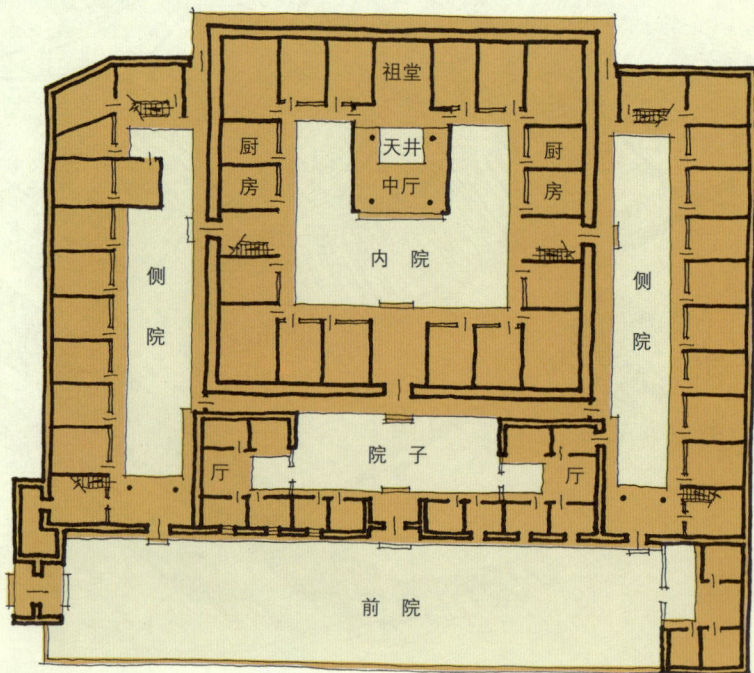

祖堂

天井

中厅

厨房

厨房

内院

侧院

侧院

厅

院子

厅

前院

方楼两侧又加建两层的护厝，整个楼平面呈"四"字形。龙岩市适中镇的善成楼则是带有护厝和两重前院的方楼。其方楼四层，护厝两层，方楼与护厝间形成窄长的侧院。整个建筑群占地18亩，规模巨大，中轴对称，布局严谨。适中镇中溪村的三成楼，在方楼前又建两进院落，层层迭落，蔚为壮观。

下面选择最具典型意义的内通廊式方楼和贵楼和独具特色的单元式方楼西爽楼作详细介绍。

善成楼　适中镇　龙岩市

三成楼　中溪村　适中镇　龙岩市

和贵楼

　　和贵楼是内通廊式方楼的典型。位于南靖县梅林镇的璞山村。据《简氏族谱》记载，此楼是简氏十三世简次屏建于清雍正十年（1732）。始建为四层，1864年曾被盗匪烧毁，重建时又加高一层，成为如今的五层楼。楼内最盛时居住三百多人，2008年仍住13户、37人。

　　和贵楼由楼和厝组成，楼为五层高的方形土楼，宽36.6米，深28.6米，坐西朝东，只有一个大门出入。门外由单层的库房、作坊（俗称"厝"）围合成一个11米深的前院。方楼内院中心也是"厝"，即围合祖堂天井的门厅和回廊。当地有句俗语："厝包楼儿孙贤，楼包厝儿孙富。"和贵楼吻合这样的布局，正是期望世代儿孙既贤又富。

　　和贵楼每层24间房沿周边对称布置，围合一个内院。四

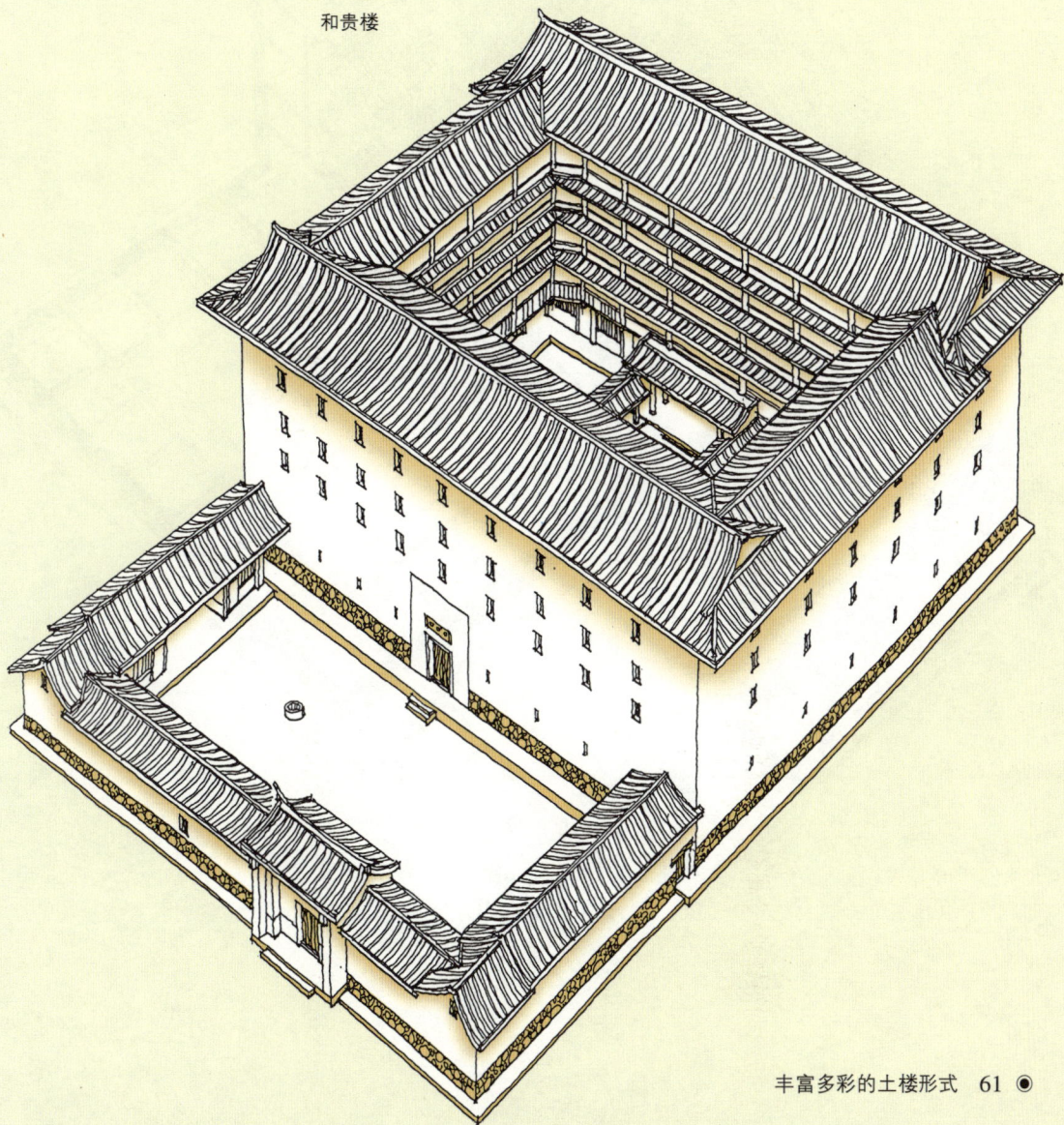

部楼梯分布在方楼的四角。楼底层为厨房,二层做谷仓,三至五层为卧房,楼层内侧设回廊。住房按开间垂直分配,每户从一层至五层占一个开间。内院中心是祖堂兼书斋,其间有一个方形小天井。方楼内院中有两口水井,井水一清一浊,因此,一口供饮用,一口供洗涮。前院中原有一口水井,如今已废弃。

和贵楼

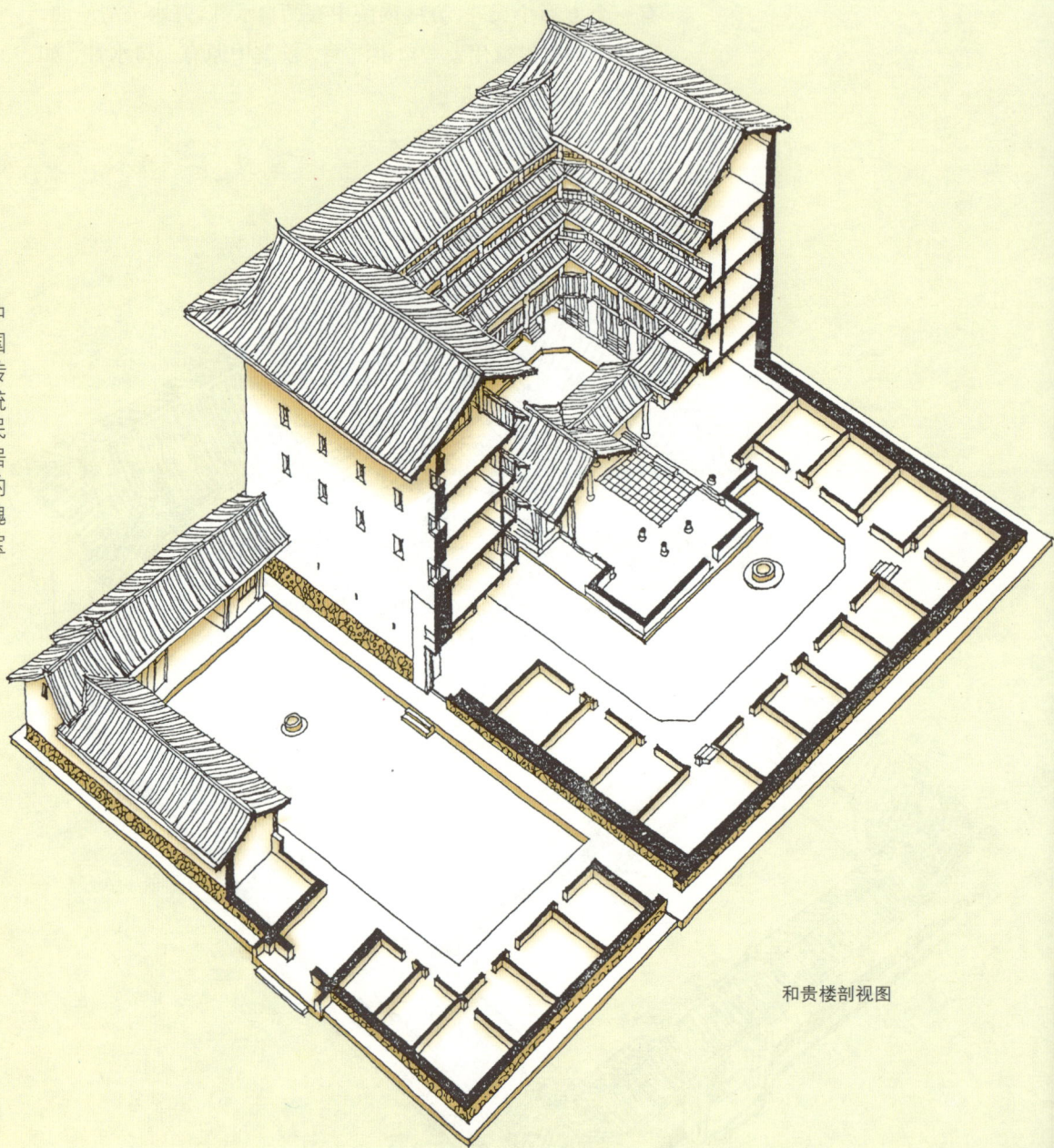

和贵楼剖视图

祖堂

厨房

厅

水井

水井

水井

前院

仓库　门厅

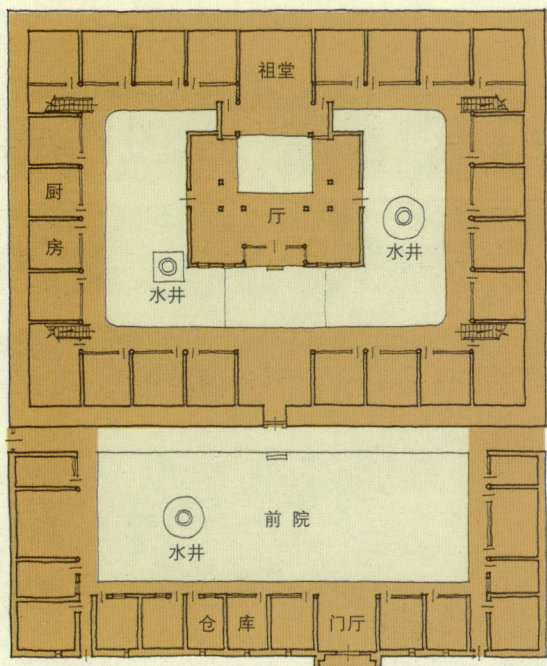

和贵楼底层平面图　0　5m

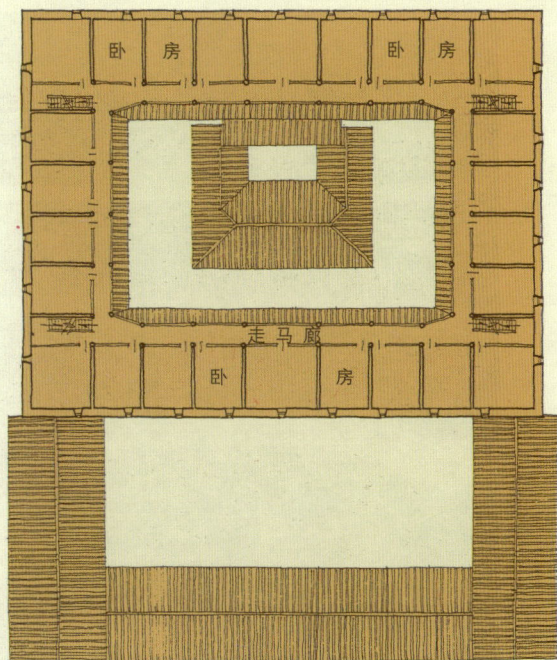

卧房　卧房

走马廊

卧房

和贵楼三层平面图　0　5m

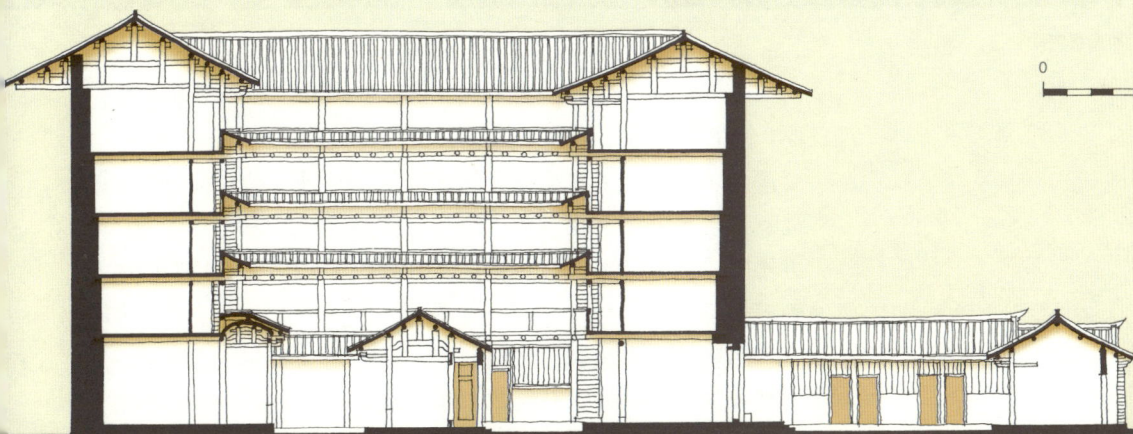

0　5m

和贵楼剖面图

和贵楼内院

　　方楼四周大卵石墙脚高一米多，外围夯土墙底层1.3米厚，往上墙厚每层递收10厘米。楼外围以夯土墙承重，楼内全部为木构架。方楼底层不开窗，二层开不足20厘米的小缝。三层至五层的窗洞内大外小，洞口不过五六十厘米宽。方楼唯一的大门上设有水槽，以防火攻。大门一关，整个楼固若金汤。

　　和贵楼的瓦顶坡度平缓，出檐巨大，朴实黝黑的九脊顶，高低错落，盖在高13米的厚实的土墙上，使整座土楼显得格外雄伟、壮观。

和贵楼前院门

和贵楼内院水井

和贵楼正面

和贵楼侧面

西爽楼

　　西爽楼是单元式方楼的典型。坐落在平和县霞寨镇西安村，始建于清康熙十八年（1679）。现楼内居住黄姓 93 户，共五百二十多人。方楼面宽 86 米，进深 94 米，平面呈四角抹圆的长方形。方楼周边是三层高的土楼，由 65 个独门独户的小单元围合，每户占一开间，从底层到顶层与相邻单元完全隔开，无走廊连通，自成一个独立的单元。

　　方楼外围土墙厚 1.7 米，在第三层开小窗洞。全楼设一个正门两个边门。其内院中整齐地排列着六组两进的祠堂。祠堂间形成"十"字形的小巷。祠堂与外围土楼之间除正面

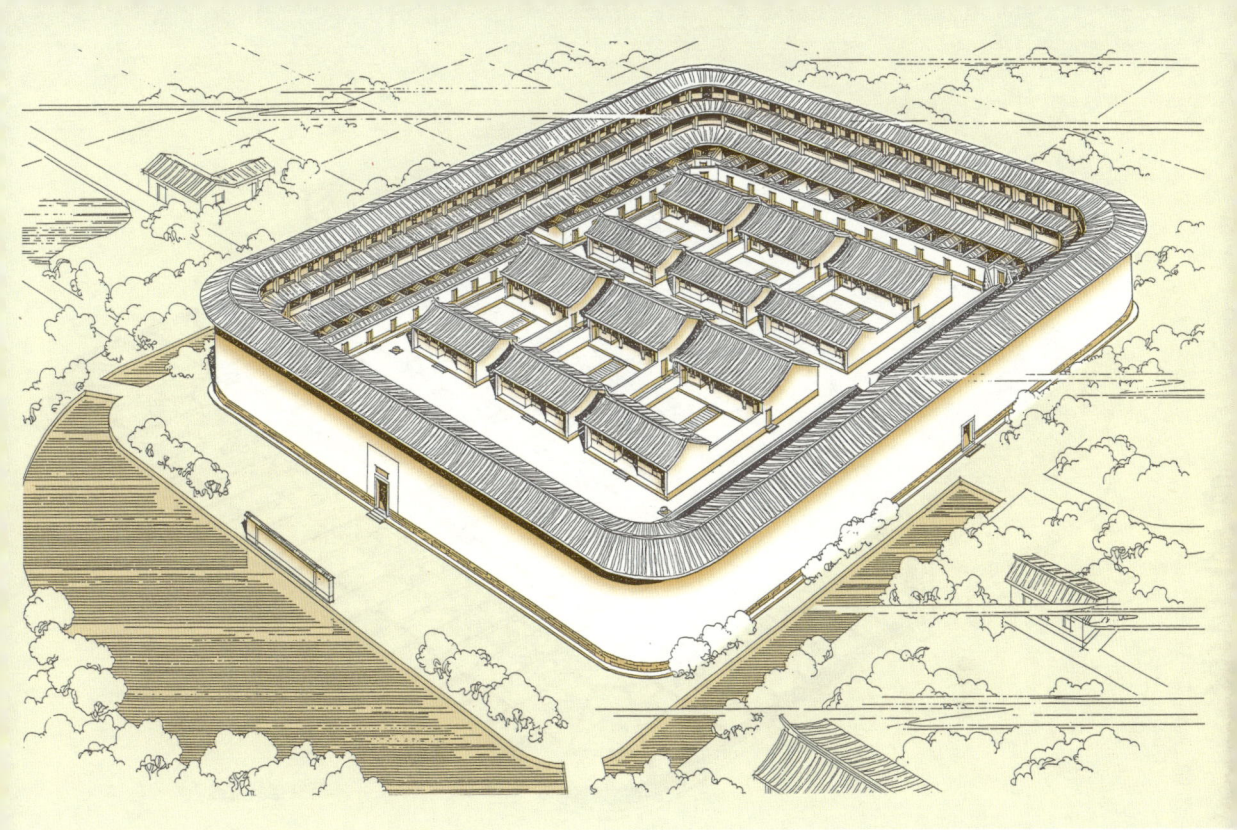

西爽楼

西爽楼外观

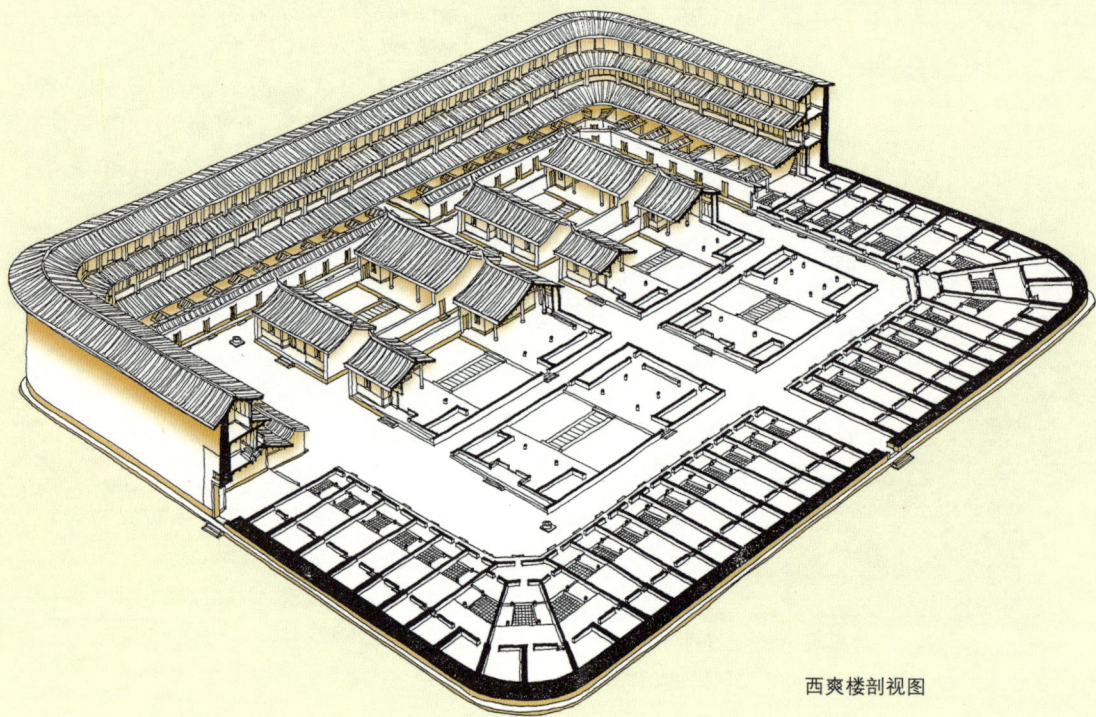

西爽楼剖视图

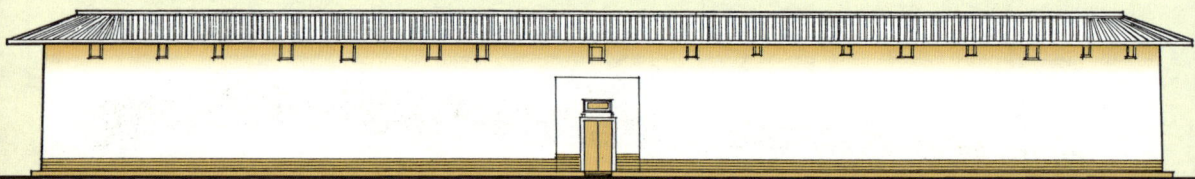

西爽楼立面图

有较大的前院，其余三面是窄窄的巷道。在河卵石铺筑的小巷中穿行，就像行走在一个小镇的街巷之中。土楼里户门挨着户门，入口门罩整齐并列。大人小孩站在自家门口，边吃饭边与邻里闲聊。妇女在前院晾晒稻谷，老妇在井边洗涮衣物，壮汉挑着担子在巷中穿梭忙碌……土楼内的景象是一幅充满农家气息的生活图画。

西爽楼祠堂内院

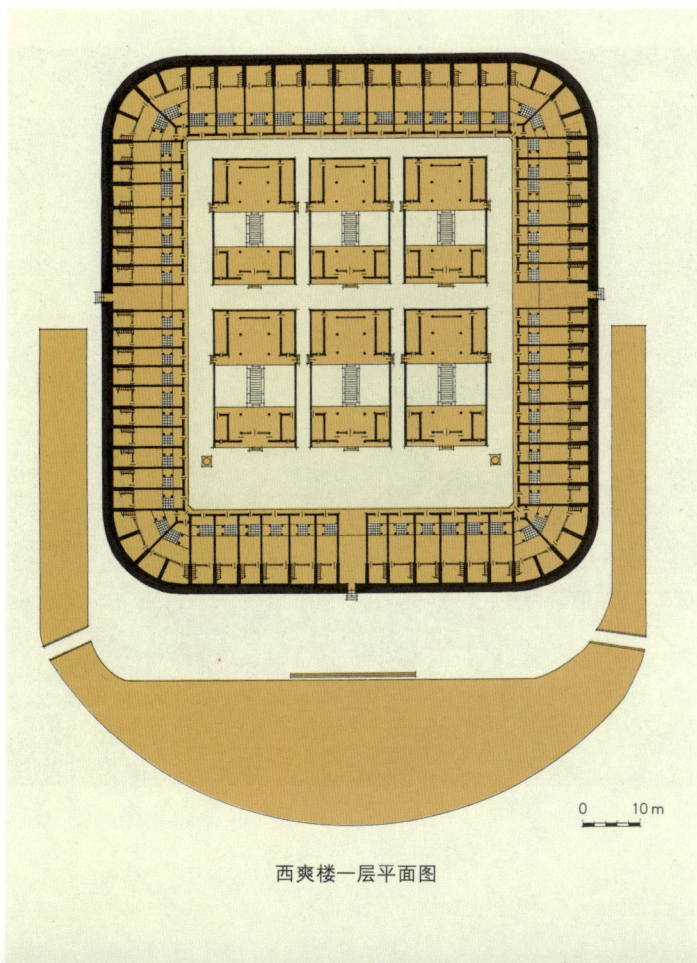

西爽楼一层平面图

西爽楼内院小巷道

西爽楼单元内景

中国传统民居的瑰宝

西爽楼内院

　　单元式的布局是西爽楼的特点。每个单元面宽3—4米不等，进深13.9米。各户有单独的入口大门，进门是单层的门厅，靠墙设灶台，经小天井旁的侧廊通大厅。开敞的大厅既做客厅又做餐厅，靠小天井采光。厅后是卧房，卧房一侧设楼梯上二、三层。每个单元自成独立的小天地，创造了小家庭内部舒适的生活环境。

　　西爽楼大门前是15米宽、九十多米长的前埕^{（福建方言，场院。）}，用做晒谷坪。埕前有半月形池塘，池塘两端伸出壕沟，像护城河般围绕在方楼四周。这壕沟是建楼取土时自然形成，同时起到防卫作用，现在已部分淤积。

　　这种单元式的方楼，既有适合小家庭生活需求的私密性空间（小单元户内的居住空间），又有满足大家庭使用的半私密性、半公共性的空间（内院和祠堂），还有供公共活动的公共空间（前埕和池塘），充分满足了楼内生活方方面面的需求。巨大的方楼气势非凡，就像一个家族的小城堡，其规模、格局及聚居方式，令探访者惊叹，令研究者深思。只遗憾此楼如今已破损不堪。

三堂两横式

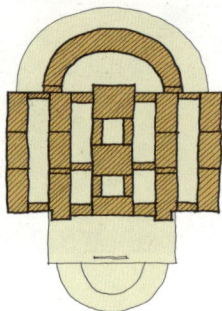

三堂四横式

五凤楼平面形式

三、五凤楼

　　五凤楼式的土楼，在福建大约有250幢，主要集中在永定县境内。五凤楼最标准的平面形式是"三堂两横"。此外，小型的五凤楼有的只建前后三堂，或只有两堂，称"三堂式"或"两堂式"；也有两个两堂式并列建造，成"四堂式"；还有的向两侧发展，增加横屋，成"三堂四横式"；规模再大的，将两个三堂并列，成"六堂两横式"等等。永定县高陂镇的大夫第是五凤楼最标准的形式。

大夫第

　　大夫第位于福建省永定县高陂镇大塘角村，系王氏建于清道光八年（1828），历时6年建成。主体建筑坐南朝北，对称布局，面宽52米，纵深53米。其布局形式俗称"三堂两横"。

大夫第

大夫第北立面图

0   5m

大夫第剖面图

　　"三堂"即中轴线方向上的下堂、中堂和后堂。下堂即门厅，两侧带厢房，正大门构筑堂皇，门廊高大，屋顶作三段歇山式，屋脊曲线生起，门楣上书"大夫第"三个大字，入口庄重、气派。中堂明间为正厅，作为祭祀的场所，空间高大，两侧次间做客厅、书房或账房。后堂为四层的主楼，立在中轴线的尽端，为全宅最高的建筑，作为家长的住所，在总体构图上显居统帅地位。三堂之间是前后两个天井，前天井两侧为敞廊，后天井两侧是小厨房。

　　"两横"即两侧的横屋，分别由三个平面形式相同的基本单元沿纵向拼接而成，横屋最前面一开间为单层，最靠前的一个单元两层，用做学堂，靠后的两个单元三层，为四兄

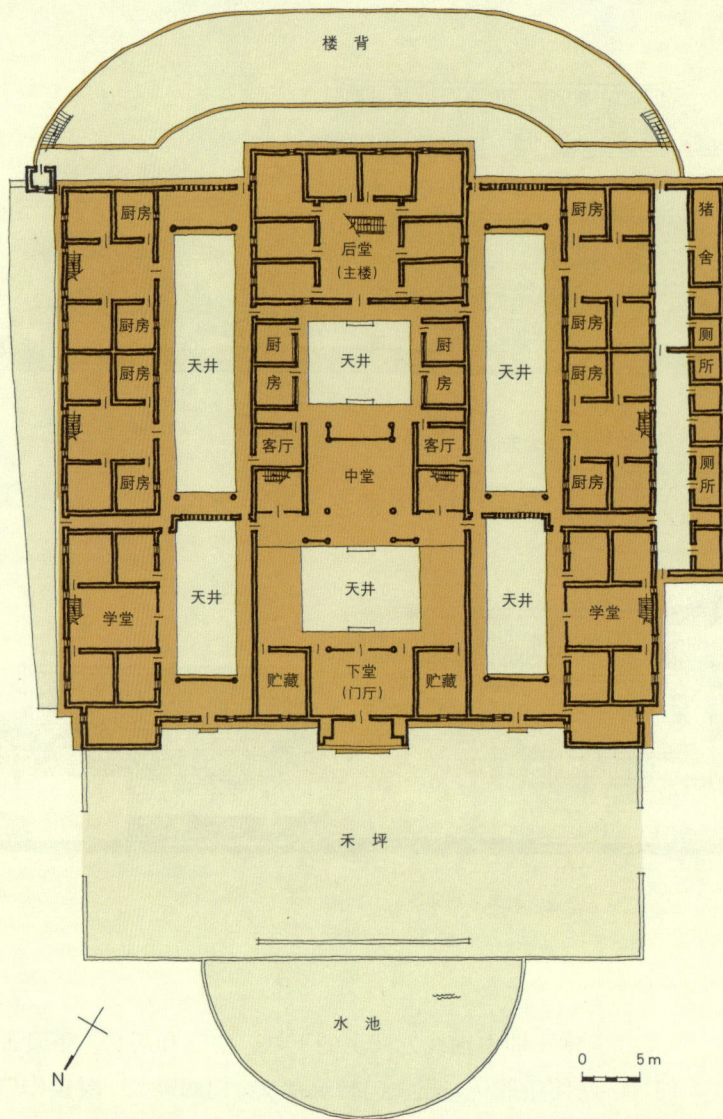

大夫第底层平面图

楼背

厨房　后堂（主楼）　厨房　猪舍

厨房　天井　厨房　天井　天井　厕所

厨房　客厅　中堂　客厅　厨房

厨房　学堂　天井　天井　天井　学堂　厕所

学堂　贮藏　下堂（门厅）　贮藏　学堂

禾坪

水池

N

0　5m

弟的住所，横屋的九脊顶层层迭落颇有特色。

　　在三堂两横之间形成窄长的庭院，前后设门，中间隔以连廊。横屋外侧是一排矮平房，用做仓库、磨坊、牛栏、猪舍及厕所。大门前是晒谷坪，坪前为照壁及半圆形水池。楼后的山坡上围出一个半圆形的场院，俗称"楼背"，前后合成一个整圆，既出于风水的考虑又含圆满之意。水池是建楼取土时挖成的，既可养鱼又便于取水灭火。

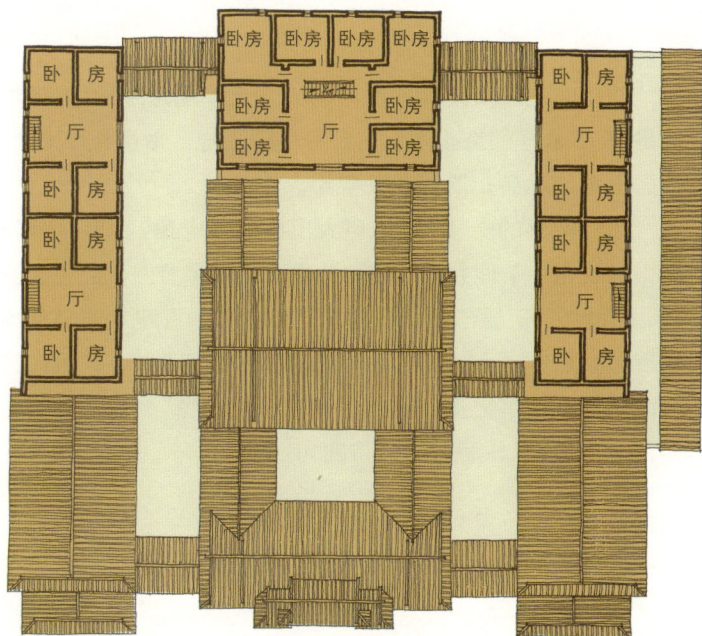

大夫第三层平面图

0   5m

大夫第后院主楼

四层的主楼及两侧的横屋均为夯土墙承重结构，内外墙都是50厘米厚的夯土墙，使卧房冬暖夏凉。木楼板厚1寸，板面上再铺地砖，既防火又隔声。

　　高低错落的土楼，配以巨大出檐的九脊顶，使整个建筑群布局规整、条理井然。虽院落重叠，屋宇参差，但主次分明，和谐统一，显出古朴庄重的艺术风格。古建专家陈从周教授考察后描述大夫第"处处土墙深檐，黄墙衬于青山白云间。其色彩造型之美，宛如宋元仙山楼阁图"。他"徘徊留恋，未忍遽别"，后来又吟诗四句：

　　　　仿佛仙山入梦初，自怜老眼未模糊。
　　　　流风已逝宋元画，如此楼台岂易图。

福裕楼（远眺）

福裕楼

　　福裕楼位于福建省永定县湖坑镇洪坑村，建于1882年，是五凤楼的变异形式。五凤楼的下堂在这里变成两层楼房，延长与两侧三层高的横屋相连，中堂建成楼房，后堂五层的主楼扩大与两横相接，构成四周高楼围合更具防卫性的形式，实际上是五凤楼发展到方楼的过渡类型。

　　其中堂与两侧的过水屋及前后厢房组成"廿"字形，将内院分隔成大小六个天井，使空间层次更加丰富。楼外两侧分置厕所，确保楼内的清洁卫生。楼前是窄长的前院，院前的照壁紧临溪边，院门设在一侧，显然是出于风水上的考虑，门楼旋转一个角度斜对"水口"。据楼主林氏兄弟讲述，其父曾任清朝"朝政大夫"，官四品，所以皇帝才准予建造这种宫殿式的住宅。其四周为二至五层的土楼，夯土墙承重，土墙面用白灰粉刷。内院中的中堂则是灰砖木构楼阁，精致华丽。整座建筑中轴对称，屋顶错落，气势轩昂。最盛时楼内居住27户、二百余人。其前门两边的对联曰："福田心地，裕后光前"，既解释了楼名又表明了他们的追求。

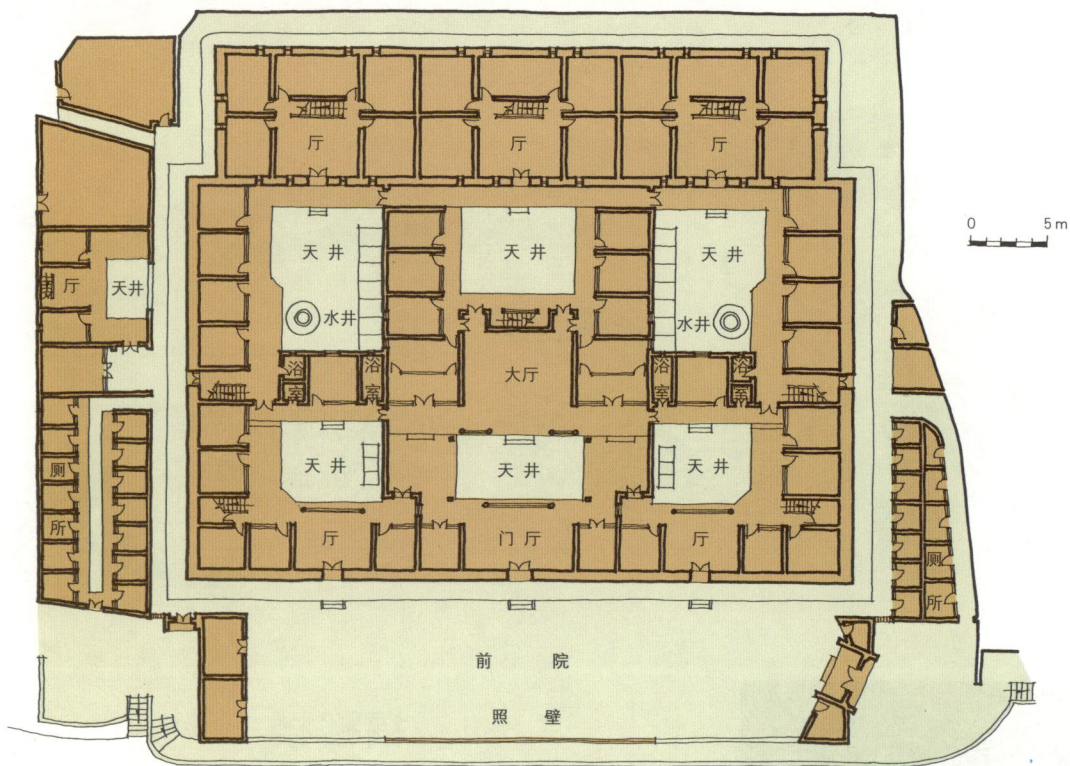

福裕楼平面图

福裕楼内院

四、土楼的变异形式

福建土楼除了圆楼、方楼、五凤楼这三种基本类型外，还有一些难以归类的土楼，同时各种土楼的变异形式十分丰富，其数量虽然不多，却极富特色。它们结合地形，布局自由，形式独特，是福建土楼建筑中极其珍贵的部分。

辉斗楼

辉斗楼坐落在安溪县龙涓乡宝都村，属内通廊式圆楼的变异。建于清道光甲申年（1824）。该楼选址极佳，造型

辉斗楼

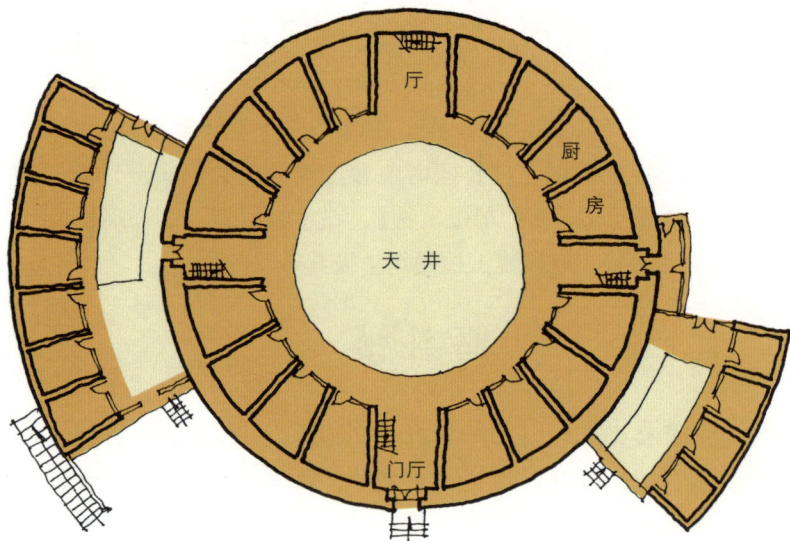

辉斗楼一层平面图

辉斗楼剖面图

辉斗楼二层平面图

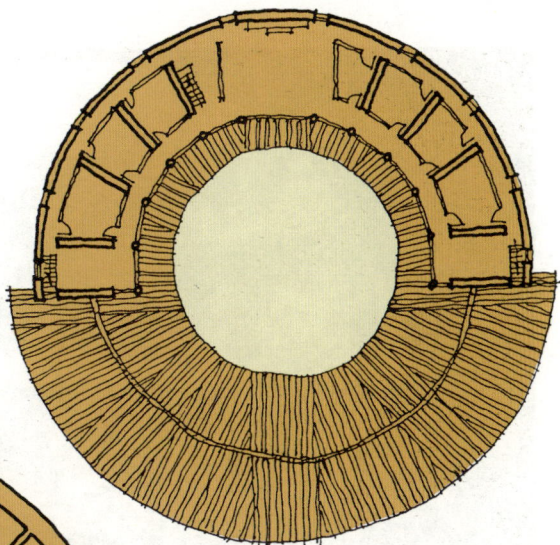

辉斗楼三层平面图

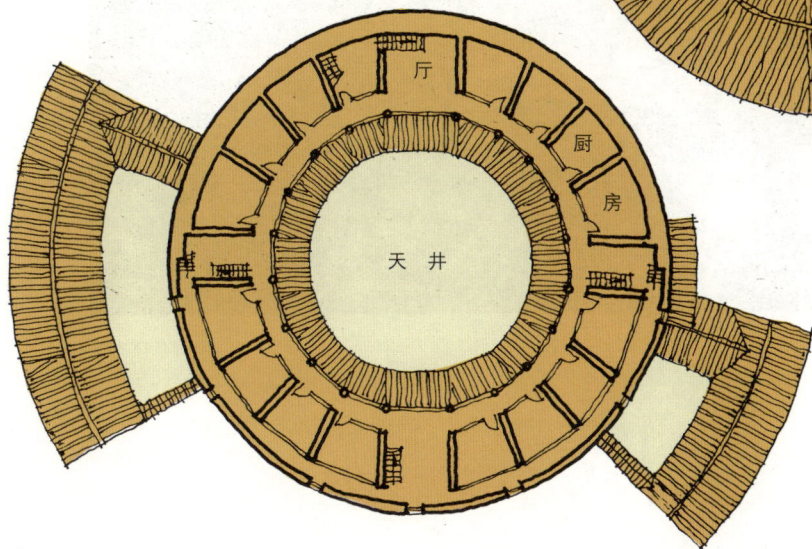

厅

厨
房

天　井

独特，圆楼前半部两层高，后半部三层高。圆楼建在海拔
九百多米的"和尚顶"山的腰部，左右矮山夹峙，楼前山谷
视野开阔，远处群山连绵，溪水从山顶流下环绕圆楼。圆
楼外径36.5米，环周20个开间，设一个正门、两个侧门。
其平面布局与众不同之处还在于，除了设内通廊之外，在
后半部第三层及前半部第二层的外墙一侧加设"隐通廊"，
两侧设楼梯连通，供防卫之用。辉斗楼外观最突出的特点
是前低后高，顺应山势，错落有致，这种形式在福建圆楼
中是孤例。

辉斗楼内院

雨伞楼内、外环剖面图

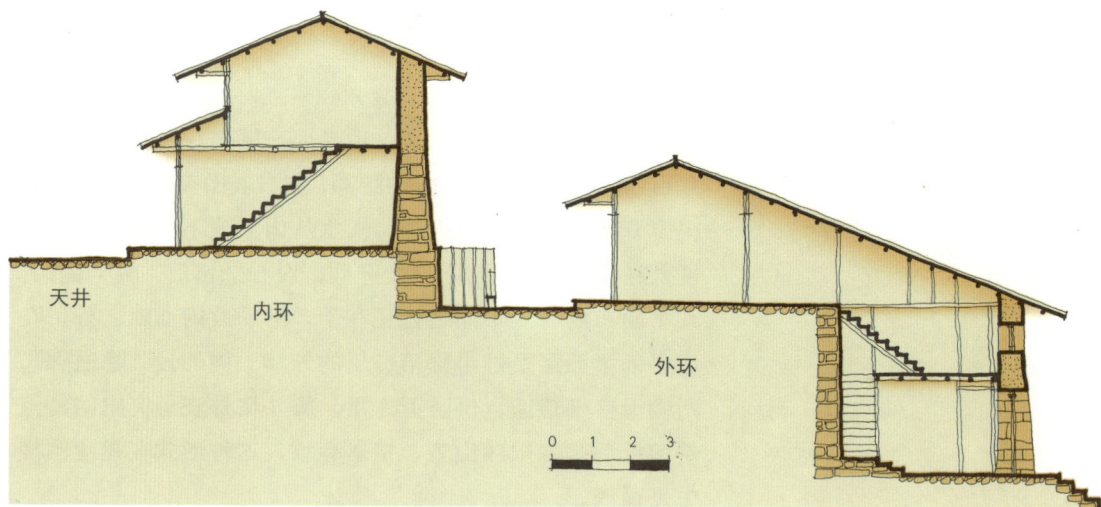

天井　　　内环

外环

0 1 2 3

雨伞楼

　　雨伞楼位于华安县高车乡洋竹径村，是单元式圆楼的变异形式。圆楼坐落在海拔920米孤立的山丘顶上，由两个环楼组成：内环楼两层，立于山尖，环周18个独立单元；外环楼三层高，巧妙结合地形，顺应山势迭落。圆楼四周紧临陡坎深谷，只能攀陡峭的小石阶登临，易守难攻，酷似古老山寨的造型。远远望去，黑色的瓦顶就像撑开的雨伞，因此得名。楼内现居住郭姓23户约110人。

雨伞楼

雨伞楼内院

雨伞楼

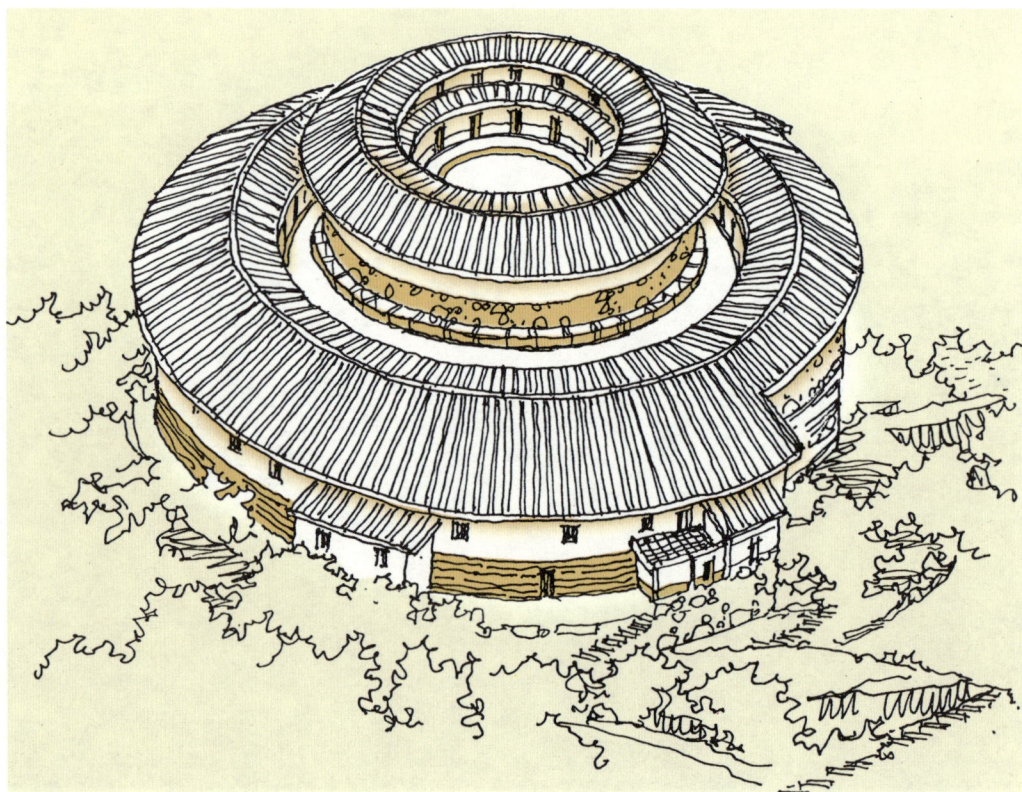

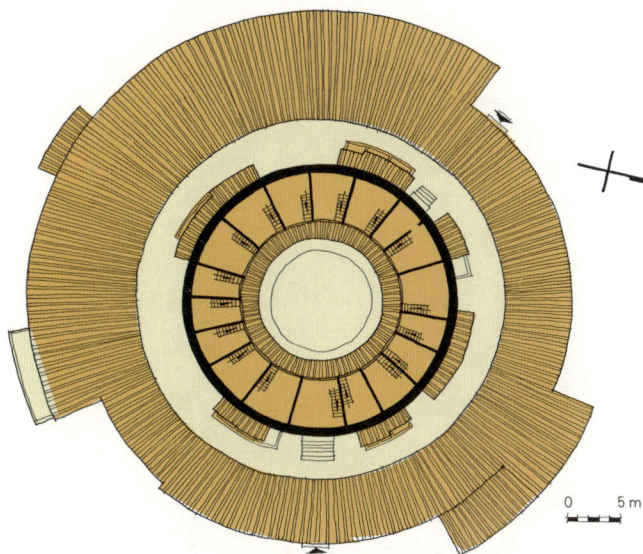

雨伞楼二层平面图

N

0　5m

在田楼

　　在田楼坐落在诏安县官陂镇大边村,是单元式土楼的一种变异。其外环楼为八角抹圆的形式,高三层,共64个独立单元。其南北宽86.6米,东西长90.6米,规模可谓宏大。大门朝西。环楼内院中套建一座前方后圆的两层单元式方楼。方楼大门朝南,其中轴线与外环楼中轴线正好垂直。外圆内方是其平面布局的突出特点。现楼内居住63户、二百余人。

在田楼大门

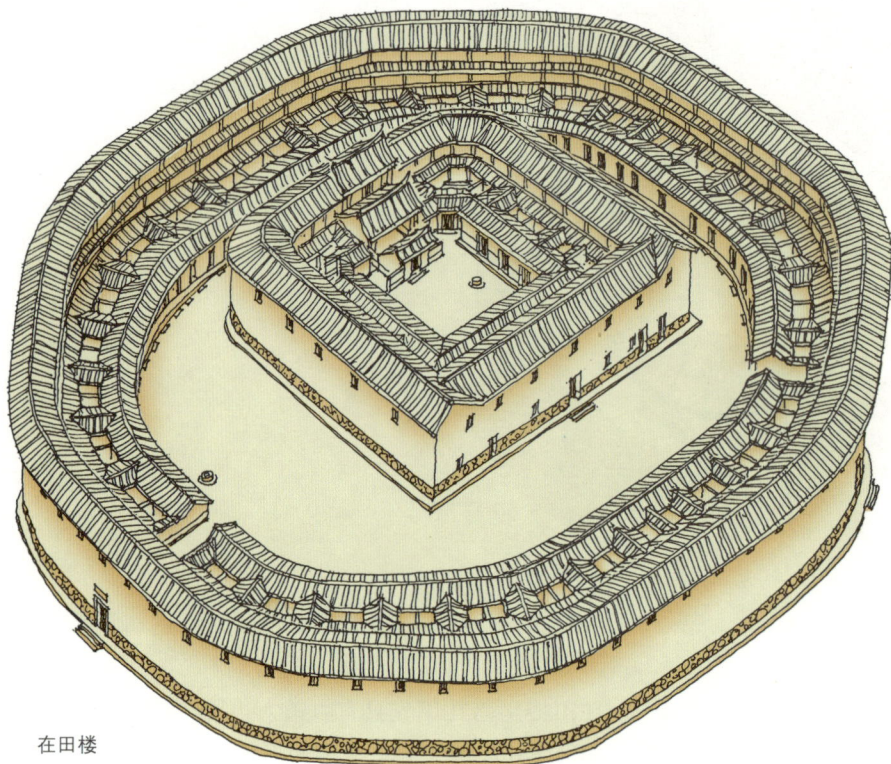

在田楼

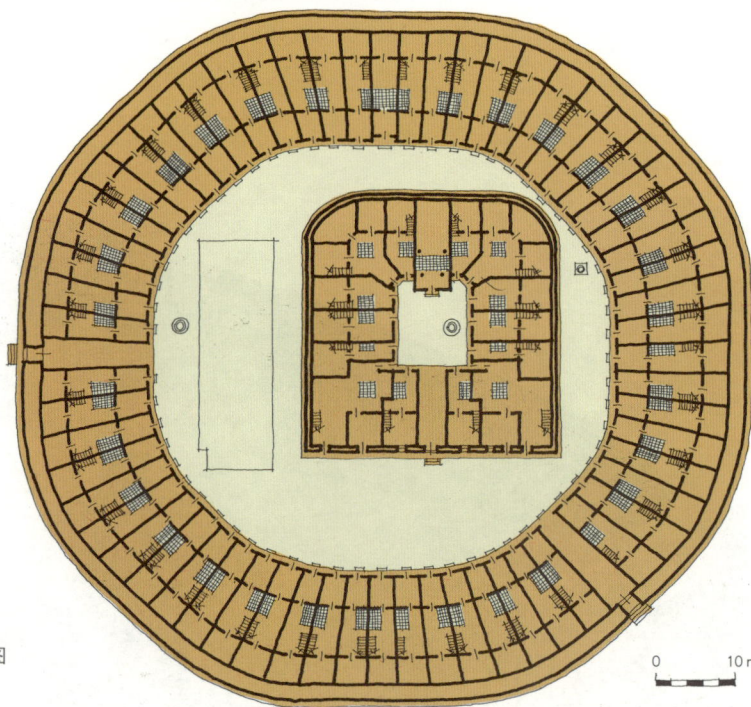

在田楼底层平面图

0   10 m

厥宁楼

　　厥宁楼位于平和县芦溪镇芦丰村，为叶姓闽南人居住，始建于清康熙五十九年（1720）。其总体布局特点是：在四层的单元式圆楼外，又围绕马蹄形的单元式土楼，当地称之为"楼包"。圆楼直径76米，共55个开间，每开间为一个独立的居住单元。"楼包"高三层，也是每开间一个居住单元。"楼包"呈马蹄形把圆楼包裹在内，开口延伸至溪边。圆楼正对溪边，距溪岸24米。圆楼唯一的大门前形成广场，广场一侧为祖祠，另一侧设商店、赌场、墟场。这种带商店集市的布局形式在福建土楼中绝无仅有。

厥宁楼复原图

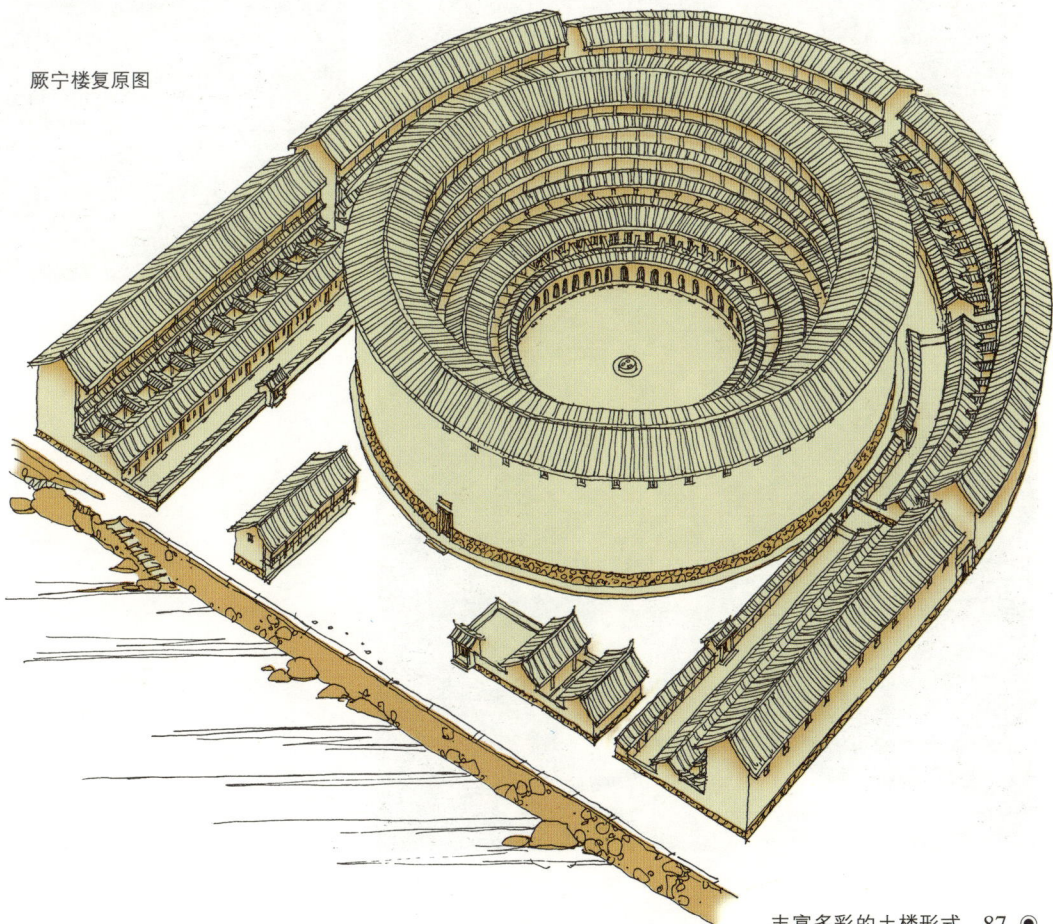

厥宁楼内院

厥宁楼大门

厥宁楼内院户门

沟尾楼

沟尾楼坐落在南靖县船场镇西坑村。楼高三层，是方楼逐步演变到圆楼的一种过渡形式，即方楼四个墙角抹圆。据说这种做法与风水的原因有关，方楼的楼角会阻挡煞气，墙角抹圆后煞气会顺弧形的墙面滑走，使楼内居民免受伤害。

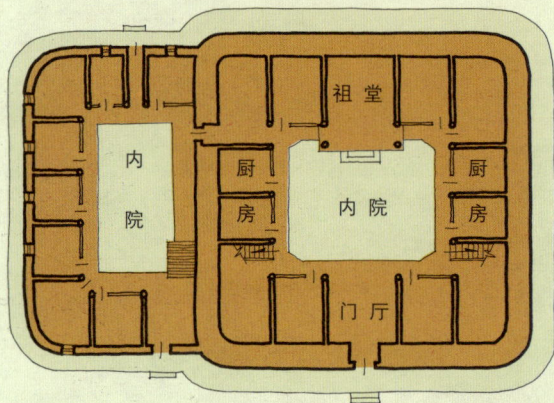

沟尾楼底层平面图

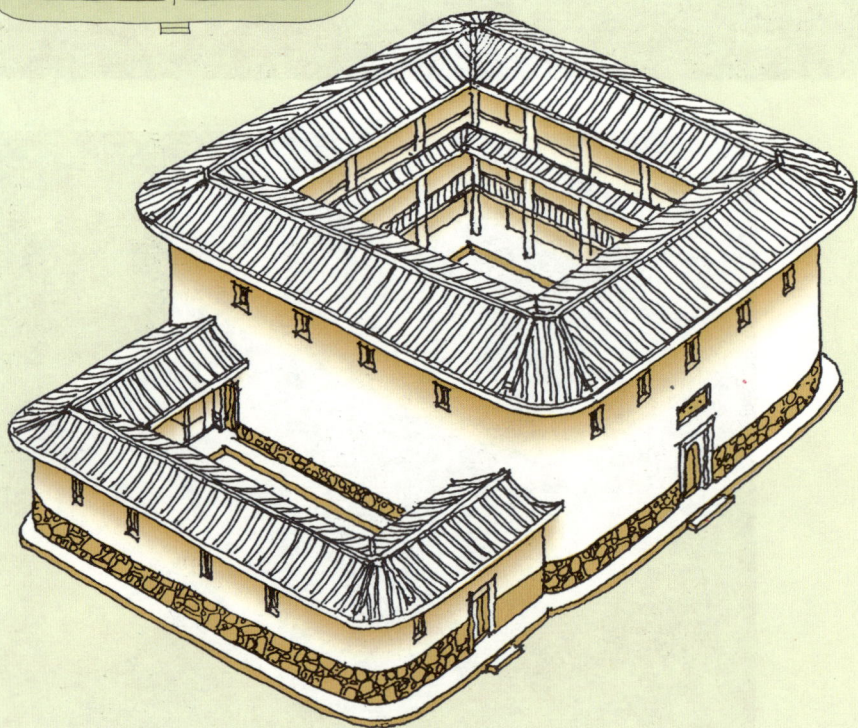

沟尾楼

沟尾楼

思永楼

　　思永楼坐落在平和县五寨乡埔坪村,建于清雍正五年(1727),其独特之处是在三层的单元式方楼内院之中,又建一座四层的方楼,当地称"楼心"。这种方楼套方楼、内高外低的形式别具一格。

思永楼楼心

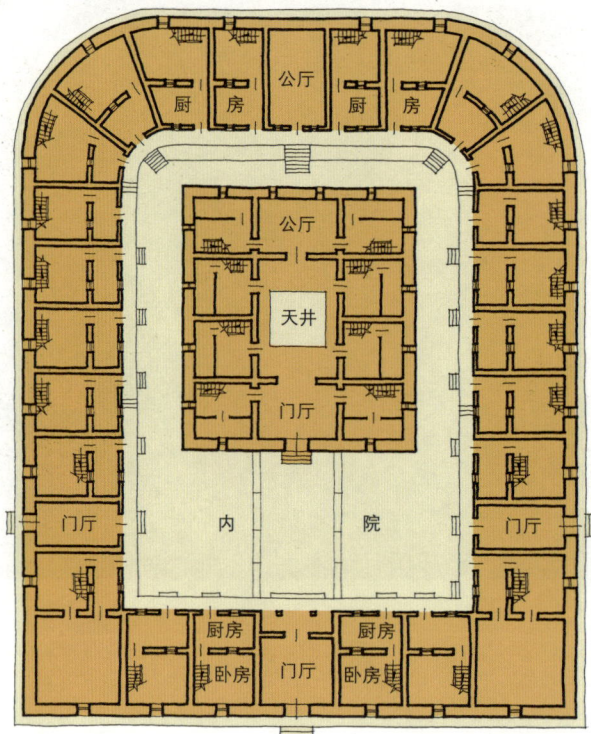

思永楼底层平面图

中国传统民居的瑰宝

N

0   5m

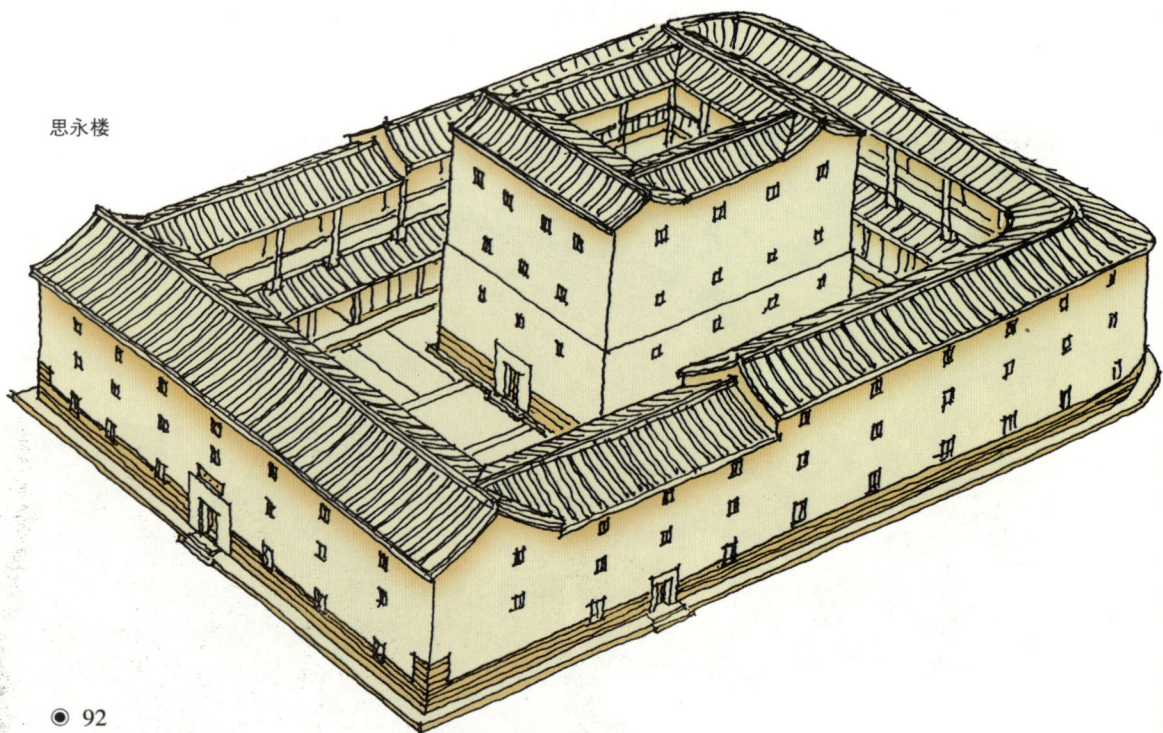

思永楼

长源楼

　　长源楼坐落在南靖县书洋镇的石桥村。始建于清雍正元年（1723），是方楼结合地形的一个特例。土楼临溪而建，基地高低落差很大，又地处溪水洪患的险地，所以在溪边干砌一道长46米、高5.2米的大卵石挡土墙。在窄长的基地上建起长方形的方楼，土楼的后墙就利用山坡石包坎。沿溪一层用做餐室，靠山一面是三层楼房，两侧依次迭落，楼层呈"冂"字形，以走廊连通。楼上视野开阔，通风极好。这是典型的横长式坡地土楼。整座土楼犹如从地下生长出来。高低错落的土楼，配以巨大出檐的屋顶，活泼生动，富有乡土气息。

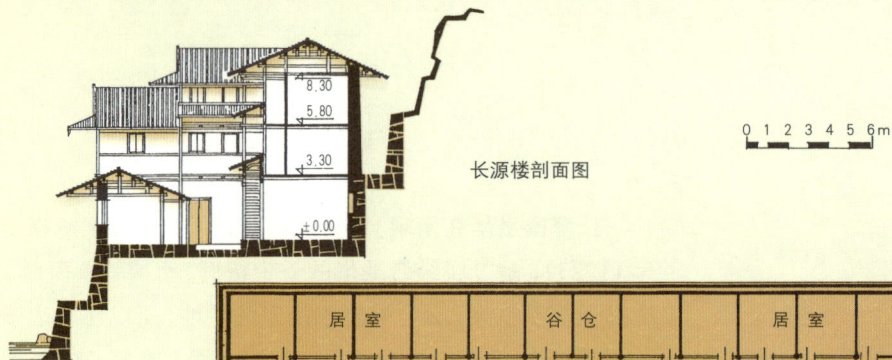

长源楼剖面图

0 1 2 3 4 5 6m

北

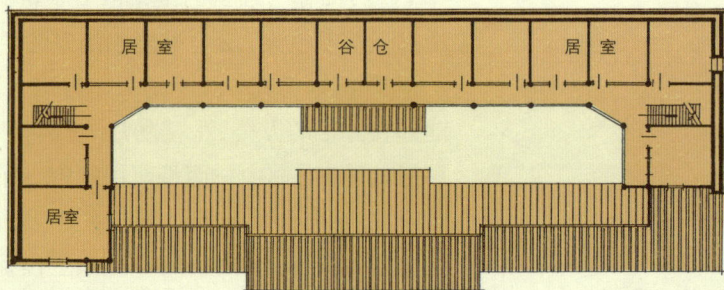

居室　　谷仓　　居室

居室

长源楼二层平面图

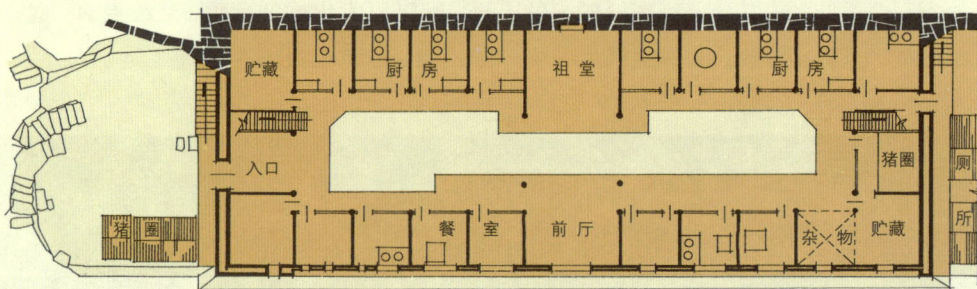

贮藏　厨房　　祖堂　　厨房

入口　　　　　　　　　猪圈

猪圈

餐室　前厅　　杂物　贮藏

厕所

长源楼一层平面图

福建土楼

中国传统民居的瑰宝

长源楼

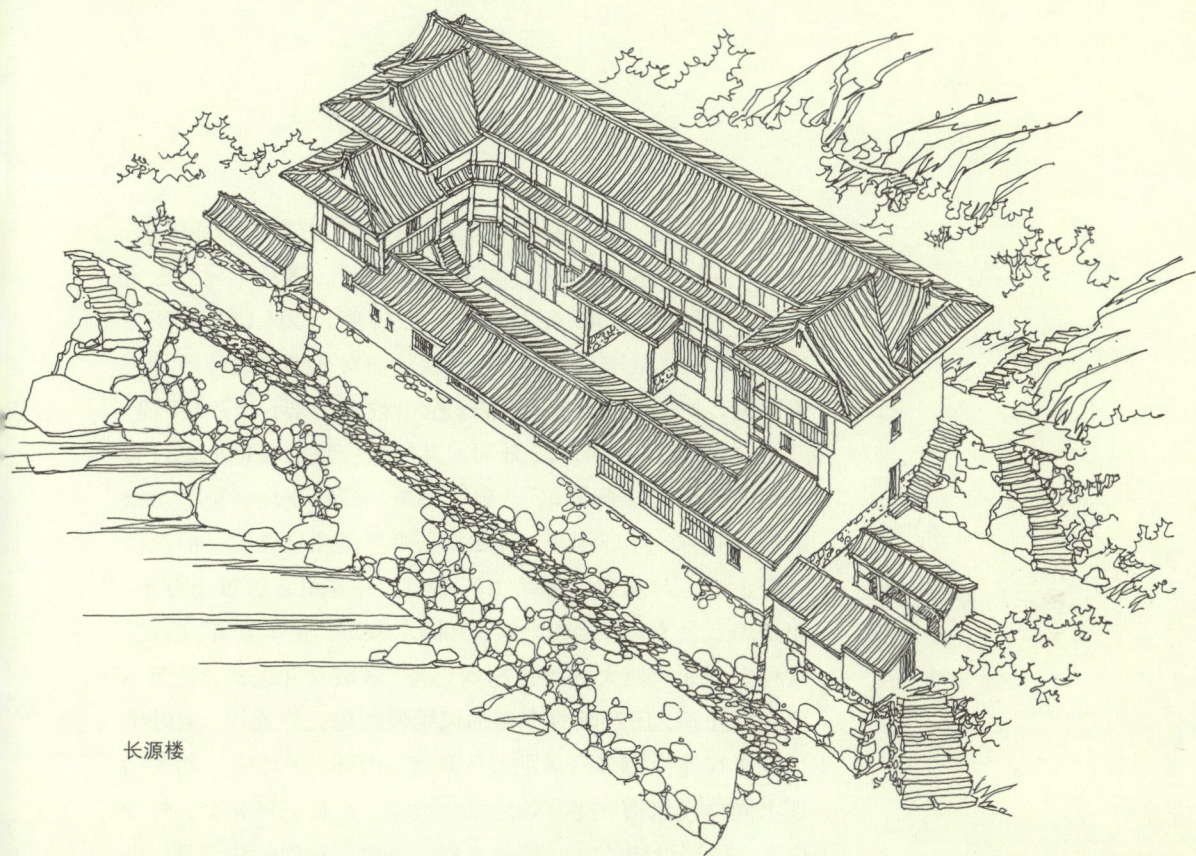

长源楼

长源楼内院

由长源楼上远眺

丰富多彩的土楼形式 　95 ◉

锦江楼

　　锦江楼位于漳浦县深土镇锦江村。它由三个圆环组成，外环一层，外径58.5米，共36间；中环（1803年建）也是一层，外径40.5米，层高较大，共26间，仅入口处开间为三层高，顶层做瞭望室。中环屋顶外侧女儿墙内设环形的屋顶跑道，女儿墙上设枪眼，便于枪击救援；内环（1791年建）三层，外径23.7米，12开间，其门厅位置的屋顶上也设有瞭望室，俗称"燕子尾"，独居中央，高高屹立。整座土楼中轴线对称，环环相套，犹如戒备森严的土堡炮楼。锦江楼的夯土墙，与永定、南靖山区不同，并非用普通黄土夯筑，而是用三合土，内掺糯米浆、红糖水夯筑，极其坚实。因此，这种土墙无须巨大的屋顶出檐遮盖，做成女儿墙式，甚至不用石材压顶，历经两百多年的风雨侵蚀仍完好无损。很好地适应了福建沿海多台风的气候环境。内环、中环唯一的大门顶上同样设水槽，能有效地抵御火攻。这种三环相套、外低内高、层层设防的女儿墙式土楼，表现出强烈的防卫性，堪称福建土楼一绝。

锦江楼剖面图

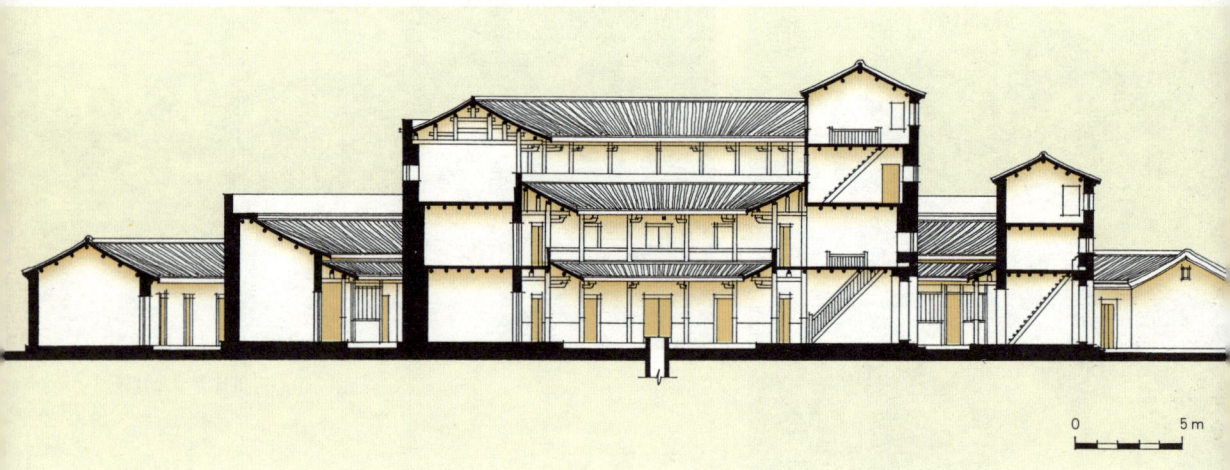

0　　　　5 m

福建土楼
中国传统民居的瑰宝

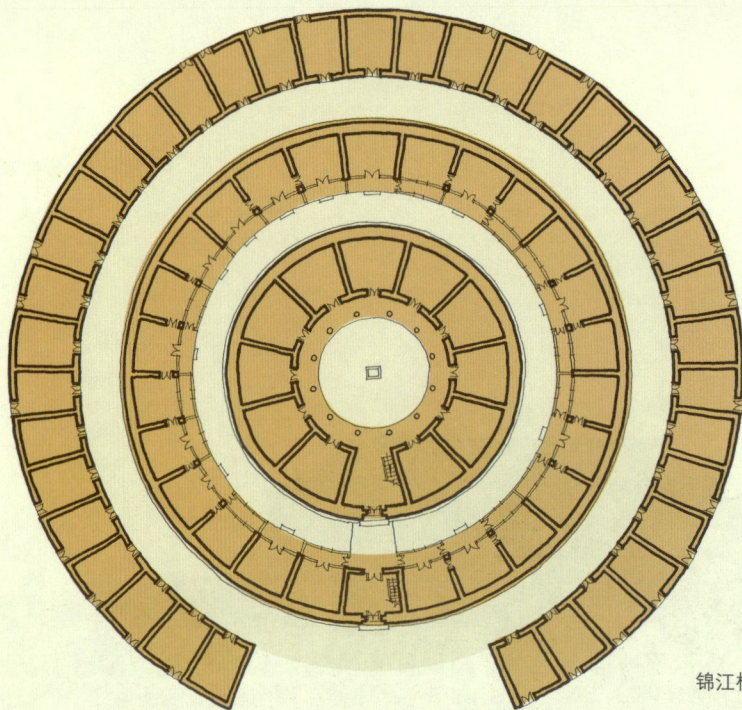

锦江楼底层平面图

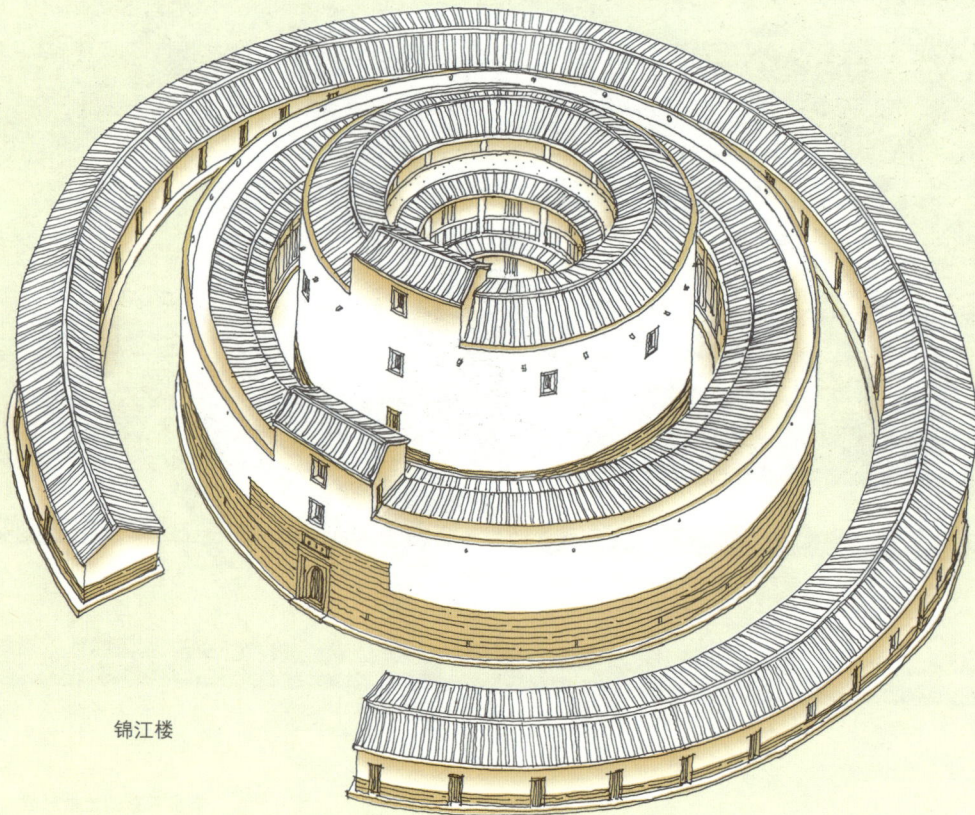

锦江楼

福建土楼

中国传统民居的瑰宝

0 5m

锦江楼屋顶

锦江楼夯土女儿墙

锦江楼中环屋顶跑道

清晏楼

　　清晏楼坐落在漳浦县旧镇秦溪村，始建于清嘉庆七年（1802），是内通廊式方楼的又一种变异形式。其平面特点是在28米见方的方楼四角，呈风车状突出四个半径2.5米的半圆形"炮楼"，当地人称"万字楼"。因平面似风车，又称"风车楼"。其外墙厚1.25米，外墙底层为花岗岩条石砌筑，楼层全部用三合土夯筑。楼四周广留枪眼，突出的四个"炮楼"更有利于防卫。整座土楼古堡式的造型，是福建土楼中颇有特色的形式。这种风车形的方楼在漳浦县现存有八座。

清晏楼

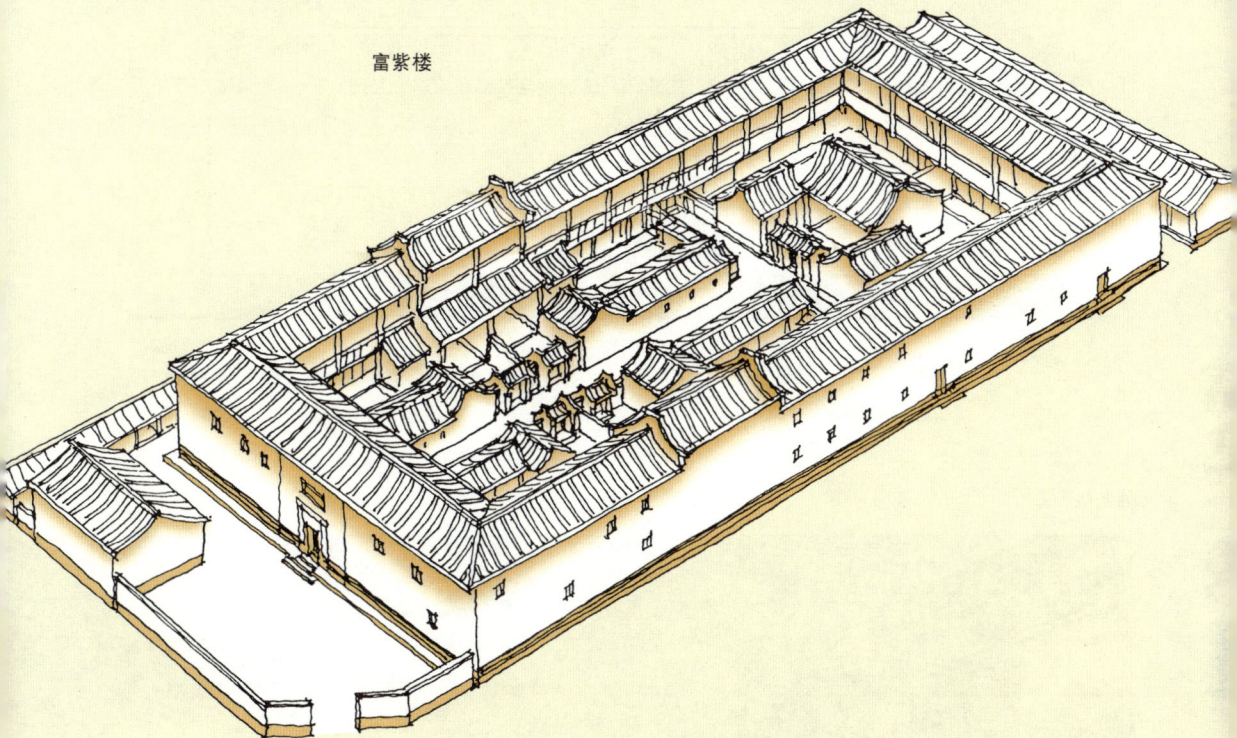

富紫楼

    富紫楼坐落在永定县下洋镇中川村。这是一座奇特的两层方楼，面宽21.5米，进深47米，平面按"富"字布局。楼门朝西，南北各有两个边门。楼东隔一小巷，是一排厕所、库房。在平面上它与方楼环周的楼房组合成"富"字的宝盖头。楼中正对大门是一条宽2.3米、长27米的小巷，居民称之为"天街"。天街尽端的门楼内，由祖堂与书房围绕小天井组成一个四合院，从平面上看这是"富"字中间的"口"。天街中段，四个门楼隔街相望，进门是四组带天井的大厅，它们的平面构成"富"字下面的"田"。外围的楼房由内侧的回廊联系，设6部楼梯上下。"富"字的布局使楼内空间别具一格。"富家占大吉，紫气自东来。"这对门联点明了富紫楼按"富"字布局，追求富贵吉祥的本意。

富紫楼立面图

富紫楼天街

富紫楼前门

富紫楼底层平面图

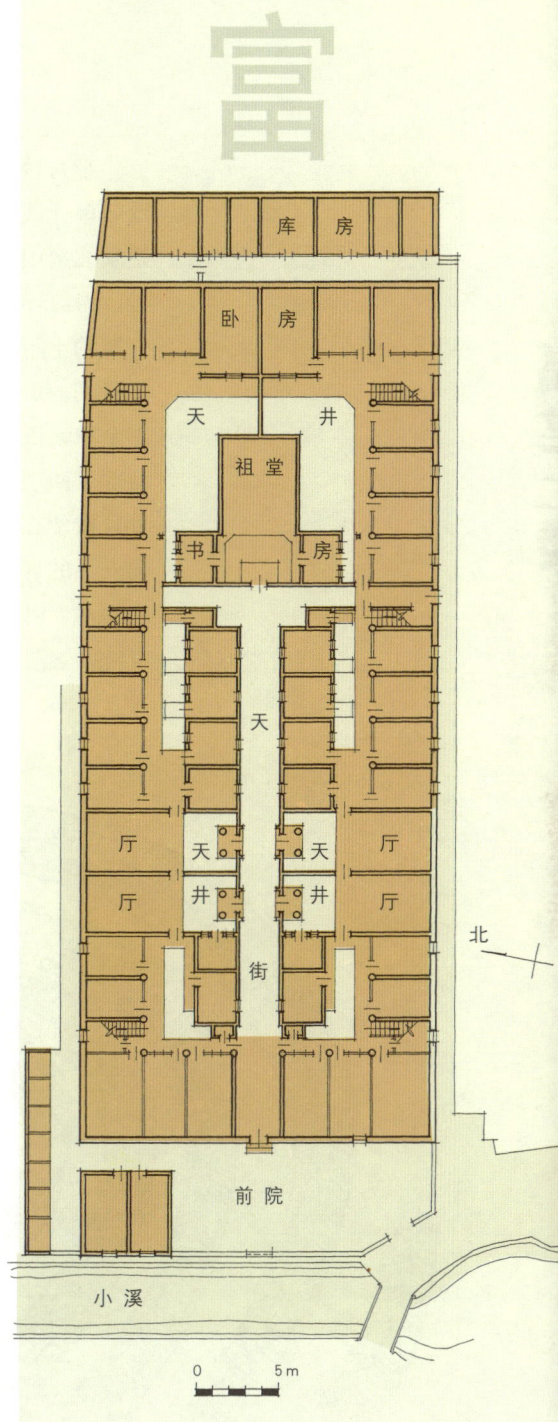

富

库房

卧房

天井   天井

祖堂

书   房

厅   天井   天井   厅

厅   井   井   厅

街

北

前院

小溪

0   5m

半月楼

　　半月楼坐落在诏安县秀篆镇的大坪村。它既不同于闽南地区单元式的圆楼，又不同于粤北地区客家人的围龙屋，是诏安北部山区客家人特有的聚居模式。它以宗祠云瑞堂为中心，周边环绕四五圈马蹄形的两层单元式土楼。圈与圈之间夹着约十米宽的巷道，外圈七十多个开间，内圈也有三十多个开间。每个开间为一个独立的居住单元，各单元互不相通。每个单元面宽4米，进深10米，入口门厅单层，一侧设灶台，后部是两层的卧房，独自设楼梯上下。每户大门都朝着祠堂。半月楼建在平缓的山坡上，随山势前低后高，蔚为壮观。在诏安县的秀篆、官陂、大平、霞葛等乡镇，现存不少这种依山面水、以祖祠为中心一圈又一圈向心布局的半月楼，这种奇特的聚落模式所表现出的强烈的向心力和凝聚力令人震惊。

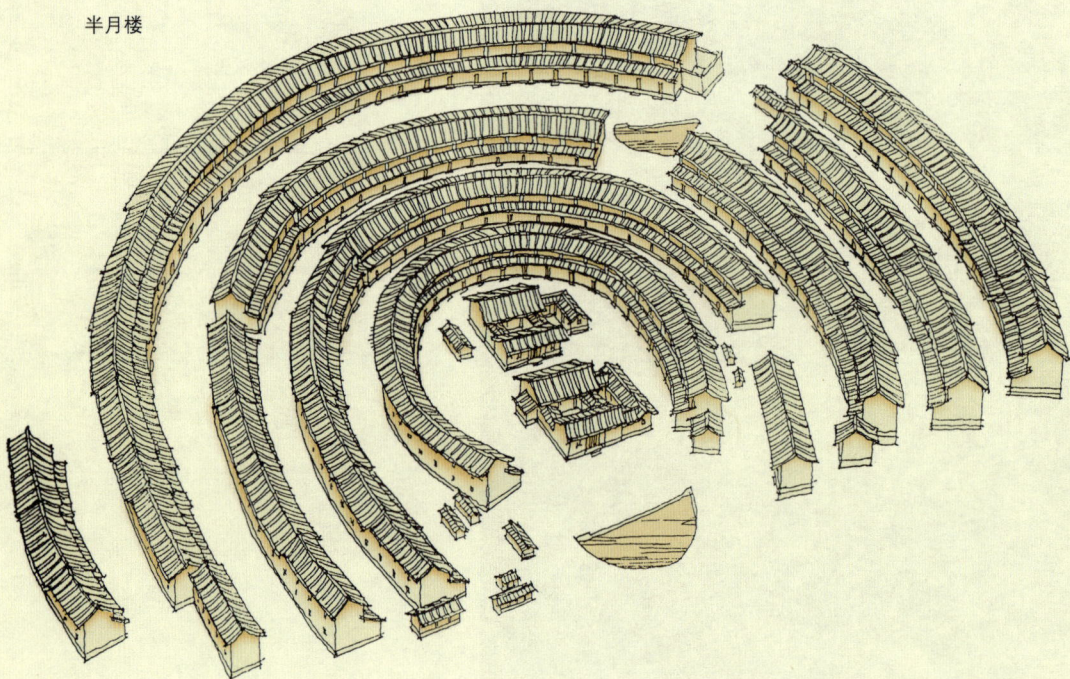

半月楼

中国传统民居的瑰宝

半月楼

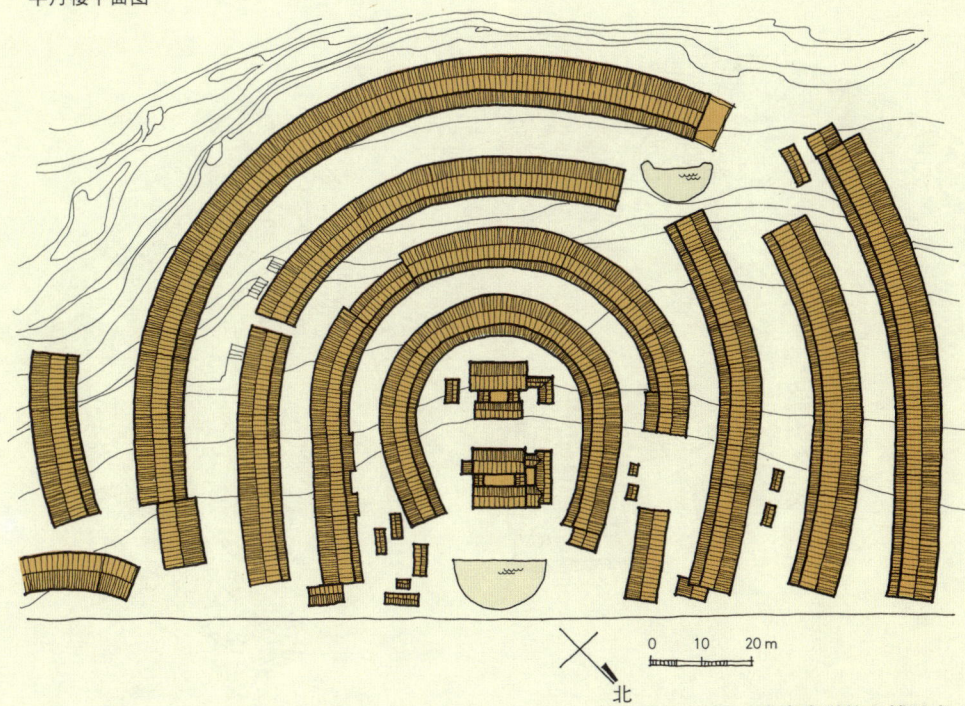

半月楼平面图

0 10 20m

北

半月楼巷道间卖水果的小贩 （黄永松 摄）

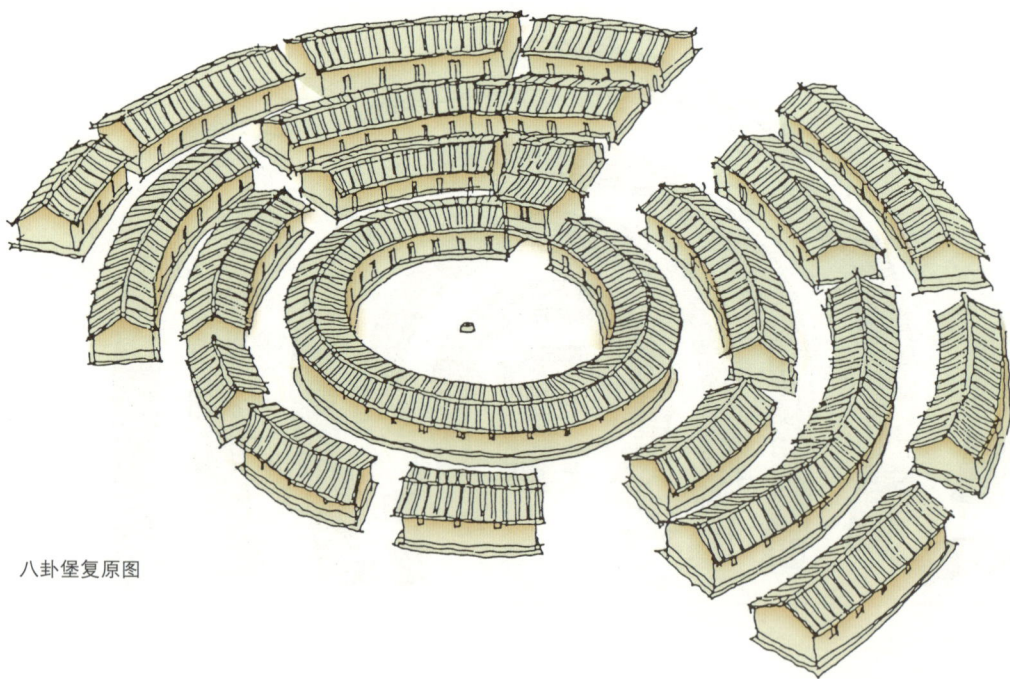

八卦堡复原图

八卦堡

　　八卦堡位于漳浦县深土镇东平村,是福建土楼聚落中奇特的一种形式,据说建于晚清时期。整个村子由五环土楼构成。村中心是完整的单层圆楼,其入口部分是两层的过街楼。圆楼外围有四圈断断续续的圆弧形土楼,按八卦阵布局,环绕四周,当地人称之为"八卦堡"。弧形土楼之间的巷口立数根条石,夜间可用木板封锁以防野兽。整个村子背山面水。村口沿中轴线有宗庙、戏台和方形鱼塘。现全村居住三百九十多人。这种八卦形的聚落在国内可能也属孤例。

八卦堡

提督府

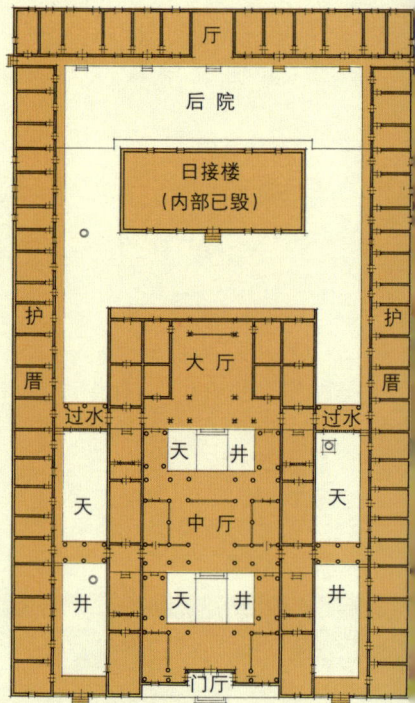

蓝廷珍提督府平面图

提督府坐落在漳浦县湖西乡顶坛村，是清康熙年间台湾总兵、福建水师提督蓝廷珍的府第。它是土楼被包围在砖木结构府第建筑中的一个特例，建于清康熙末雍正初。建筑面宽50米，纵深80米，规模宏大。沿中轴线五落，左右两厢为护厝，以过水廊相连，构成大四合院套小四合院的格局。最特别的是，第四落主楼是高两层的土楼，进深10米，宽23米，作为主人的卧房。土楼底层外墙用方正的条石砌筑，其余墙体均为三合土夯筑。土楼只设一个大门，门上石匾书"日接楼"。窗户很小，使用条石窗框和条石竖棂砌成。这种土楼围在府第之中的形式，在福建是仅有的一例。

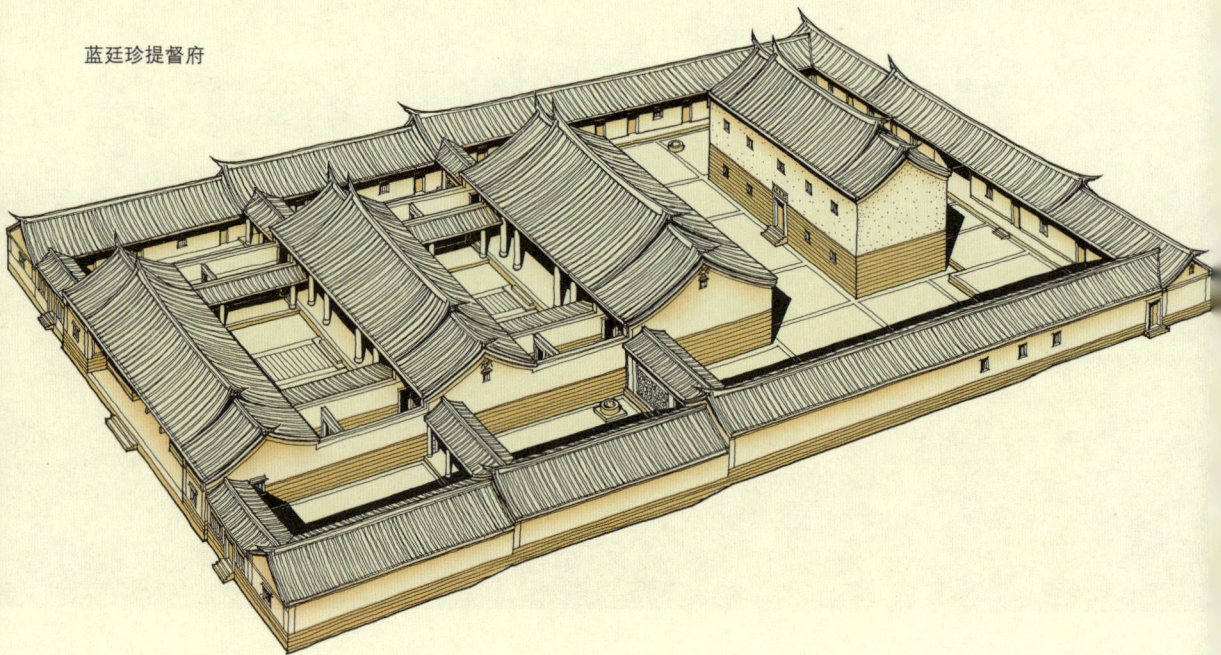

蓝廷珍提督府

第 三 章

叁

福建土楼的概念界定

　　多少年来许多宣传媒体都把福建的土楼称为"客家土楼"。1982年我完成的福建传统民居研究硕士论文中也是把土楼民居称为"客家土楼"。以后随着调查区域从永定、南靖扩大到整个闽南地区，才发现这是不正确的，因为漳州市所属的10个县区都有土楼，泉州市所属的安溪县、南安市、惠安县也有土楼，尤其发现不仅永定县的客家人住土楼，闽南广大地区的闽南人也住土楼。在闽南的南靖、平和两县与永定交界的地带也有客家人的土楼。但据不完全统计，闽南人居住的圆楼、方楼的总数比客家人的还要多。所以把这些土楼统称为"客家土楼"是错误的。

粤东客家围子

平和县和华安县单元式土楼的发现更是震惊了学术界。直到现在很多人不知道还有这种与永定客家人土楼布局迥异的单元式土楼，它的平面布局是各户自成单元，单元内有独立的楼梯，不设走廊连通各户。而客家土楼则是靠内侧回廊联系各户，以公共楼梯上下。两种平面布局反映了两种不同的生活方式与不同的居住理念，而两种土楼的外观却完全相同，这种差异引起了各学科学者极大的兴趣。

至于客家土楼，除了福建永定县的圆楼、方楼、五凤楼之外，还包括江西赣南的土围子、广东粤北的围龙屋、粤东北的客家围子。在广泛调查的基础上，学术界的视野拓宽了。将不同形式的土楼作比较研究，更深入地掌握各类土楼的特点，然后再来界定福建土楼的概念，自然会更加确切。

什么是土楼？许多人单单从字面理解，把凡是由土墙建造的楼房都叫做土楼，这是不确切的。用夯土建造或土坯砌筑的小楼房全国各地都有，这不足为奇。这些并不是人们通

德馨堂　梅州市　广东省

福建土楼

中国传统民居的瑰宝

圆方土楼　实佳村
永定县　福建省

常最感兴趣的称之为"土楼"的民居。在福建，"土楼"这个概念约定俗成，已经有了它特定的含义，它正是特指用夯土墙承重的、规模巨大的楼房住宅。这里有两层含义：首先是夯土墙要真正作为建筑的承重结构，而不是像有些传统木构建筑那样，夯土墙只是作为围护结构；其二它应该是聚族而居的大型楼房建筑，而非独门独户的单幢小楼。这种大型土楼是闽、粤、赣三省的一些地区独有的奇特的居住建筑。在闽、粤、赣三省的土楼建筑中，国内外学者最感兴趣的是福建的圆、方土楼，为什么呢？只要把粤赣的土楼与福建的土楼作一对比就可以看出原因。先说粤东北的客家围子，其平面为三堂两横或三堂四横，四周围屋，占地很大，层数不高，更像一个小城堡。粤北的围龙屋，固然前方后圆颇有特色，但它只是单层建筑，防卫性相对较差。再说江西赣南的土围子，其平面绝大部分为方形，占地很大，层数不高，外观较为平淡，且多数围子相对独立，很少形成群组。而福建的土楼与它们相比占地相对较小，楼层较高，防卫功能突出，且成组成群形成聚落，其视觉形象更为优美，加上单个独立的土楼圆形、方形这样十分肯定又极其简洁的造型和庞大的体量、斑驳的土墙，给人的视觉冲击力巨大，确实令人震撼而惊叹。

为什么要建造成如此封闭的形似堡垒的住居？为什么要建成圆形？为什么会出现内通廊式和单元式这两种截然不同的平面形式？夯土墙怎么能建造四五层的高楼？一系列问号成了一个个难以猜测的谜，福建土楼的神奇之处也正是世人最想探求的奥秘。

所以，要给福建土楼下个定义，这个定义必须全面、准确、完整地勾勒出福建土楼的特色，又能与其他地区的土楼相区别。经过深入思考、反复推敲，我以为给福建土楼下这样的定义也许是恰当的：

福建土楼特指分布在闽西和闽南地区那种适应大家族聚居、具有突出防卫功能，并且采用夯土墙和木梁柱共同承重的多层的巨型居住建筑。

这个定义包括多重含义：首先福建土楼是多层的巨型居

东升围　安远县　江西省

关西新围（金包银式土墙）　龙南县　江西省

住建筑。粤北客家围龙屋为单层，粤东北的客家围子内部堂屋是单层，外周围屋至多两三层。赣南土围子多数也是两三层。而福建圆、方土楼多数三至四层，五凤楼的后堂甚至高达六层。所以用"多层"和"巨型"居住建筑来表达才能真正反映它的特色，这也与层数相对较少的粤赣两省的土楼以及小型夯土墙民居相区别。其次表明了福建土楼主要分布的地区——福建的闽西和闽南。再其次，福建土楼的结构类型显而易见是土木结构，由夯土墙承重是其突出的特点。而福建的土堡，外观与土楼很相似，其外围土墙类似厚重的城墙，墙上设有防卫走廊，但土墙与木结构楼房相互脱开，夯土墙只作为围护结构，不作为房子的承重结构，正所谓"墙倒屋不塌"。所以说"夯土墙承重"这一点使福建土楼区别于福建土堡。江西的土围子，其内外墙是承重的土坯墙，或"金包银"式土墙，即土坯和砖墙混合承重，所以"夯土墙承重"这一点又区别了福建土楼与江西土围子。至于适应大家族聚居和具有防卫功能这两点是与粤东北客家围子及赣南土围子共有的不能不表述的特点。只是福建的圆形、方形土楼，底层、二层不开窗，楼更高、更加封闭，因此防卫功能更为突出。

夯土墙与木结构共同承重

厘清"福建土楼"的概念，在统一的尺度下来深入研究，才不至于出现诸如某县"现存各类土楼15 000座"，或把所有土楼都称做"客家土楼"这样的混乱与错误。

下面这个表格可以清晰地表明福建土楼所涵盖的内容以及它在中国生土建筑中所处的地位，也可以看出不同形式的生土建筑之间的相互关系，更有助于我们进一步明确"福建土楼"这个概念。

生土建筑	黄土窑洞（窑窑）	靠山窑洞		陕、晋、豫等黄土高原地带
		下沉式窑洞（地下天井窑）		
		土坯拱窑		
	小型生土建筑	小型夯土墙建筑		浙、闽、粤、桂、新疆等省份
		小型土坯墙建筑		
	大型生土建筑（土楼）	客家土楼	粤北围龙屋	广东土楼
			粤东北客家围屋	
			江西土围子	江西土楼
			五凤楼 小型五凤楼	福建土楼
			五凤楼 三堂两横式五凤楼	
			五凤楼 三堂四横式五凤楼等	
			通廊式土楼 通廊式方楼	
			通廊式土楼 通廊式圆楼	
			通廊式土楼 其他通廊式土楼（八角、五角等）	
		闽南土楼	单元式土楼 半月楼	
			单元式土楼 单元式方楼	
			单元式土楼 单元式圆楼	
			单元式土楼 单元式土楼的变异形	

注：客家土楼指客家人居住的土楼，闽南土楼指闽南人居住的土楼。在客家人、闽南人交界地带，客家人也有少量居住单元式土楼，闽南人也有少量居住通廊式土楼。

第 **肆** 章

福建土楼的聚居特点

提起福建土楼，人们常说"聚族而居"是它的一个重要特点，其实这种表述还不够确切。实际上福建土楼内的聚居方式有许多明显不同于其他地区的特点。

一、聚族而居是汉民族共同的聚居特点

纵观分布在中国各地的汉民族传统聚落，大部分都是聚族而居。这种聚族而居几乎都是以村落的形式存在，即同姓同宗的各家各户分居独立的小住宅，一栋栋独立的小住宅成群组成聚落。家族是以血缘为纽带组成的血亲集团，大家族共同聚居在同一个村落。宗祠是村落的核心，是同宗同祖的族人祭祀祖宗或集会议事的场所。南方不少地区在宗祠中还设戏台，宗祠又兼做公共的娱乐场所。

历史上的战乱与灾荒造成不断迁徙，出现了不同宗族聚居的村镇，在这些村镇中通常同宗同姓的民居仍然相对集中在村镇中的一个区域。所以说聚族而居是汉民族共同的聚居方式，单纯以"聚族而居"来描述福建土楼的聚居方式，还不能够准确地反映它的特殊性。

二、福建土楼奇特的聚居方式

福建土楼的聚居方式明显不同于其他地区的特点表现在：

其一是单楼聚居。即一个家族聚居在一座巨型的土楼之内。若是圆、方土楼，更可以形象地说是聚居在同一个屋顶之下。早期的土楼村子，有的就只有一座土楼，楼名即是村名。一座土楼内居住的通常不是一个同居共财的大家庭，而是多个同宗同祖的小家庭。一楼之内乃"一公之孙"，几十户、数百人，形成同居异财的生活模式。每个小家庭的财产

平和县圆楼的"楼包"

各自独立，然而又有诸多不可分割的公有财产，不仅共屋顶，而且共楼门、共厅堂、共庭院、共水井。早先还有祖上留下的公田。公田是祖宗留下的田产，任何子孙无权单独继承，由楼中公推的长辈掌管。公田由各房轮流耕作，其收益用于祭祖、节庆或楼内公益事业、房屋修缮等等，形成一座土楼内的宗族小社会。

其二是特大家族的聚居方式。在中国其他地区的传统民居中，也有大型的宅第，多半是同居共财的大家庭，但聚居上百人已是少见。而一座福建土楼中聚居几百人则是很平常的事。如南靖县的和贵楼最盛时住三百多人，永定县的承启楼最盛时住六百多人。在一座民宅中聚居人数之多在世界上亦属罕见。福建土楼可谓世界上人口密度最大的传统民居。

其三是均等的聚居模式。这在福建圆楼中表现得最为典型：各户层数相同，开间相等，无明显的朝向差别，无贵贱等级之分，各家各户不论辈分长幼一律均等。这与汉民族宅第式民居中等级分明的建筑布局，以及严格按辈分分配住房的方式完全不同，这是一个不同寻常的革命性的变革与突破。先前福建土楼中房屋的分配是按"房份"均分，一个儿子为一房，妻子、女儿没有继承权。楼内劳务摊派也是按"房份"承担，如祭祖敬神等节庆活动，按年轮流，今年长房，明年二房，后年三房……周而复始。日常每天开门闭户、打扫公地也是几天一轮流，循环不息。这样既均等又加强了宗族成员的责任感。楼内以族规的形式规范族人的行为，以此维系全楼的团结和睦。20世纪60年代以后新建的土楼多半是以抽签的方法分配房屋，以此体现均等的原则。

其四是向心的聚居布局。在福建土楼，尤其是客家土楼中，各户都环绕内院，面朝内院，或朝向中心的祖堂，表现出对祖堂的崇拜与敬畏。有的学者把这种布局的构成法则称为"点线的围合"。"点"即以祖堂为核心的公共空间，代表着崇高和永恒，象征着宗族团结的核心。"线"所描述的是周围众多的居住用房。它们呈线状环绕核心布局，表现出明确的向心性，显示了强烈的内聚力。

其五是可生长的聚居形式。随着人口的增长，一环圆楼容纳不下，可以在环楼之外再建同心圆的环楼，形成规模更大的圆楼。也可以在圆楼内院中发展，如南靖县的顺裕楼在大内院中逐步建造新环楼。永定县的承启楼、深远楼等有外环、中环、内环楼。在平和县是圆楼外再建"楼包"。诏安县的半月楼则是围绕祖祠一圈又一圈呈马蹄形地向外扩展。这种发展模式，不同于一般村落聚居方式中重复建造小住宅来扩大村落规模，而是土楼自身向外"生长"，并始终保持其完整性，始终保持其向心性和防卫性，始终还是"一座楼"。当然不少地区受用地局限，不可能再扩建，而另外新建土楼也很普遍。然而只要条件允许，一个宗族总会取"一座楼"聚居的发展模式。

上述可见，单纯"聚族而居"四个字无法概括福建土楼的聚居特点，只有了解在福建土楼内特大家族上百人甚至数百人同居异财聚族而居，以及聚居中所表现出的均等性、向心性和可生长性，才能真正认识福建土楼聚居方式的奇特所在。

第 **伍** 章

福建土楼的奇特之最

福建土楼以其独特的艺术魅力倾倒无数中外学者和游客。它的神奇、它的隐秘令人惊叹，引人入胜。在福建土楼中，世人最感兴趣的还是圆楼和方楼。"天道圆，地道方，圣王法之，所以立上下"，"天圆地方"、"阴阳、五行、太极"的宇宙图式深深地扎根在中华民族的心理中，构成中华民族传统的伦理和世界观。象天法地，顺天应时，天人相应，融合自然，因地制宜……福建土楼是不是这种思想和精神的凝固？我想每一个研究者、每一位旅游者都会有自己的感受。本章通过福建"土楼之最"的介绍，将把你引入一个奇特与神秘的土楼世界。

一、最著名的土楼

福建土楼中最有名气的要数永定县高头乡高北村的承启楼。《中国古代建筑史》教科书把承启楼作为福建土楼的代表，国家文物局主编的《中国名胜词典》把承启楼列为名胜。台湾"小人国"、深圳"锦绣中华"等旅游景点都以它的模型作为福建圆楼的代表来展示。1986年我国发行的"民居"系列邮票把它的形象作为福建民居的代表，这套邮票被日本有关方面评为1986年最佳中国邮票。2000年承启楼被列为全国重点文物保护单位。2008年它又被列入世界文化遗产名录。

承启楼是内通廊式圆楼的典型，外径62.6米，由四个同

承启楼　高北村　高头乡　永定县

承启楼剖面图

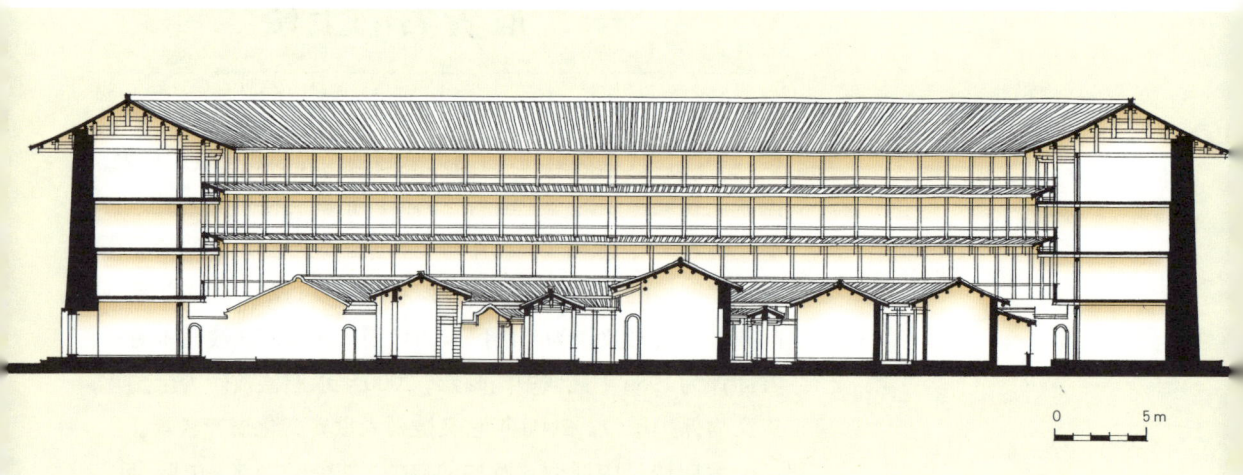

0   5m

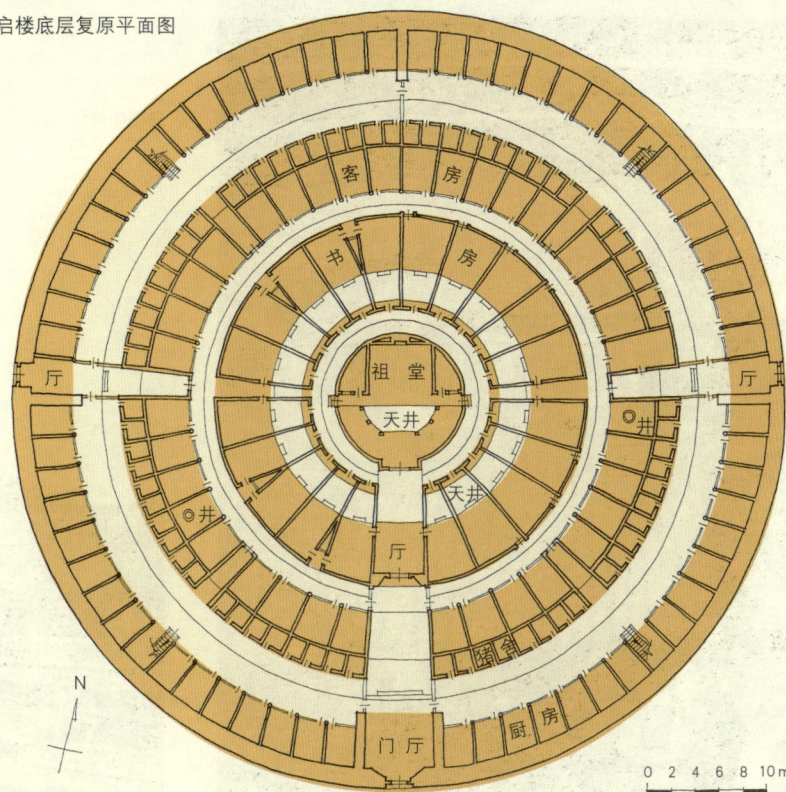
承启楼底层复原平面图

客　房

书　　房

祖　堂

天井

厅

厅

井

天井

井

厅

阄氨

门厅　　厨房

N

0 2 4 6 8 10m

承启楼外环楼

承启楼外环、中环之间的天井

心圆的环形建筑组合而成：楼中心是祖堂、回廊与半圆形天井组成的单层圆屋，圆屋外是三个环形土楼呈同心圆环环相套，内环一层，共21开间，作为女子的书房；中环一层局部两层，共40开间，用做客房，外环楼四层，共67开间。外环设四部楼梯、一个大门和两个边门，其底层外墙厚1.9米，圆形屋顶外向出檐巨大，有效地保护了土墙免遭雨淋。外环楼底层作为厨房，二层是谷仓，三、四层做卧房，全楼共有三百多间房。楼内居民自豪地告诉我们，若要在每个房间都住一宿，要花近一年时间。可见承启楼规模之巨大。

承启楼现在居住江姓二十多户、六十余人，据说此楼是江氏15代祖江集成所建，至今已是第30代。清康熙四十八年（1709）开工，历时三年才建成。传说从破土到完工都赶上理想的好天气，为感谢老天帮忙，又取名"天助楼"。此楼最盛时曾居住八十多户、六百余人。在如此巨大的圆楼中，住房的大小一律均等，这与府第式的五凤楼相比，那种家长的尊严以及尊卑等级在这里完全感受不到。这种平等的聚居方式在当时封建社会中的确是不可思议。

承启楼内院

二宜楼鸟瞰（林艺谋 摄）

福建土楼
中国传统民居的瑰宝

二宜楼　大地村　仙都镇　华安县

二、最早列为"国保"的土楼

　　福建土楼中最早被国务院核定公布为全国重点文物保护单位的土楼是华安县仙都镇大地村的二宜楼。传统民居列为全国重点文物保护单位的，早些年是凤毛麟角。二宜楼以它突出而鲜明的特色独占鳌头，在1996年11月被列入"国保"，这在福建土楼中是第一个，正说明它在福建土楼中占有的特殊地位。如今它已成为世界文化遗产当之无愧的一员。

　　二宜楼始建于清乾隆五年(1740)，乾隆三十五年(1770)落成，前后建造30年。占地四千多平方米，直径71.2米，由四层的外环楼与单层的内环楼组成。外环52个开间，正门、祖堂及两个侧门占4个开间，其余48间分成12个单元，其中10个为4开间的单元，1个为3开间的单元和1个5开间单元。每个单元自成体系，从内院入口，各自有内天井，独自设楼梯上下，俗称"透天厝"。

　　二宜楼的平面布局不同于永定县、南靖县的内通廊式圆楼，其内圈没有环周的走马廊。按类型它应归入单元式圆楼一类，然而它又与平和县、诏安县的单元式圆楼不同，后者每个单元只占一个开间，二宜楼是 3—5 个开间组成一个单元。而且在第四层外墙之内设隐通廊，不仅便于防卫时互相救援，而且方便单元之间的联系：门一关，各单元自成一体；门开启，全楼可以环行。单元之间既有分隔又有联系，即使从现代建筑设计的角度来衡量也是十分合理和实用的。

二宜楼室外空间层次分明：楼中心六百多平方米的大内院是人们日常交往和户外活动的公共空间。院内有两口公用水井。内院中均匀地竖立约两米高的小石柱，柱顶横杆搭棚以供晾晒。在木薯收获的季节，棚架上晾满薯粉，人们在架下穿行、忙碌，别有一番风情。每个单元内部都有独门独户的小天井，形成有私密性的室外空间。从楼外进内院再入户内天井，构成明确的空间私密性层次的变化，使圆楼很好地

二宜楼

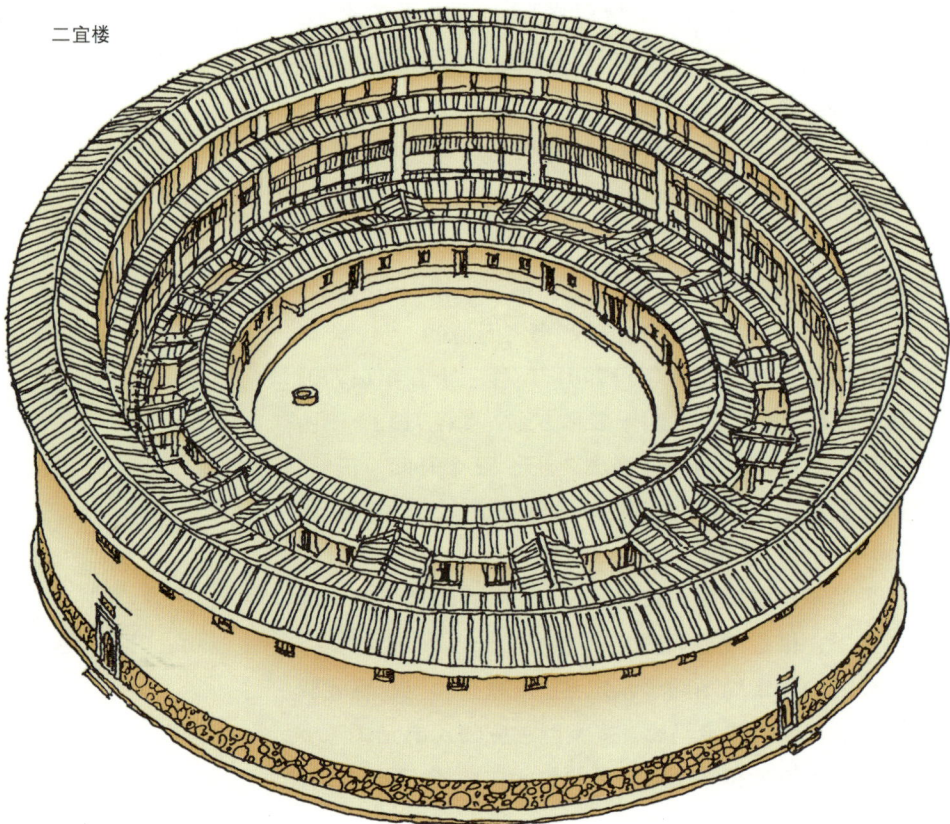

北

内院

水井　水井

厅

厨

天井

卧室

门厅

0　5　10m

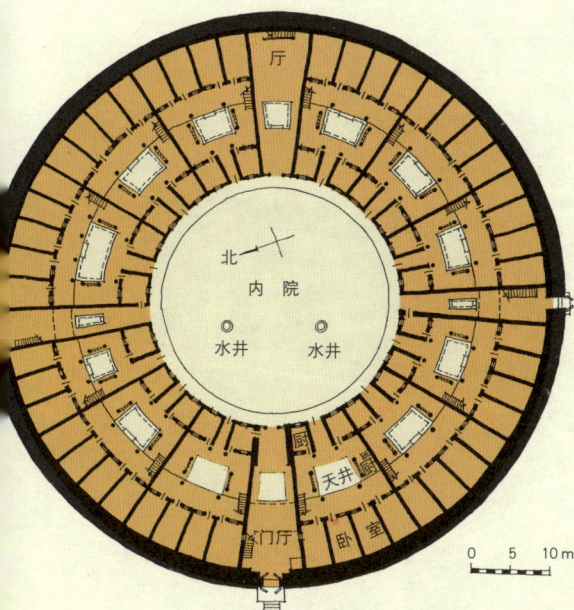

二宜楼底层平面图

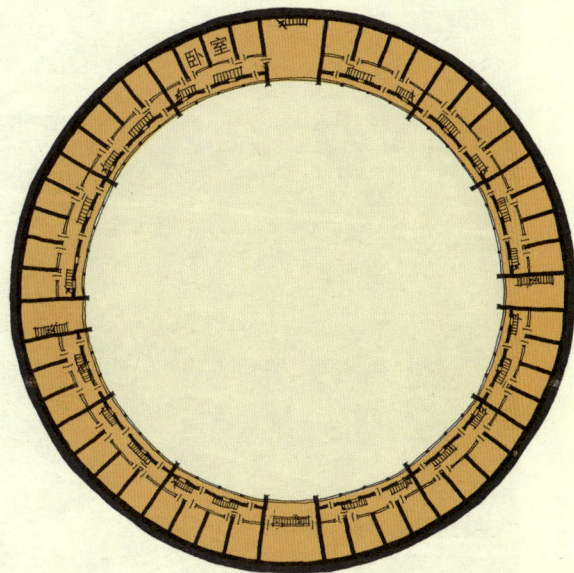

卧室

二宜楼三层平面图

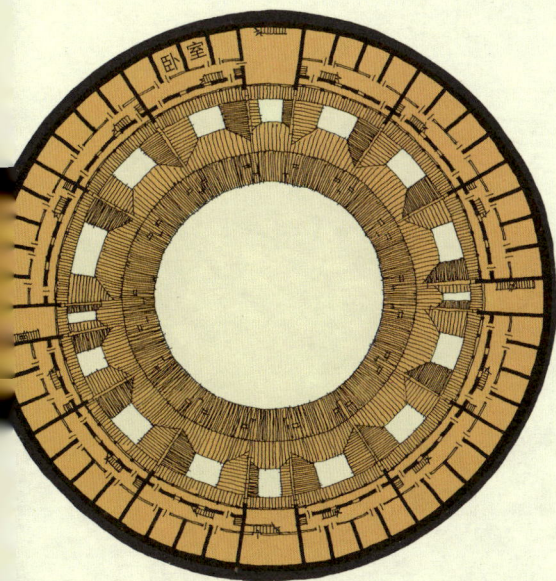

卧室

二宜楼二层平面图

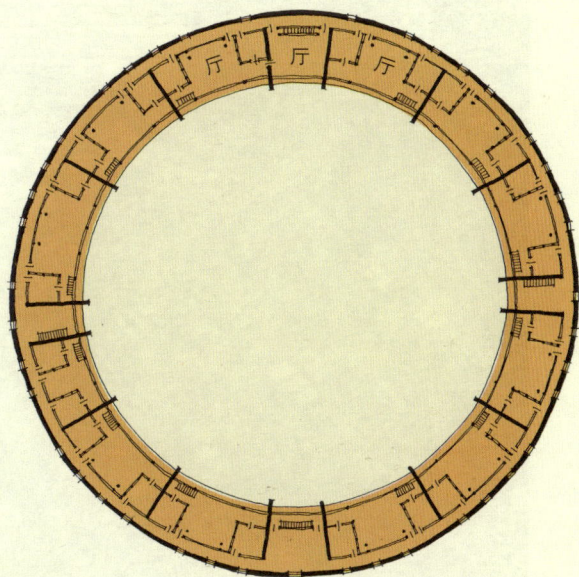

厅　厅　厅

二宜楼四层平面图

二宜楼内院（艾德蒙 摄）

满足了人们居住生活的不同要求。

二宜楼与其他土楼一样，外墙墙脚石砌，墙身夯土，一般土楼夯土墙一米多厚，而二宜楼外墙厚达2.53米，往上逐层收分，在第三层1.8米厚的土墙顶面上，是1米宽的隐通廊，第四层外墙还有80厘米厚。二宜楼是福建土楼墙厚之最。

二宜楼内的装饰繁简有度：正对大门的祖堂处在中轴线尽端的显要位置，其入口大门两边置一对青石雕抱鼓石，上刻如意锁、四龙戏珠等吉祥图案。祖堂的梁架都作雕饰彩绘。各单元顶层供奉神主牌位的厅堂，是又一个装饰的重点所在，其梁架彩绘之精巧在福建土楼中实为少见。

二宜楼内共有壁画226幅、彩绘228幅、木雕349件、楹

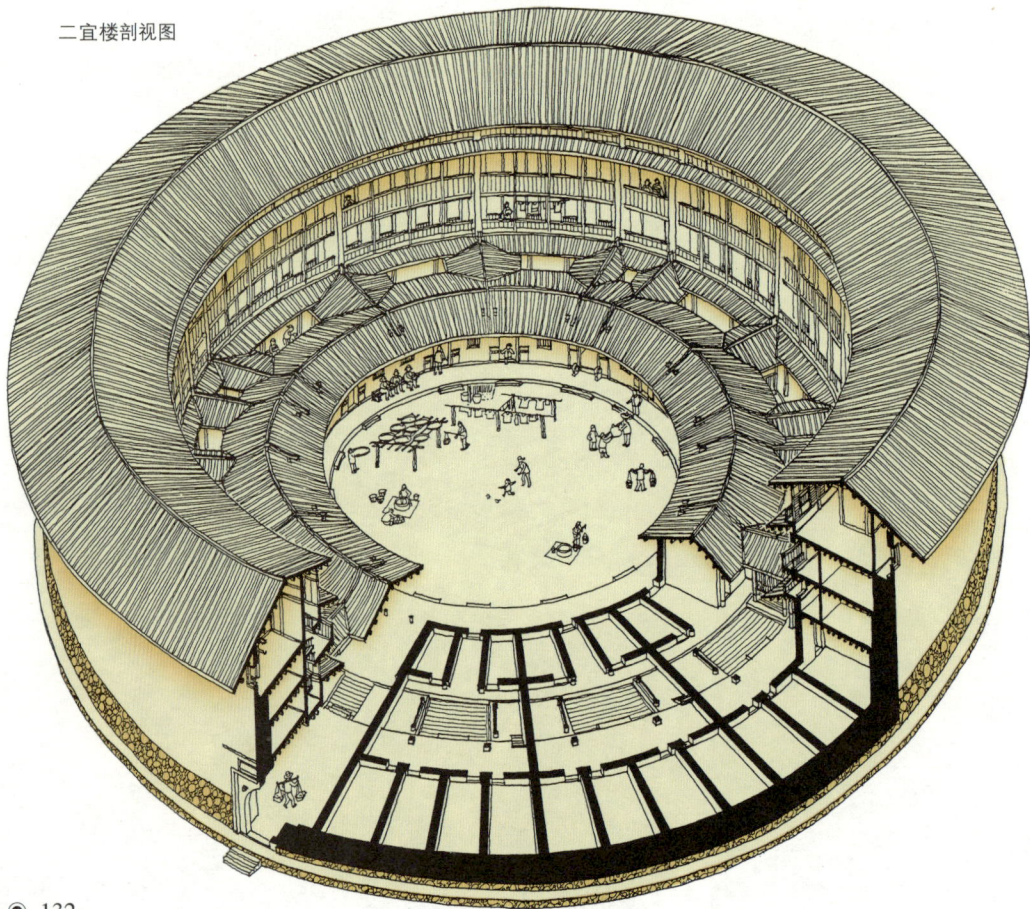

二宜楼剖视图

二宜楼立面图

二宜楼剖面图

联163副，其内容有花鸟、山水、人物等，真实生动、亲切自然，充满山情野趣和生活气息，散发浓郁的泥土芬芳，是土楼生活的真实写照，反映了土楼人的向往与追求。"我国现存壁画中，晚清至民国时期的数量十分有限。二宜楼保存的面积约600平方米的壁画，在我国的民居中是绝无仅有的，极大地丰富了这个历史时期的壁画遗存。"（郑军：《二宜楼的壁画和彩绘》，《中国历史文物》2002年第1期，下同）而且这些壁画"大部分是主人和清末民初画家的作品，是文人进行壁画创作的珍贵实物例证，因此具有极高的艺术价值"。更难得的是这些壁画大部分都有明确的落款和纪年。特别值得一提的是，其中"号松风"题匾下有一幅手持菊花的南洋半裸美女的画像，"秦楼月"题匾下有一幅西洋钟壁画，画面下部竟有倒写的古式英文"大本钟，……有限公司"。据说该楼二百

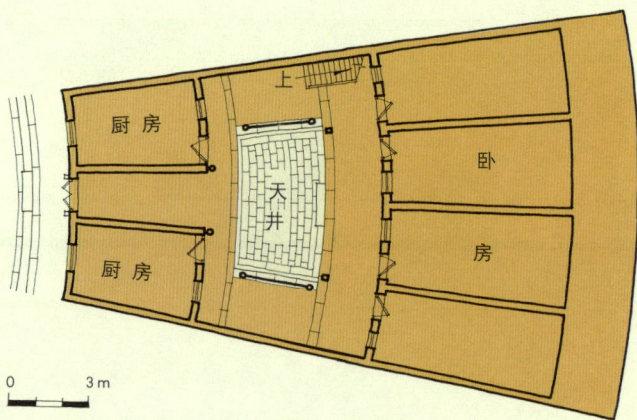

二宜楼标准单元底层平面图

厨房

厨房

上

天井

卧

房

0   3 m

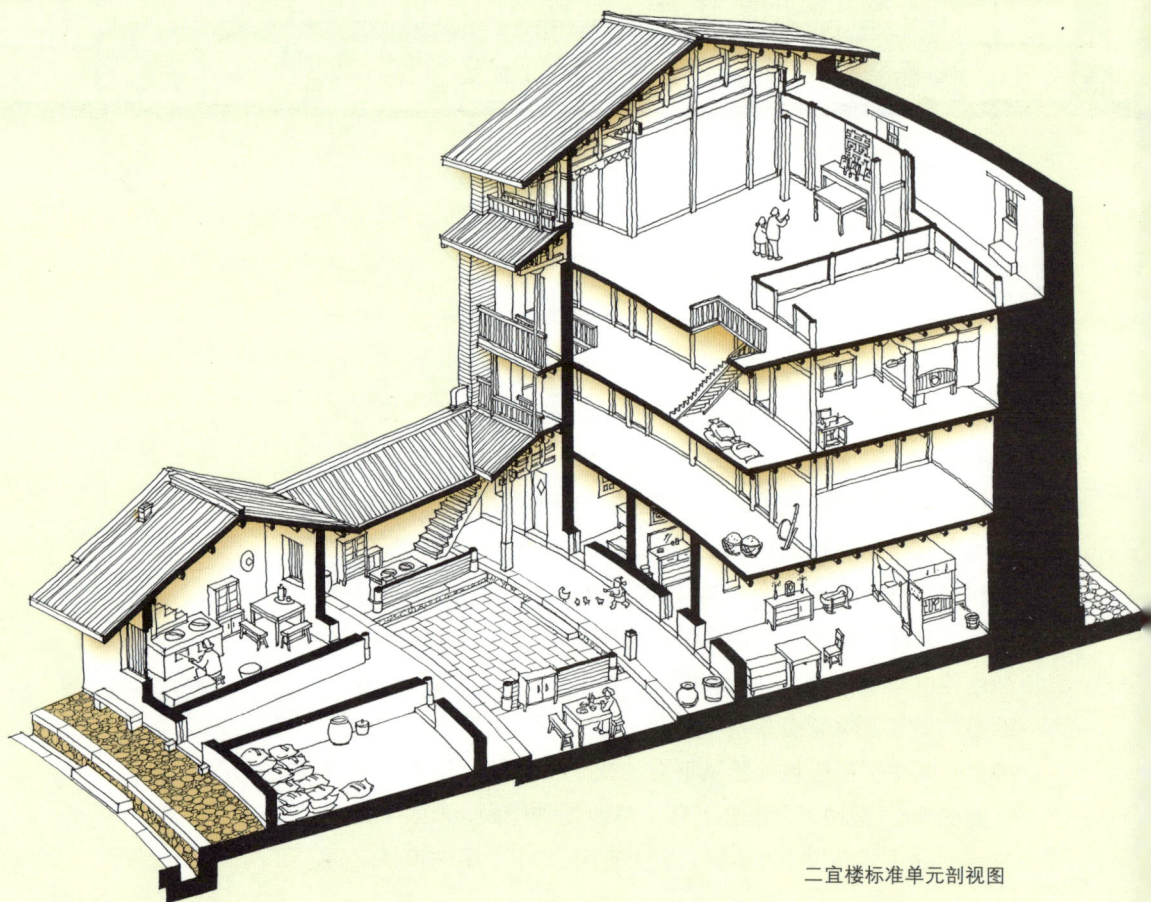

二宜楼标准单元剖视图

二宜楼祖堂装饰

二宜楼祖堂装饰

二宜楼抱鼓石

二宜楼壁画

二宜楼壁画

多年前曾有先祖就读英国剑桥大学。这些壁画为土楼文化添上了异域的风采,说明土楼主人当年"不仅能接受外来文化,而且能将其展示在墙壁上,这是非常难能可贵的"。

二宜楼最盛时居住106户、近500人,如今还居住25户、六十多人。二宜楼的建筑布局独具特色,居住环境舒适宜人,防卫系统构思独到,建筑装饰精巧华丽,确是福建土楼中不可多得的珍品。

二宜楼壁画

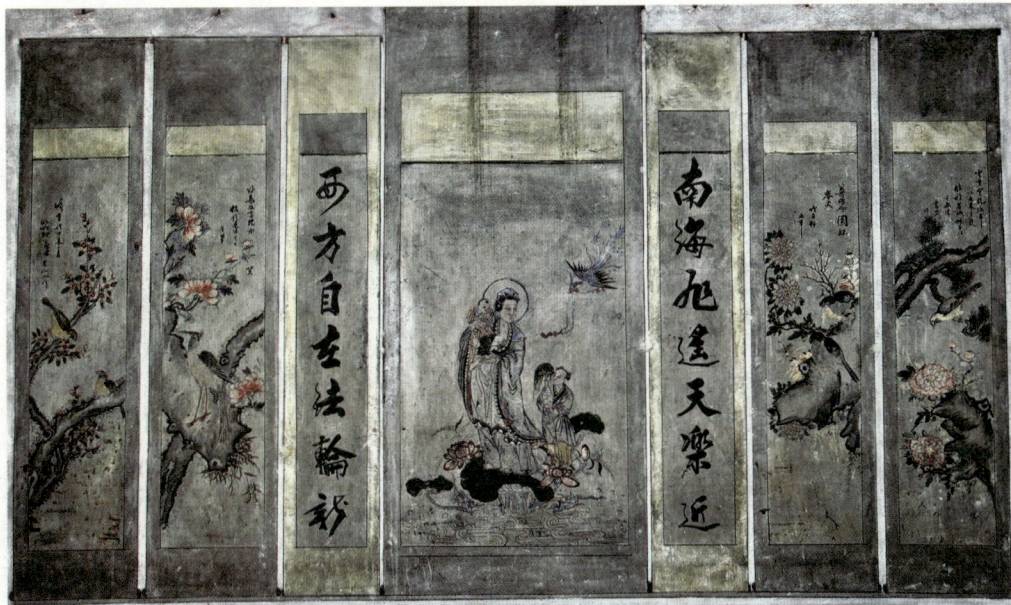

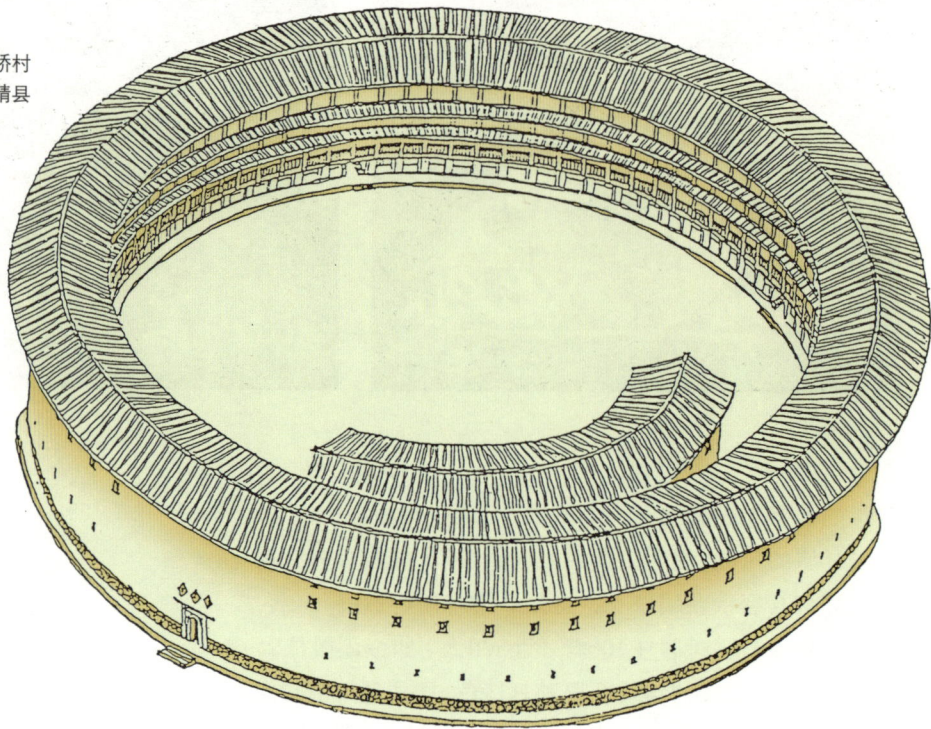

顺裕楼　石桥村
书洋镇　南靖县

福建土楼

中国传统民居的瑰宝

顺裕楼正门

順裕楼立面図

三、最大的土楼

　　福建圆楼中哪幢直径最大？随着圆楼不断被"发现"，这个"最大"的桂冠不断地变换得主。

　　就内通廊式圆楼而言，最著名的是永定县的承启楼，楼内居民自称"圆楼王"。该楼直径62.6米，日本学者曾认为它"也许是全世界最大的圆形住居"（茂木计一郎等著：《光·土·水——中国民居研究》）。后来调研中我发现南靖县书洋镇石桥村的内通廊式圆楼顺裕楼直径更大，其外径为74.1米，始建于1933年，目前楼内居住张姓四十多户、二百余人。圆楼有四层，外围土墙高15米，底层土墙厚1.6米。环周72

顺裕楼一层平面图

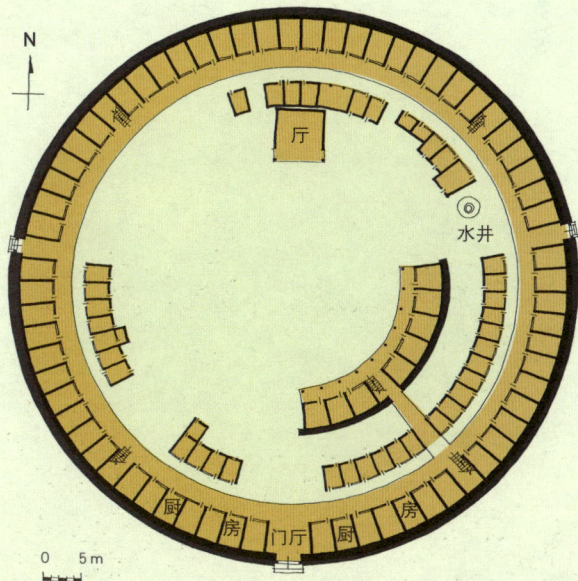

N

厅

水井

厨　房　门厅　厨　房

0　5m

顺裕楼内院

顺裕楼（鸟瞰）

深远楼 古竹村 古竹乡 永定县

福盛楼 岩太村 陈东乡 永定县

福盛楼(远眺)

个开间，设一个正门两个边门，四部楼梯均匀分布，每层有64个卧房。圆楼内院中又建两层的环楼，但只完成1/4。

顺裕楼依山面水而建。大门朝南，门前有一个小广场，正面溪水蜿蜒而过。按风水的观点："门前若有玉带水，高官必定容易起；出入代代读书声，荣显富贵耀门闾。"显然这里正合"风水说"所云理想的居住环境。从山上鸟瞰，这巨大的圆楼真叫人不可思议。

再后来我听说，永定县古竹乡古竹村的深远楼更大，其外径80米。我实地去丈量为63米。诸多讹传的原因多半是测量的标准不统一，按规则直径应从外墙皮起算，他们往往从檐口滴水量起，以显示圆楼之大。但该楼即使加上出檐也超不过70米。最近又听说永定县陈东乡的大山里面有一座始建于1968年、1981年完工的圆楼福盛楼，环楼高四层，外

土城楼　崎溪村　石榴镇　漳浦县

径83米。我又到大山沟里的岩太村实测，证实直径为77.42米。这座圆楼的确很大。现在楼内居住林姓62户、三百多人。它无疑是迄今所知内通廊式圆楼中最大的一座。

至于闽南的单元式圆楼到底哪座最大，前面介绍的平和县龙见楼，直径82米，原以为是最大的，后来到漳浦县才得知，石榴镇崎溪村的土城楼直径竟有108米。据说是清嘉庆年间建造，至今近二百年。圆楼为单元式，一个正门，一个后门，两侧各14个标准单元，标准单元三开间，也是"透天厝"式。内环单层，外环两层，每个单元中间围合一个小天井，天井里还有各户自用的水井。整个圆楼共86个开间，院

云巷斋总平面图

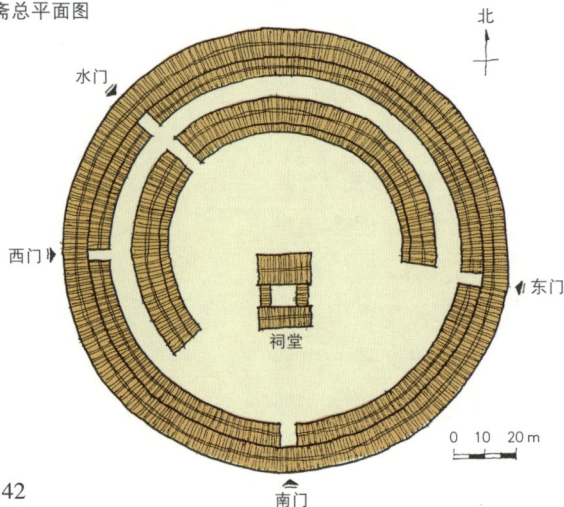

北

水门

西门

东门

祠堂

0　10　20m

南门

中靠近后门还有一个小土地庙。可惜圆楼大部分已毁，只留下几个标准的单元，仅能从残留的墙基中量出它的直径。

2002年12月5日我和平和县博物馆的朱高健馆长一起来到平和县安厚镇汤厝村巷口自然村，实地丈量了村里闽南人居住的圆楼云巷斋，其直径达147米。外环楼为单元式两层土楼，共108开间，内院中心为四合院式祠堂。圆楼以祠堂后墙中点为圆心，于20世纪30至70年代逐步建造围合，据说原规划建三环，至今内环未建，中环才建一半。遗憾的是近年在内院中随意搭盖三、四层砖混结构住宅破坏了圆楼的原貌，好在外环楼还基本完好保存。现在应该可以说云巷

云巷斋　汤厝村
安厚镇　平和县

远眺庄上城全景

庄上城总平面图　庄上村　大溪镇　平和县

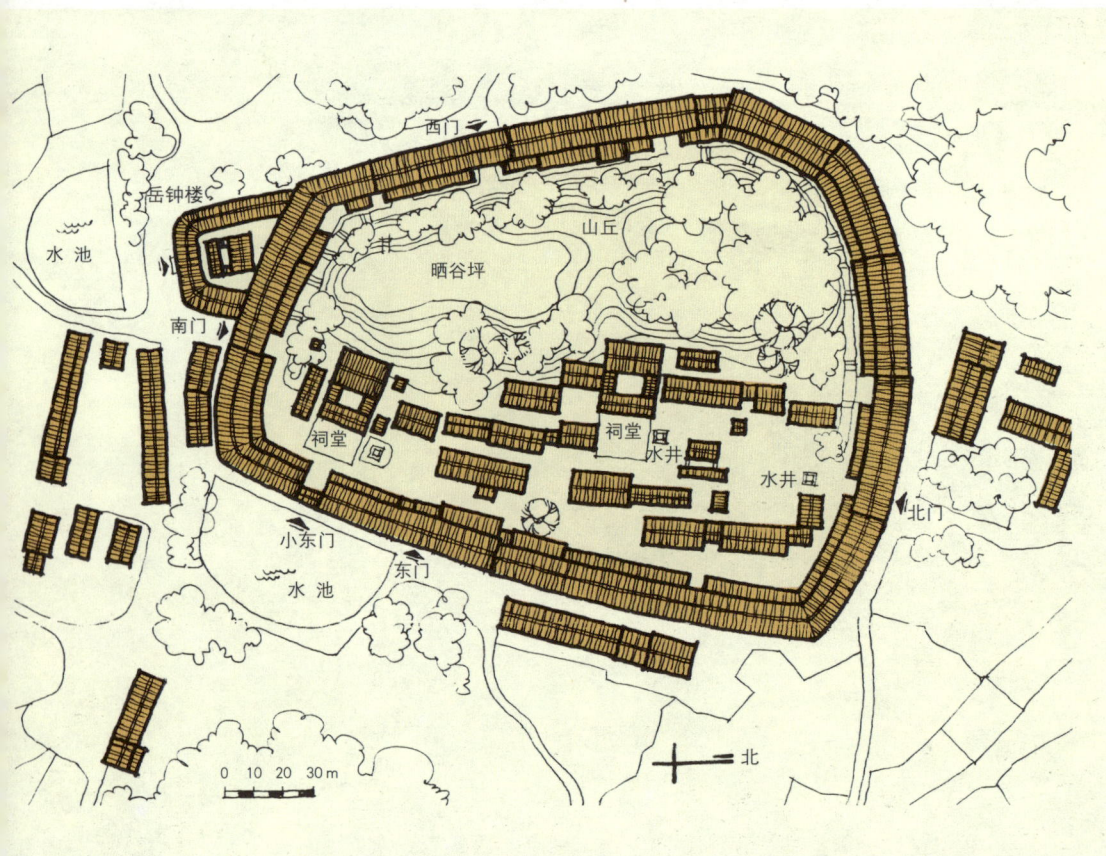

西门

岳钟楼

水池

南门

晒谷坪

山丘

祠堂

祠堂

水井

水井

北门

小东门

东门

水池

0　10　20　30m

北

斋是迄今所知福建圆形土楼中直径最大的一座。

福建方楼中长宽尺寸最大的原以为是平和县霞寨镇的西爽楼（86米×94米）。还是12月5日这一天，我在平和县大溪镇的庄上村，发现这里的庄上城才是福建最大的方形土楼。该楼建于清康熙初年，为近似长方形、四个角抹圆的形式，南北最长处约230米，东西最宽处约180米，四周是以三层楼为主的单元式土楼，局部顺应地势只建两层。方楼设

庄上城南门

庄上城北门

庄上城小东门

岳钟楼

东门、小东门、西门、北门、南门五个大门，门外均有水池，小东门外半月形水池面积最大。最盛时楼内居住叶姓客家人180户、一千三百多人。内院中西半部围着一座小山丘，高约5—9米，山上林木葱郁，山顶还设晾晒平台。内院中有四座祠堂、三口水井，还有几排土房。方楼南墙西端于清乾隆年间又附建岳钟楼。庄上城规模之大确实惊人，它是福建

从庄上城远眺灵通山

从庄上城北面南望土楼全景

庄上城叶氏祠堂细部

庄上城内叶氏祠堂

庄上城内院西南角

庄上城内院

从山丘上望庄上城内院

方楼之最当之无愧。

也是同一天,在平和县大溪镇的江寨村又确认了这里的淮阳楼是前方后圆式土楼中最大的一座。淮阳楼是单元式的三层土楼,坐北朝南,南半部为抹角的方形,北半部为圆形,沿山坡升起。土楼只设东西二门,南面不设门。内院中原有三座祠堂并排,现仅存中间一座。祠堂大门朝南,门前是11米宽的前埕,埕前是长方形的水池。在祠堂后的山坡上隆起"化胎"。整座楼东西宽100米,南北长112.7米,楼外东、西、南三面又建一圈"楼包"。土楼建于清乾隆年间,最盛时居

淮阳楼总平面图

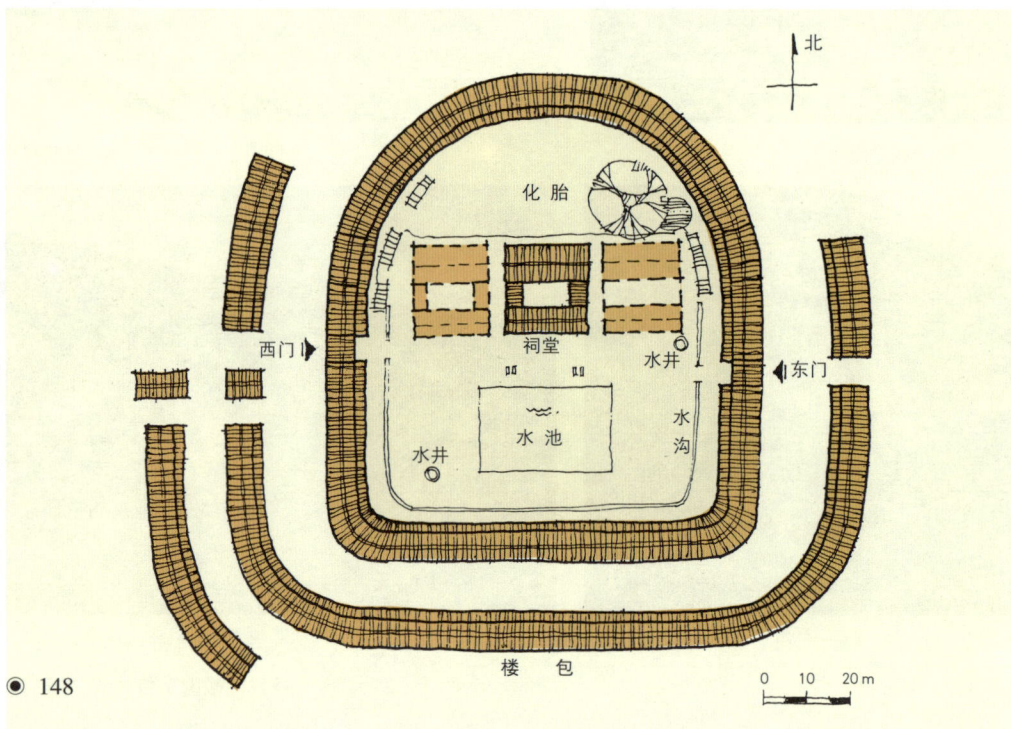

淮阳楼祠堂背后
隆起的"化胎"

淮阳楼内院中
心的祠堂

淮阳楼　江寨村
大溪镇　平和县

淮阳楼标准单元入口

住江姓客家人一百四十多户、七百多人。

2002年12月5日确是难忘的一天，一天之内发现三个福建土楼之最，真不可思议。这三座"最大"的土楼不仅当地的镇领导不了解，就连县文化部门普查统计土楼时也未能涵盖。所以很难说将来还会不会有新的发现，因此现在只能说这些土楼是迄今为止所知的"最大"。

如升楼内院

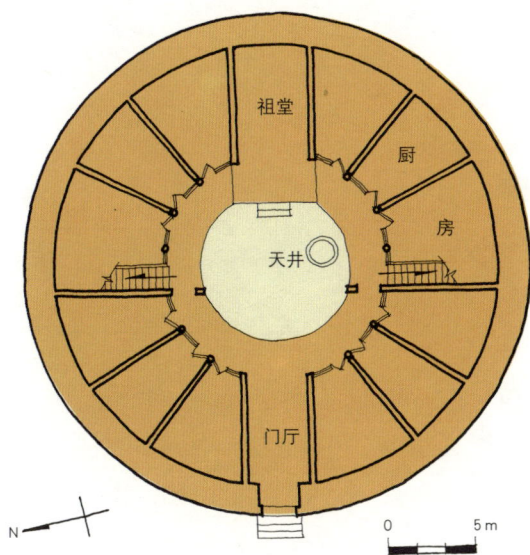

如升楼平面图

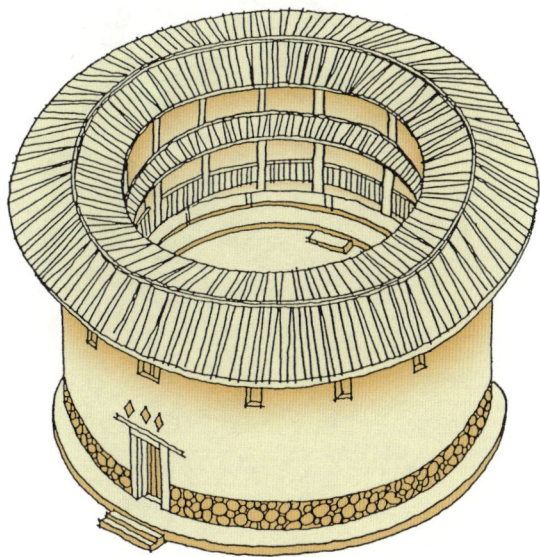

如升楼　洪坑村　湖坑镇　永定县

四、直径最小的圆楼

　　位于福建省永定县湖坑镇洪坑村的如升楼，直径只有
17.4米，为林姓建于清光绪年间（1875—1908）。圆楼高三
层，只有16个开间，为内通廊式。设一个大门，正对大门的
是祖堂，内院中一口水井，左右两部楼梯。楼梯间一侧为土
墙隔断，可以起到隔火的作用。圆楼内院直径只有5.2米，
形成极小的楼内空间。整座土楼小巧玲珑，外观犹如量米的
小升，楼的取名正是源于这个米升的形象。

　　原来一直以为如升楼是福建圆楼中最小的一座，前两年
才发现南靖县南坑镇新罗村长林自然村的翠林楼才是直径最
小的一座，其外径只有13.72—14.25米。该楼是内通廊式
圆楼，传说始建于明万历四十五年（1617），曾居住曾姓7户、
36人。楼高三层，环周12个开间，只有一个大门。内院直
径仅4.42—5.15米。

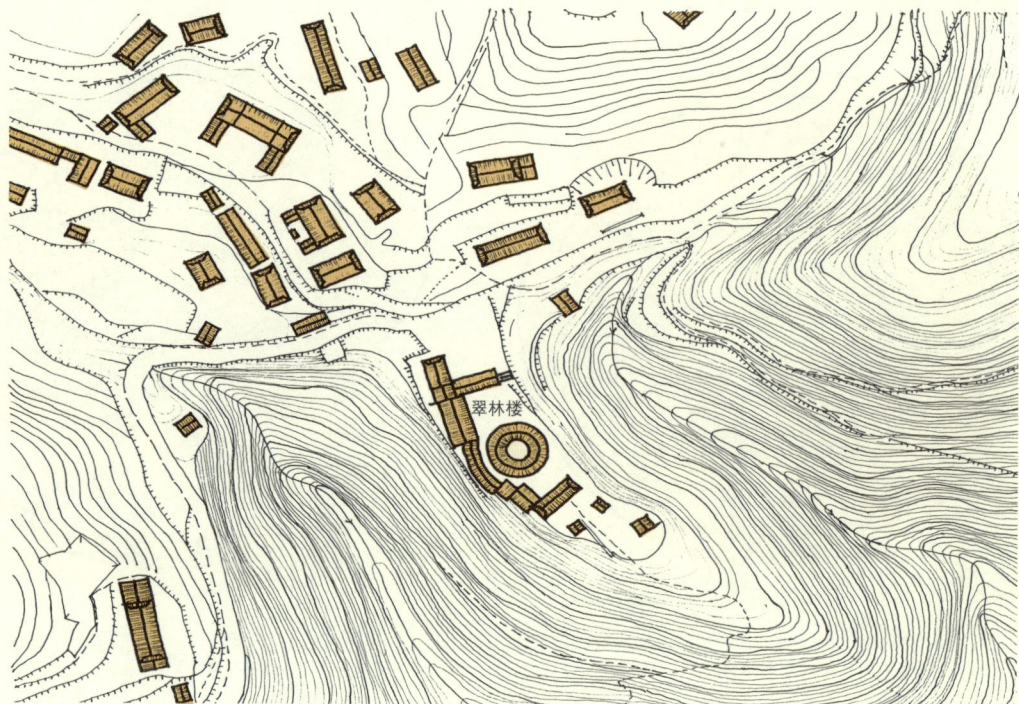

翠林楼总平面图

翠林楼　新罗村　南坑镇　南靖县

翠林楼外观

翠林楼内院

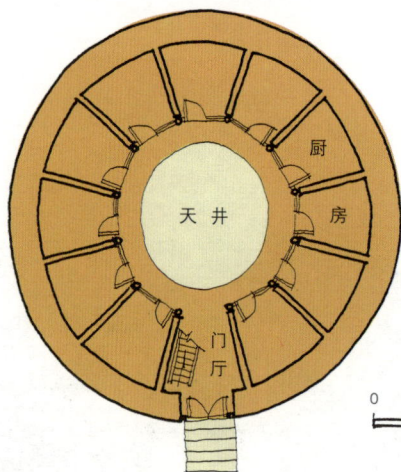

翠林楼一层平面图

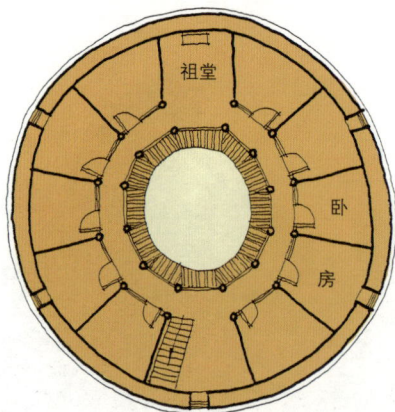

翠林楼三层平面图

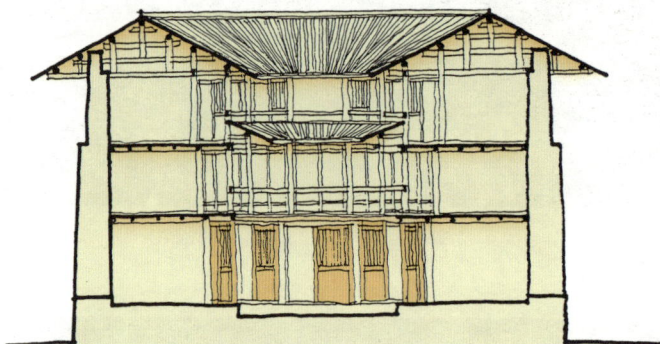

翠林楼剖面图

五、建造年代最早的土楼

　　经常听说有的土楼建造至今已有数百年上千年，这种说法的依据多数是从族谱记载的开基祖迁入至今多少代推算的。实际上开基祖从外地刚刚搬来时，多半不可能有建造土楼的财力、物力，也许当时住的只是草棚或小土屋。此外建楼年代用该楼"已传多少代"来推算也极不准确。如推断永定县湖雷镇下寨村的馥馨楼已历经千年，据传说古时候该楼原由林、易、周、章四姓合建，四姓各据一方。四姓外迁后，沈家迁入，传数代后将楼让给孔姓永定始祖。据孔姓族谱记载，孔姓家族由山东迁江西再迁福建上杭，元末明初入永定湖雷镇至今已传30代，历六百多年。由此推算，该楼可能有上千年的历史。这只是推断而已。

迄今所知最早建的方楼，有明确纪年的当数漳浦县绥安镇马坑村的一德楼。方楼大门上石匾刻"一德楼"三个大字，及"嘉靖戊午年季冬吉立"两行纪年楷书，可以确证建楼年代即明嘉靖三十七年（1558），距今已四百五十多年。该楼为三层高的内通廊式方楼，三合土夯筑墙体，底层墙厚1.3米。外墙总高11.2米，墙上开10厘米宽、60厘米高的窄长小窗。距方楼外墙10米外建1.6米厚的椭圆形围墙，围墙外以天然小溪环护。遗憾的是，一德楼1934年遭日本飞机轰炸，炸毁西南角，随后被废弃。在漳浦县霞美镇过田村的贻燕楼，楼门石匾上也有明确纪年："时嘉靖庚申年仲冬立"，

齐云楼（远眺）　岱山村
沙建镇　华安县

卧
房

700
17400

天　井
14500
22500
1300　　　1300

1300
18600

死
门
生
门
700
20000
700

水井

天井

17200

房
卧

1000

北

0　　　5m

中国传统民居的瑰宝

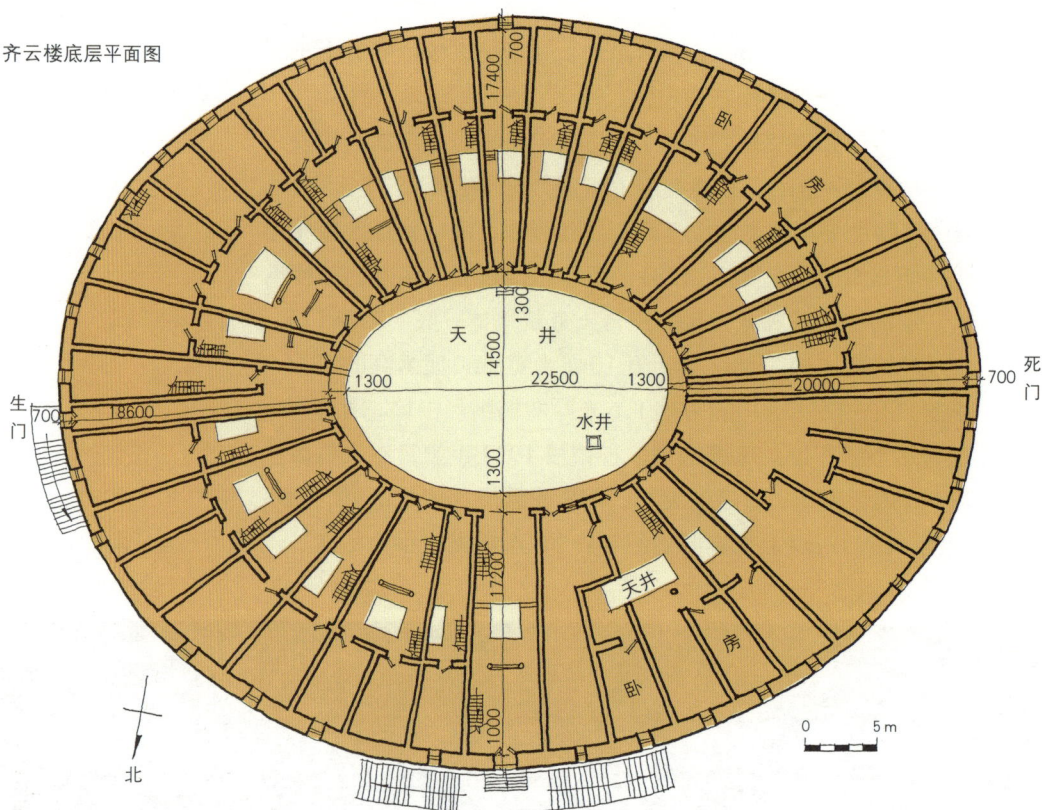

即明嘉靖三十九年（1560）。该楼三层，为长32米、深25米的方形土楼。现在楼西南角外墙及部分木结构已坍塌。此外，在漳浦县有纪年的明代土楼还有霞美镇运头村的方楼庆云楼，建于明隆庆三年（1569）；旧镇县仔头村的方楼晏海楼，建于明万历十三年（1585）；湖西乡赵家堡中的方楼完璧楼，始建于明万历二十八年(1600)等等，都属有确切建造年代的古老方楼。

　　目前已经发现的现存最古老的圆楼是华安县沙建镇岱山村椭圆形的齐云楼。它雄踞小山之上，楼高两层，底层外墙石砌，二层夯土。大门朝北，两个边门，一东一西，东门曰"生门"，嫁女由此门进出；西门曰"死门"，殡葬由此门往来。它是单元式平面，每一个开间为一个单元，内有小天井，独自设楼梯上下。门上石匾刻有纪年："大明万历十八年"，后来又加刻："大清同治丁卯年吉旦"。可准确推断齐云楼始建于明万历十八年（1590），距今近四百二十年。该楼数百年来屡有整修，但椭圆形的外观、单元式的布局不大可能变动。这种现代建筑师钟情的单元式住宅，居然在四百年前已在福建出现，就此一点也有极大的意义。齐云楼当数迄今所知最早的圆楼，而且有准确的纪年，它将成为我国古建筑文化和民俗研究的重要实物资料。

六、最高的土楼

　　福建土楼常见三至四层，最高的五至六层。最高的圆楼当数南靖县书洋镇下坂寮村的裕昌楼。它是刘姓在明末清初建造，迄今约三百年。其外环五层，直径36米，共50个开间，底层高3.7米，二层高2.6米，三层高2.7米，四层高2.4米，五层高1.85米，檐口总高度为13.25米。内环楼一层，内院中心是祖堂。

裕昌楼　下坂寮村　书洋镇　南靖县

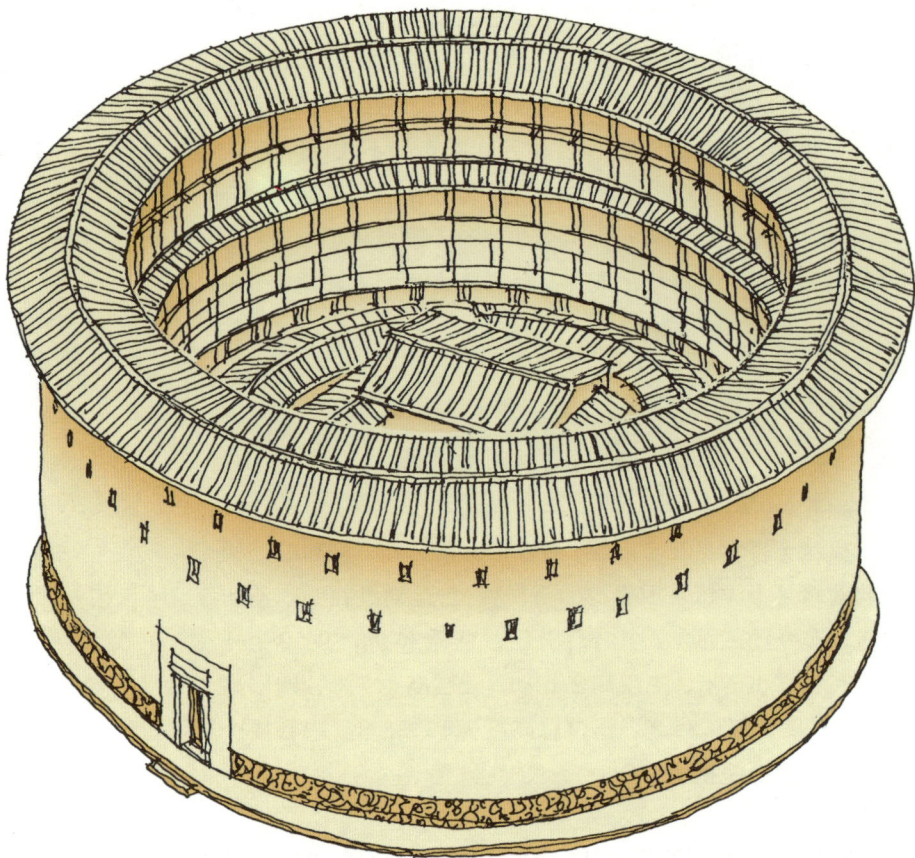

裕昌楼

福建土楼
中国传统民居的瑰宝

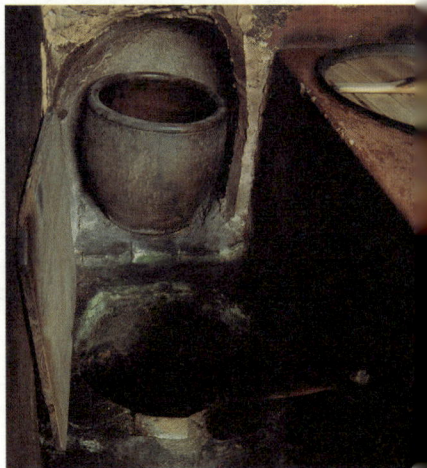

裕昌楼厨房内水井

　　目前其外环楼走马廊的木柱已东倒西歪。由于环周相互牵连顶靠，看起来似极危险，但至今仍然住人。

　　此楼后半部每家底层厨房内都有一口水井，井口就开在灶台边上，只要用长柄的瓢就可以取到井水，外墙壁上凹进一个壁龛放置水缸。井口还加盖板，其用水之方便可想而知。这是福建土楼中仅有的一例。

　　福建方楼的最高层数是五层。前面介绍的南靖县梅林镇璞山村的和贵楼高五层，夯土墙高17.57米（从室内地坪至山墙顶）。此外，龙岩市适中镇仁和村的庆云楼也是五层的方楼，其土墙高18.07米，当属最高的方楼。其特殊之处是第五层的四个楼角墙外伸出四个挑台，俗称"楼斗"

裕昌楼内院

裕昌楼外环楼上东倒西歪的木柱

庆云楼全景

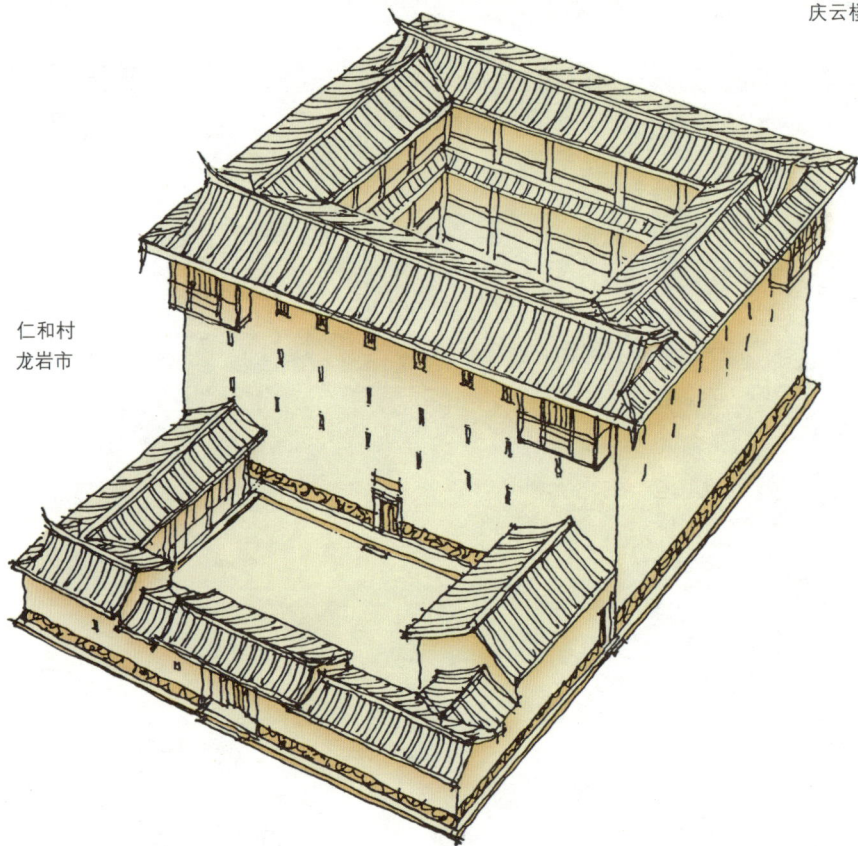

庆云楼　仁和村
适中镇　龙岩市

福建土楼

中国传统民居的瑰宝

或"楼耳子"，做瞭望之用，这是当地土楼的一大特征。楼内的回廊不同于南靖县的方楼那样完全开敞，而是用木直棂窗分隔，比较封闭。其外墙用白灰粉刷，这是永定、龙岩一带常见的做法。五层的方楼还有不少，如永定县抚市镇永隆昌楼中的福善楼是五层的单元式方楼。永定县高陂镇上洋村的遗经楼后楼也是五层高。五层的方楼还不止上述这几座，因为未进行全面普查，所以到底哪座最高至今尚无定论。

庆云楼的楼斗

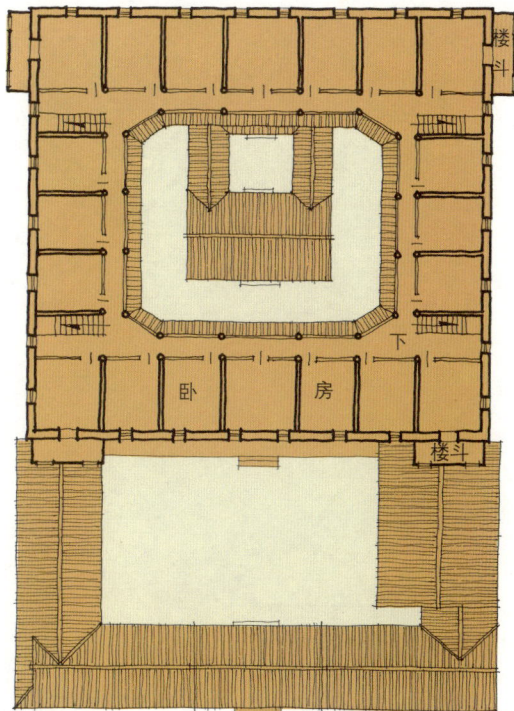

庆云楼底层平面图

中国传统民居的瑰宝

福盛楼

福善楼

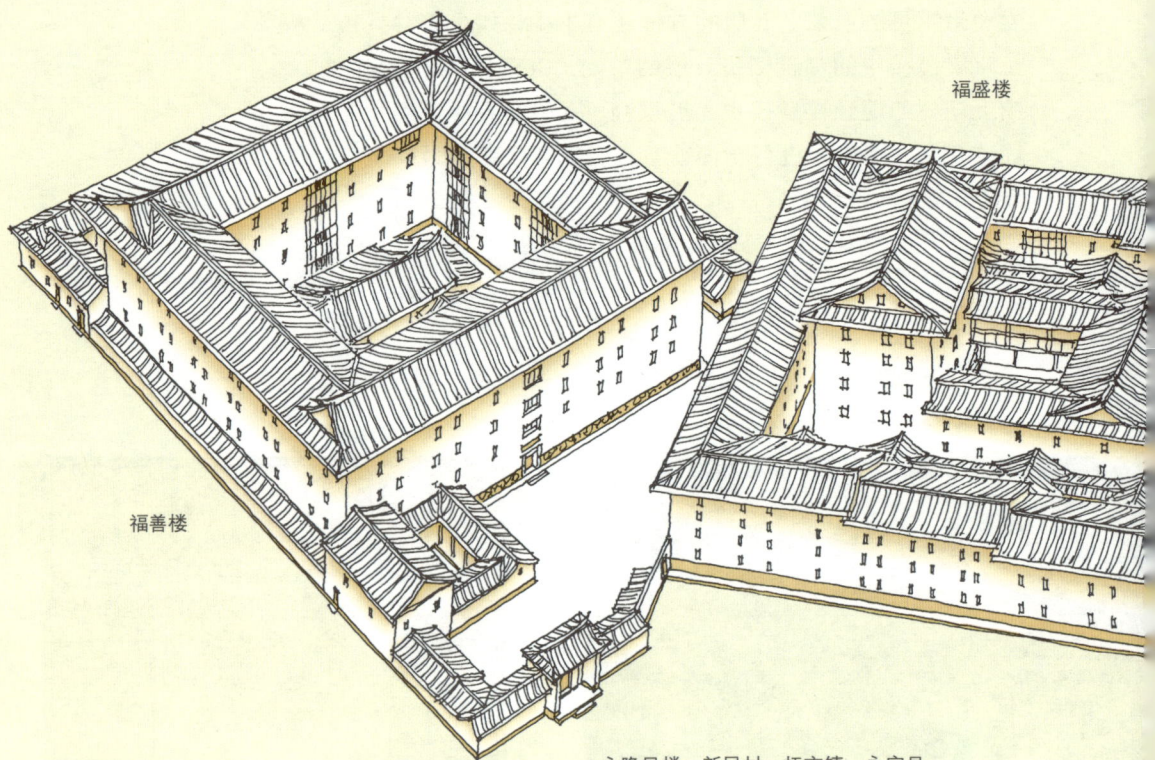

永隆昌楼　新民村　抚市镇　永定县

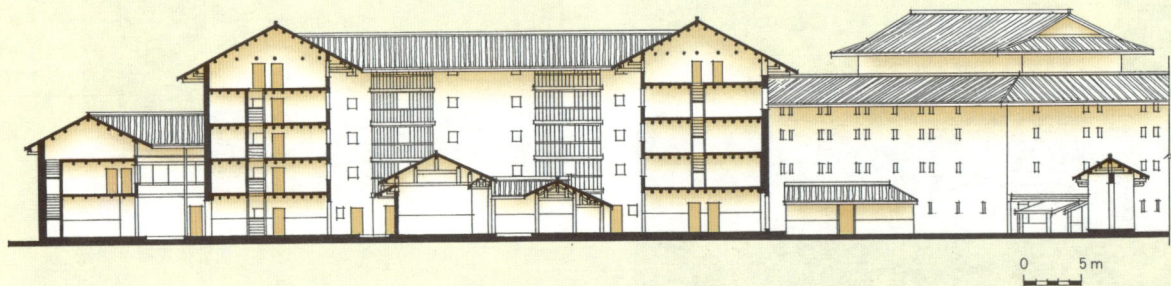

永隆昌楼福善楼剖面图

0　　5m

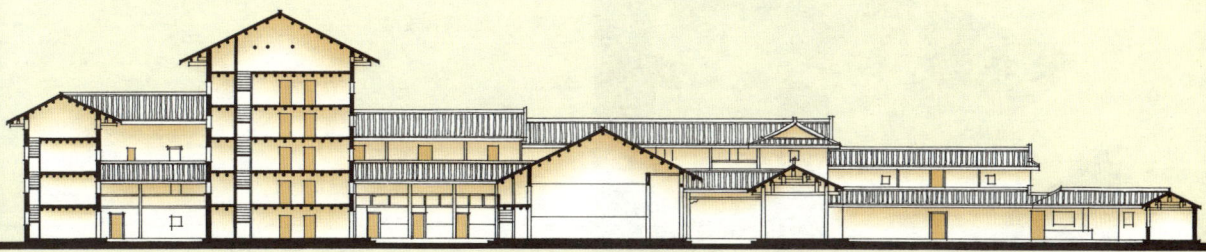

福盛楼剖面图

0　　5m

　　最高的五凤楼当推永定县抚市镇新民村的永隆昌楼中的
福盛楼。永隆昌楼是由一座五凤楼与一座方楼组合而成，方
楼名福善楼，五凤楼名福盛楼。五凤楼为四堂两横式，即由
标准的三堂两横的背后再加一排四层土楼并与两横连接而
成，形成更为复杂的平面布局。其主楼高六层，是福建土
楼最高的层数。夯土墙能建造六层高楼确实是一个奇迹。
其总体布局与众不同的是，在三堂与两横之间的院子中，
又围出六个小四合院，使得横屋底层中厅的空间更加丰富，
更具私密性，形成大家族内小家庭相对独立的小天地。福
盛楼的内部空间可以算得上永定县五凤楼中变化最丰富的
一个。"一室芝兰薰瑞气，满庭槐桂蔼春风。"楼内的这副
对联，形象地描述了楼内幽雅的环境与祥和的气氛。

永隆昌楼福盛楼主楼

中国传统民居的瑰宝

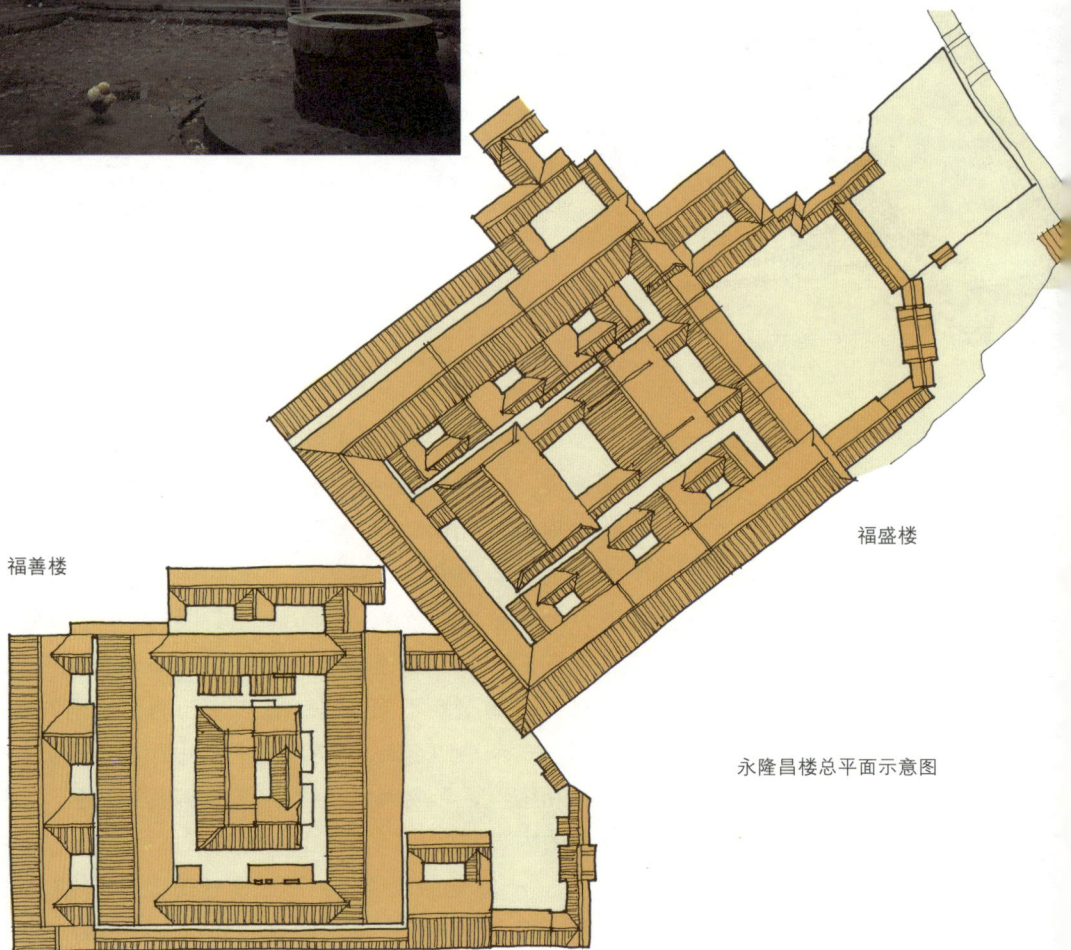

福善楼

福盛楼

永隆昌楼总平面示意图

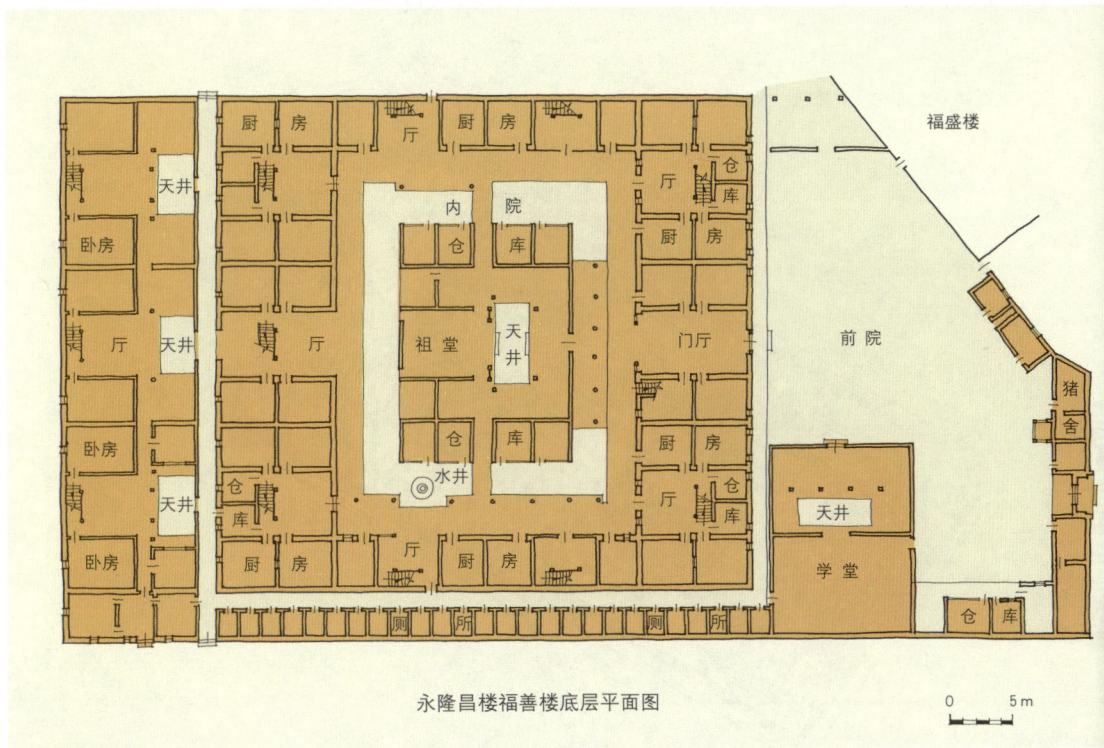

永隆昌楼福善楼底层平面图

厨房 厅 厨房 仓库
卧房 天井 内 院
厅 天井 仓库 库 厅 厨房
祖堂 天井 门厅
卧房 天井
仓库 仓库 库
卧房 厨房 厅 仓库 厅
水井
厕所 厕所

福盛楼
前院
天井
学堂
猪舍
仓库

0   5m

永隆昌楼福盛楼外观

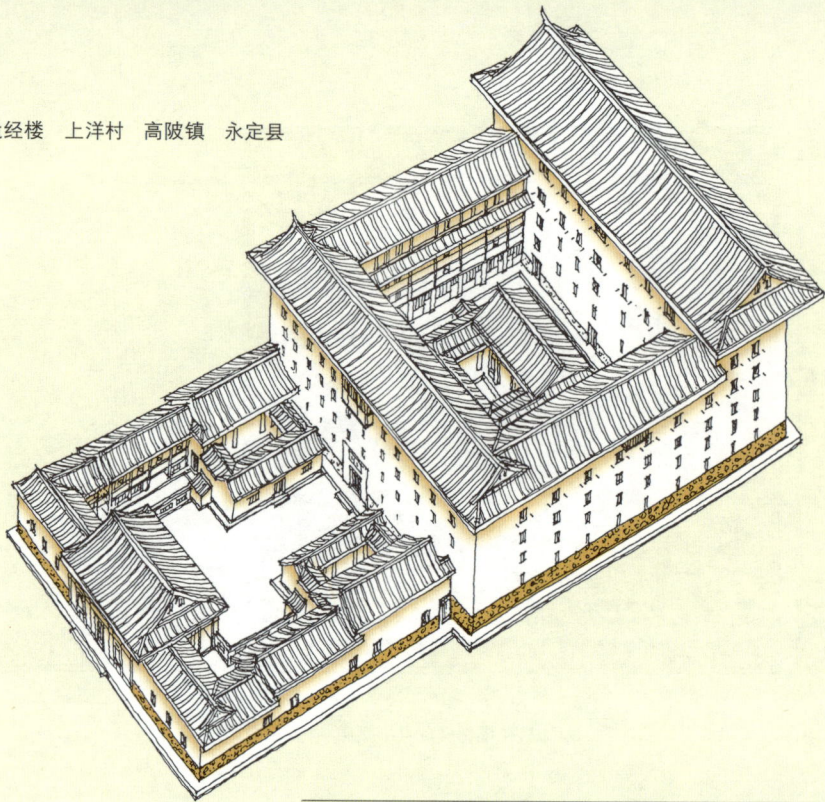

遗经楼　上洋村　高陂镇　永定县

中国传统民居的瑰宝

遗经楼剖面图

七、最壮观的土楼

　　在福建土楼中，永定县高陂镇上洋村的遗经楼可以说是最壮观的一座。该楼始建于清嘉庆十一年（1806），费时七十多年、经三代人努力才建成。它空间布局巧，艺术格调高，建筑气势壮。其总体布局是当地所称的"楼包厝，厝包楼"的形式，即四、五层的方楼包围着内院中心单层的方厝，而方楼前又被一、二层的厝所包围，在楼前形成一个前院。方楼约45米见方，由五层的"一"字形后楼和四层的"冂"字

0 2 4 6m

遗经楼朝内回廊的直棂窗

遗经楼外观

形的前楼围合而成，设一个正门两个侧门。后楼由三个完全隔开的标准单元组成，每个标准单元在底层设一个大门，从内院出入。进门是厅，厅后是横梯，三面共六间卧房围绕。各层平面相同，房间的隔墙都是厚厚的夯土墙。前楼是内通廊式土楼，底层厨房，二层谷仓，三、四层为卧房，在两个侧门厅内各设一部楼梯。可见整个方楼的布局是单元式与通廊式的结合。

遗经楼底层平面图

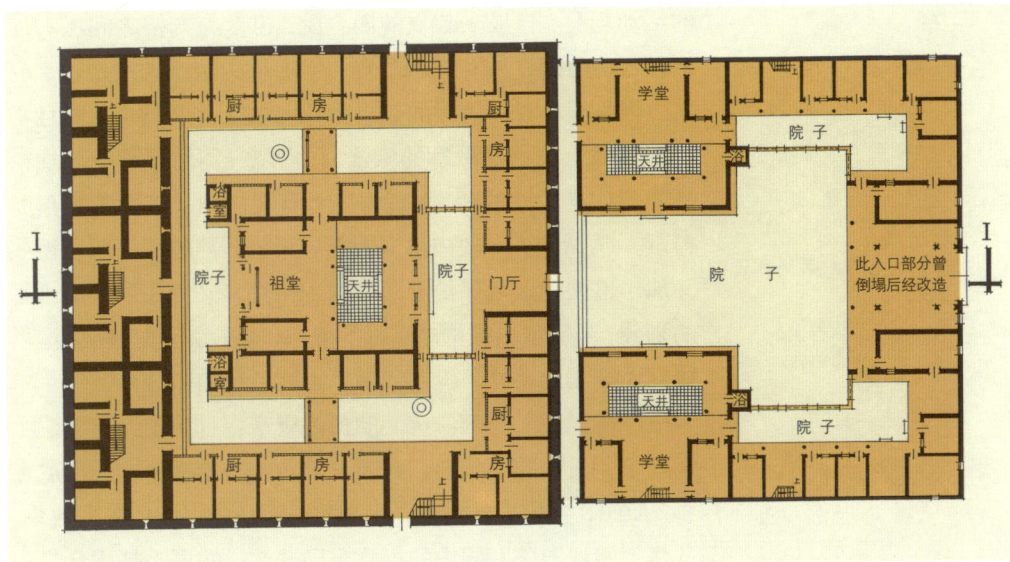

遗经楼内院

　　30米见方的内院中心是祖堂,祖堂用做祭祀和婚丧喜庆的活动场所,自成一独立的四合院。祖堂与方楼之间左右连廊相通,前面以漏花矮墙分隔,增加了内院空间的层次。内院立面别具一格,前楼的走马廊比一般土楼宽得多,而且不同于其他土楼都是敞廊的做法。在内院一侧用通长的直棂窗分隔形成半封闭的暖廊,直棂窗上有规律地装点圆形方形的窗洞,既隔又透,使内院立面更显精致。同时在第四层窗底又加一道腰檐,既保护了回廊的木构件,又增加了一道水平的划分,与屋顶出檐构成重檐的效果,更丰富了内院立面。后楼立面则完全不同,没有回廊,土墙到顶白灰抹面,每个单元中厅窗洞较大,两侧房间的窗洞极窄,且从上到下窗洞由大变小。后楼立面洁白、封闭、敦实,与前楼的立面形成色彩、质感、虚实上的对比,相互衬托而产生强烈的艺术效果。从楼上俯视内院,居中的祖堂布局井然,四周高楼围合呈中轴对称,精细的直棂窗衬托出内院巨大的尺度,形成遗经楼空间非凡的气势,人们真难以相信这竟是一座普通的住宅。

方楼大门前由两组用做私塾学堂的小四合院和称为"文厅"、"武厅"的两层楼房及入口敞厅围合出一个"T"形的前院。穿过门楼敞厅进入这个前院,四层高的方楼完整地展现在眼前,在左右对称的单层小四合院的陪衬下更显得高大。在这里,厅堂、敞廊、窄院、天井、漏窗、花墙巧妙地组合,形成前院空间丰富的层次,更衬托出遗经楼的雄伟、壮观。

整个建筑群占地3 660平方米,不仅规模巨大而且造型独特。其外墙全部为夯土墙白灰抹面,巨大的歇山屋顶高低错落地盖在高大的土楼之上,正门上部在第四层挑出木构"楼斗",古朴黝黑的木质构件,黑色的瓦顶与洁白的墙面形成鲜明的对比。土楼外窗洞处理成上层大、越往下层越小的特殊效果,既有利于防卫,又突出了土楼稳定坚实的形象,难怪有人把它比做西汉的古堡。

遗经楼前院

八、最别致的土楼

位于福建永定县高头乡高东村的顺源楼是一幢最别致的土楼，它是五边形的内通廊式土楼，高三层，坐落在溪边一块三角形的地块上。土楼平面取不规则的五边形，沿溪一边为弧形，顺溪建造，故名"顺源楼"。它结合溪边的坡地，前半部建三层，后半部建两层。在保持祖堂居中对称的同时，其他用房自由布局。内院呈三角形，利用陡峭的地形分上、下两个庭院，下庭院中设两道门，并以矮墙分隔，在祖堂前形成方正的天井，增加了空间的层次；上庭院居于一角，与二层的敞厅连成一气，由廊边的石阶登临，从一个小门楼进入。顺源楼是江姓于一百五十多年前建造的，现楼内居住三户、二十多人。整个建筑顺应地势，自由布局，内部空间层次丰富而有变化，是福建土楼中难得的佳作。

顺源楼瓦顶

顺源楼外观

顺源楼　高东村
高头乡　永定县

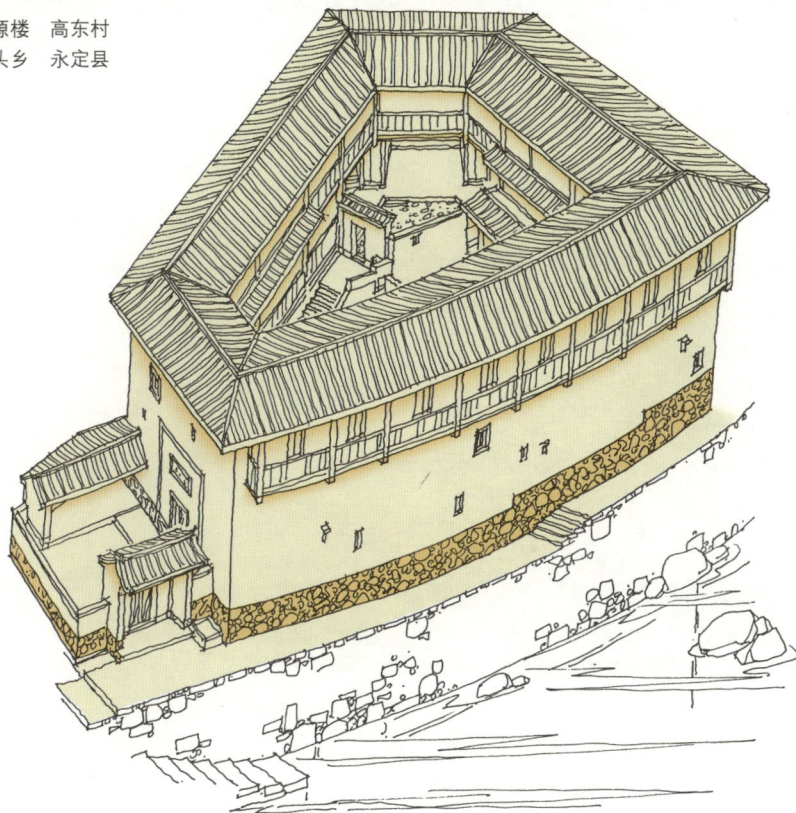

福建土楼的奇特之最　171 ◉

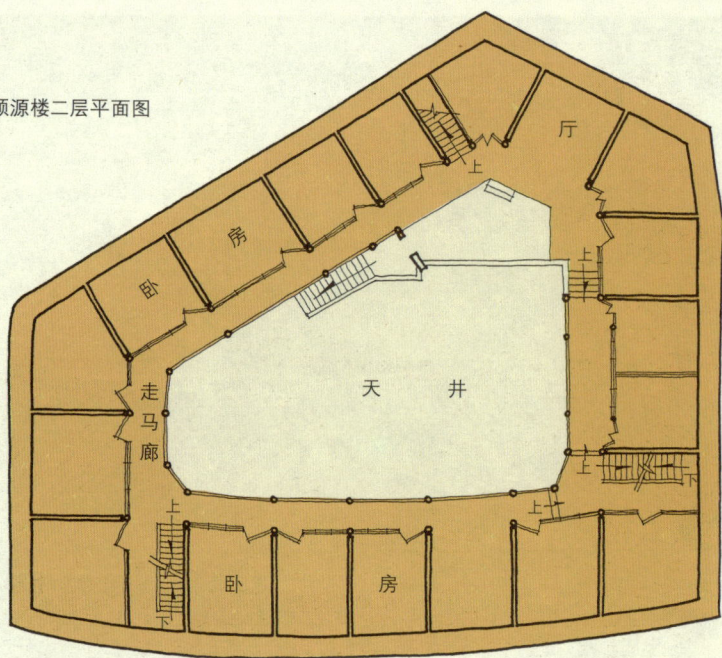

顺源楼二层平面图

厅

卧　房

天　井

走马廊

卧　　　房

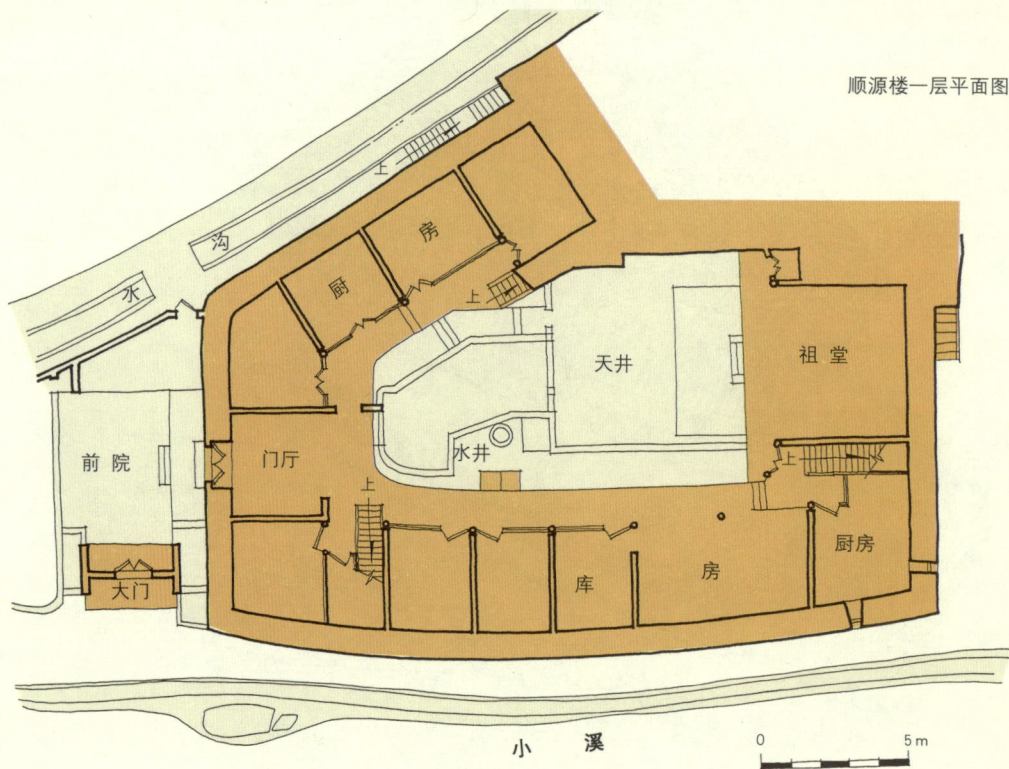

顺源楼一层平面图

水　沟

厨　房

天井

祖堂

前院

门厅

水井

大门

上

库　　房

厨房

小　溪

0　　　　5m

福建土楼

顺源楼内院

顺源楼内院

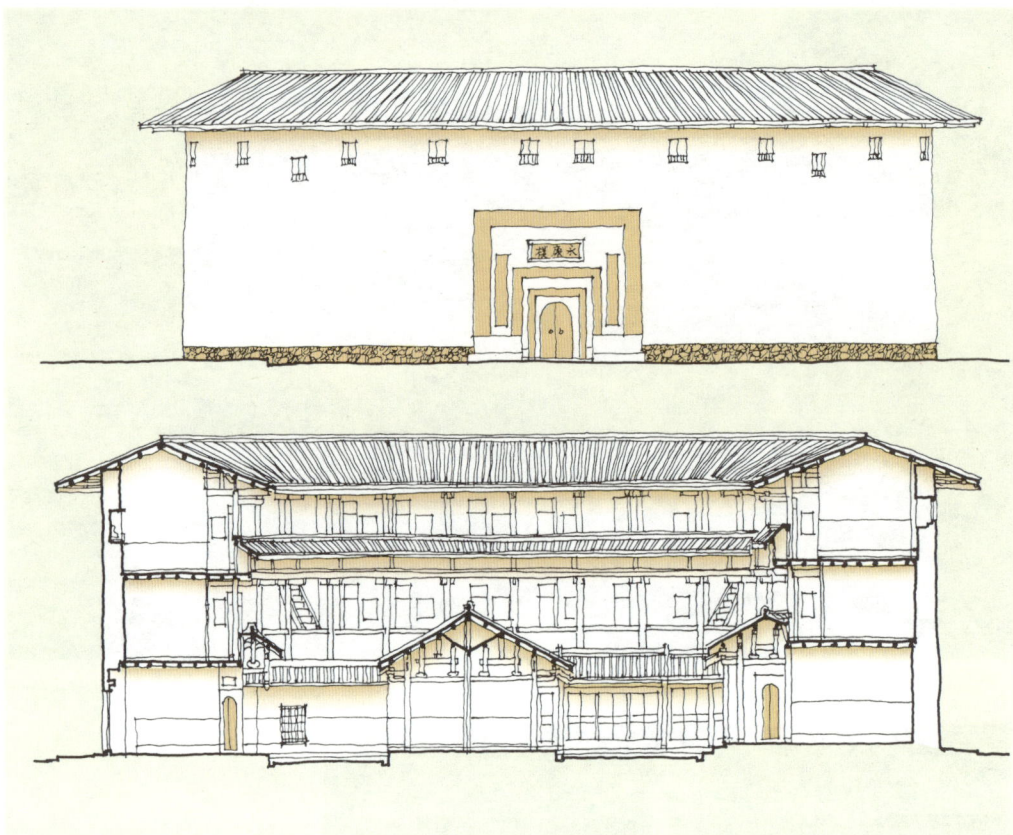

永康楼正立面与剖面图

永康楼外观　霞村　下洋镇　永定县

永康楼内院

永康楼雀替雕饰

永康楼镂雕隔扇

九、最华丽的土楼

福建内通廊式圆楼中最华丽的当属永定县下洋镇霞村的永康楼，其环楼直径36米，高三层，每层26开间，楼内中心的祖堂为方形大厅，它与后堂之间的两个侧厅以走廊相连，组成四合院，形成圆中套方的形式。楼内雕梁画栋，装饰精美，祖堂上方悬挂名人题匾"轮奂增辉"。祖堂入口隔扇和两侧门扇均镂刻镏金古代人物花鸟，其保存之完美、镂雕之精巧、彩绘之艳丽在福建土楼中首屈一指，使永康楼更显富丽堂皇。永康楼1999年4月已公布为永定县级文物保护单位。

福建单元式圆楼中最华丽的是平和县芦溪镇蕉路村溪坪寨自然村的绳武楼，其石构门额纪年为清光绪元年（1875）。圆楼外径43.8米，内外双环。内环一层，外环三层，高11.3米。全楼12个独立住宅单元均为两开间。内环楼设门厅、厨房、走廊、天井。外环楼底层为餐厅和卧室，二层为卧室，三层是储藏间。绳武楼最大的特色在于它华美的装饰。其门窗

永康楼隔扇雕饰

绳武楼雕饰

木雕多达六百余处，不仅雕刻精美，而且每一单元的花样绝不雷同。其墙头雕塑、彩绘亦不下百处，是弥足珍贵的民间艺术宝库，具有重要的历史、艺术和科学价值。绳武楼2000年已列为全国重点文物保护单位。

福建方楼中最华丽的是永定县湖坑镇洪坑村的奎聚楼，它是列入世界文化遗产的洪坑土楼群中很有特色的一座内通廊式的方形土楼。方楼前半部三层，后半部四层，两侧屋顶形成一层的错落，建筑依山就势前低后高，构成丰富的外观形象。

方楼外墙土筑，极其封闭，只在顶层开窗，留一个大门出入。正立面顶层作木构"挑榻"，与抹灰的土墙形成鲜明的质感和色彩的对比，更强调了中轴线与正门入口。前后楼的屋顶一低一高，均分成三段作断檐歇山式，两个侧楼的屋顶作悬山迭落，整个土楼屋顶高低错落形成丰富的天际轮廓，

奎聚楼 洪坑村 湖坑镇 永定县

福建土楼

中国传统民居的瑰宝

北

祖堂　大厅　天井　天井　门厅
厨房
贮藏
厨房　天井
房　天井

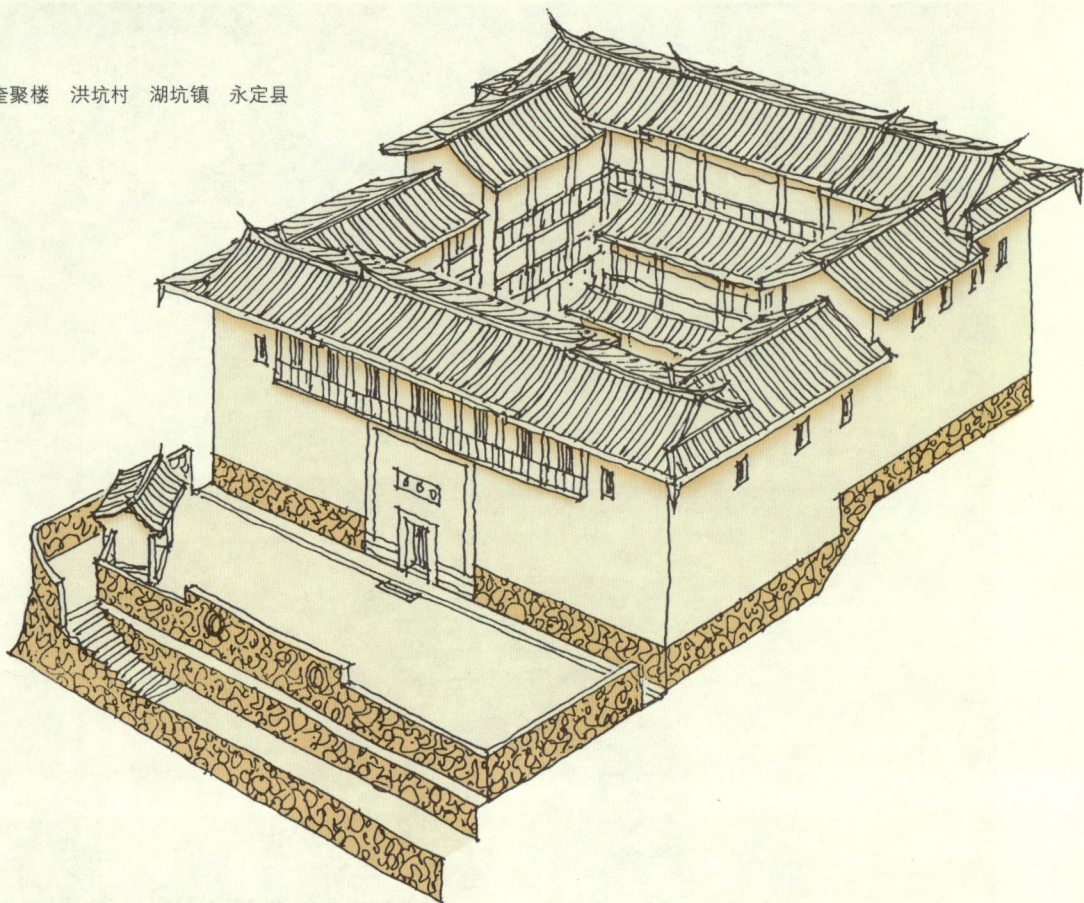

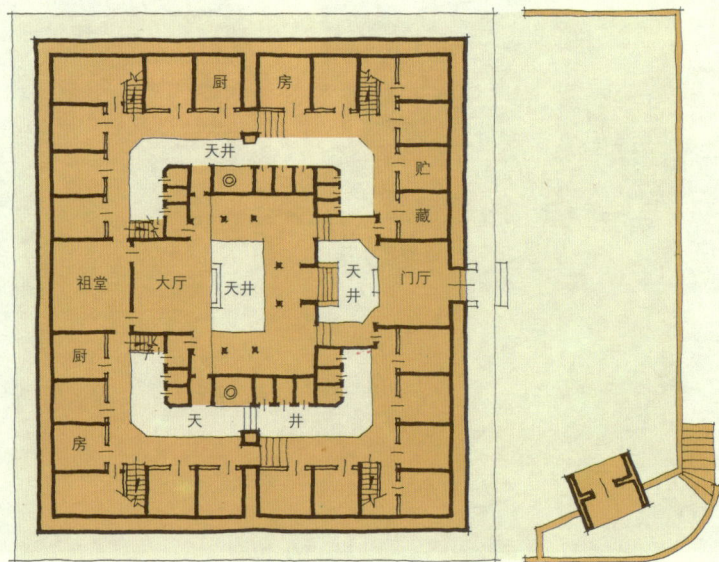

奎聚楼底层平面图

0　　5 m

与起伏的山峰遥相呼应。

　　方楼内院套一个由祖堂前厅与回廊组成的小四合院。回廊对中心天井开敞，其外侧环绕披屋，并隔成小间用做猪圈。左右披屋中各有一口水井，井台上部盖顶，这的确不多见，想必在雨天会带来许多方便，不过正对井口上方的屋顶上还是开了一个小天窗使之露天。最有特色的还是楼阁式的祖堂前厅，为歇山重檐顶，并与后楼的两层腰檐相连，第四层的腰檐中段又突出一段小屋顶，使得祖堂前形成四层重檐，楼阁与层叠的屋檐别具一格，使方楼内院景观如宫殿般富丽堂皇。

奎聚楼水井顶盖　　　　　　　　　　　　　　　奎聚楼阁楼式祖堂

正式列入世界文化遗产名录的永定县湖坑镇洪坑村的振成楼，是内部空间配置最精彩的内通廊式圆楼，是第一个开发作为家庭旅馆的土楼。它是民国初年众议院议员林逊之于1912年建造，历时五载建成。现楼内居住林姓六户、四十多人。圆楼由内外两个环楼组成，外环楼四层，环周按八卦方位，用砖墙将木构圆楼分隔成八段，走马廊通过隔墙的门洞连通，砖隔墙起到了隔火的作用。后楼有两段曾被匪兵烧毁，由于隔火墙的作用，其余六段仍完好保存。走马廊的木地板上还加铺一层地砖，也起到防火的作用。外环楼内对称布置四部楼梯，第三、四层走马廊的栏杆还做成"美人靠"式，便于人们依栏休憩，这在福建土楼中是不多见的。

楼主林日耕先生把外环楼开辟为旅馆客房，吸引了不少中外游客。楼内提供客家风味餐饮服务，出售旅游纪念章、

振成楼外环楼

振成楼内院

振成楼内天井

振成楼前舞龙灯表演

振成楼铁花栏杆

土楼模型和书籍。楼主还亲自当导游，讲解土楼的历史与特色以及夯土墙的夯筑方法，给游客留下深刻的印象。

内环楼由两层的坏楼与处在中轴线上高大的祖堂大厅围合而成，楼房底层用做书房、账房、客厅，二层为卧房，设两部楼梯上下。内天井用大块花岗石板铺地。祖堂为方形平面、攒尖屋顶，正面四根立柱采用西洋古典柱式，柱间设瓶式栏杆，这种中西合璧的做法也是福建土楼中少有的。内环楼二层的回廊采用精致的铸铁花饰栏杆，花饰中心是百合，四周环绕兰、竹、菊、梅，寓意春夏秋冬百年好合。铁花栏杆在福建土楼中绝无仅有，据说当时在上海加工，船运到厦门，再从厦门用人工挑到永定。

内外环楼之间用四组走廊连接，将环楼间的庭院分隔成八个天井，形成亲切宜人的居住环境。在外环楼两侧各有一段双层的弧形小楼，形如乌纱帽的两翼，自成合院，别有洞天，分别用做书房和条丝烟烟刀加工作坊。振成楼内部空间变化之丰富，在福建圆楼中首屈一指。因此它现在已成为土楼旅游中最闻名的景点之一。

陆

人与自然的和谐统一

福建土楼之所以吸引世界各地的研究者和旅游者,除了它的神奇之外,还在于它内在和外表的美。福建土楼之美,不仅美在外部形象,美在内部空间,而且还美在它的整体环境。土楼聚落与环境完美有机的结合,人工融合自然,不仅创造了理想的生态环境,也给人美景天成的感觉。

福建土楼的聚落空间,强调负阴抱阳,藏风聚气,注重与天地自然环境的关系,是追求"天、地、人"和谐统一的中华民族传统观念的继承。中国传统自然观的核心就是"天

田中村 书洋镇 南靖县

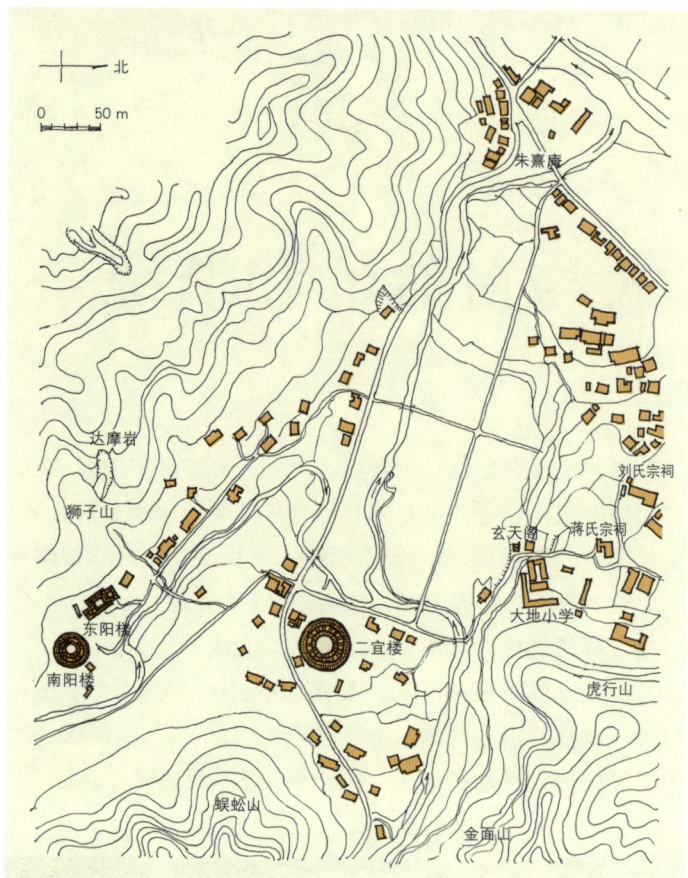

大地村总平面图　华安县　仙都镇

人合一，师法自然，崇尚和谐，趋吉避凶"。这也是中国传统风水理论的精华。因此，身处山区面对复杂地理环境的土楼人，更注重关照建筑、人和环境协调和合的"风水术"，所以他们建楼必请风水先生定夺，笃信地灵才能人杰，希望土楼的聚落空间与天地自然的有机融合能造就杰出的人才，保佑家族的安宁与发达。

一、宜山宜水宜家宜室的二宜楼

　　华安县仙都镇大地村二宜楼的外部空间就是人工融合自然的一个很好的例子。该楼系蒋士熊创建于清乾隆年间。其肇基祖蒋景容于明嘉靖四十四年为躲倭寇骚扰，由海澄县鹅

二宜楼楼前景观，右边为玄天阁

二宜楼楼后的蜈蚣山与风水林

养山迁到此地。蒋士熊系蒋系十四世，他在青年时代就承下这块基地，当时就开始平山整地，改造河道，直到晚年积巨资才动工建楼。蒋士熊由于操劳过度而早逝，继由6个儿子、17个孙子承志续建，历时三十年于公元1770年竣工。该楼除了内部单元式布局颇具特色之外，在外部空间设计中应"蜈蚣吐珠穴"的地理形胜，合"宜山宜水，宜家宜室"之意，取名"二宜楼"。

风水术将负阴抱阳、背山面水的理想基址称为"穴"。二宜楼背依蜈蚣山，仰观山体，逶迤成峦，形似蜈蚣，在楼内就可望见后山树木葱茏。圆楼形似圆珠，故谓"蜈蚣吐珠穴"。楼前视野开阔，曲水回环，远对九峰山主峰，如幛如屏，形成对景"朝山"。近处有龟山作案，构成天然屏障。左边狮子山劲拔前伸，右边虎行山的边坡较为低矮，故添建玄天阁以补风水，使左右均衡。楼前两侧丰水汇集，曲折蜿蜒，秀山环抱，藏风聚气，确似"仙都"。二宜楼正大厅的两副楹联曰："对龟山以作案，二水潆洄萃高楼；倚怀石而为屏，四峰拱峙集邃阁。""派承三径裕后光前开大地，瑞献九龙山明水秀庆二宜。"对联形象地描绘了二宜楼与周围环境和谐之美。

二宜楼的外部空间环境无疑构成了一个理想的生态格局。背山能挡寒潮，面水迎接凉风，植被可保水土，群峦环

抱有情。山可种果，河能汲水，土可植禾，林可采薪，既具有优美的景观效果，又便于生产、生活。它是与自然山川灵气完美结合的典范，它是人本文化的完整缩影。难怪二宜楼从14代蒋士熊奠基至今传衍至26代，人丁四千余，遍布海内外，真可谓"财丁两旺"。它为现代健康舒适的人居环境的创造提供了极有价值的借鉴。

田螺坑村土楼群（鸟瞰）

田螺坑村土楼群（远眺）

二、犹如"飞碟"
从天而降的田螺坑

　　位于南靖县书洋镇的田螺坑村是黄姓客家人的小聚落，坐落在海拔787.8米的湖崀山半坡上。黄氏祖上从永定迁到此地开基至今已有24代。据2000年的统计，全村土楼内居住105户、556人。在山坡上东西长145米、南北宽95米的台地上，结合地形建造了一幢方楼和环绕四周的三幢圆楼及一幢椭圆楼。五幢土楼神奇地组合在一起，构成了奇特的聚落景观。难怪日本学者会称它像地下冒出的蘑菇，又像黑色的飞碟从天而降："飘落着的几个环形瓦顶，那真好似拔地而起飞腾而上，又似从天空舞降下来的不可思议的光景。与其说是住居，不如说是城寨，不，是不可想象的怪物，超然地横躺在我们眼前的山谷之间，我们都看呆了一阵。"一群从天而降的飞碟，飘浮在青山翠竹之间，显得如此和谐又如此不可思议，难怪来到田螺坑的游客无不惊叹，天底下竟有如此的鬼斧神工。如今田螺坑村已成为世界文化遗产中最亮

田螺坑村瑞云楼内院

田螺坑村总平面图

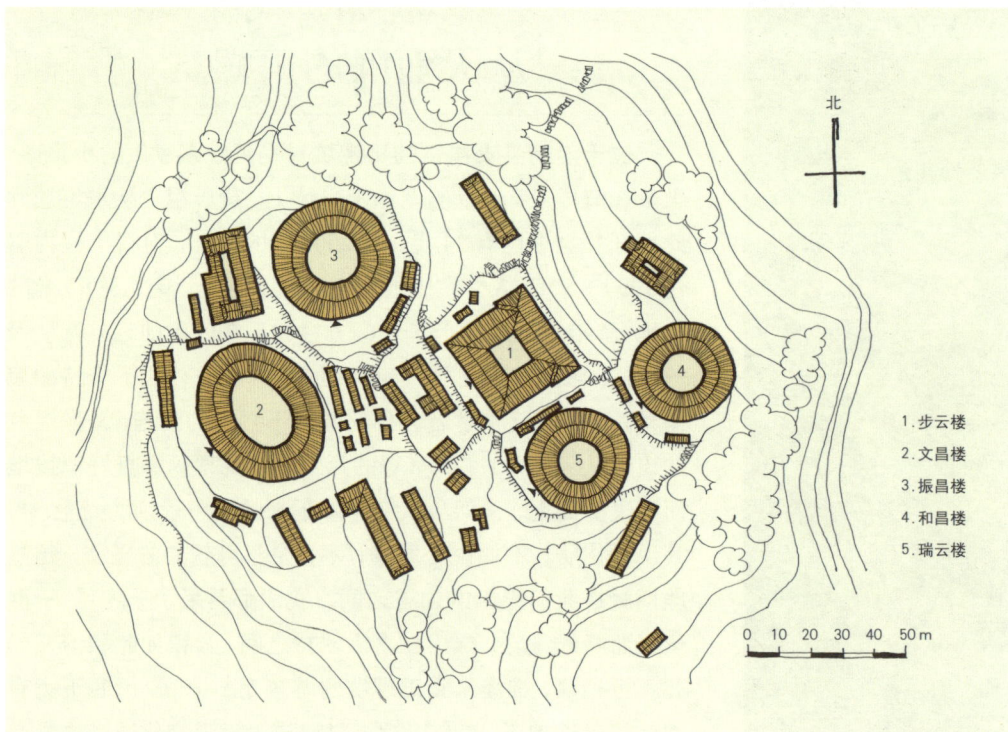

1.步云楼
2.文昌楼
3.振昌楼
4.和昌楼
5.瑞云楼

0 10 20 30 40 50 m

丽的一个土楼聚落。被戏称为"四菜一汤"的田螺坑村，是福建土楼的"名片"，是土楼旅游必到的一个村落。

村中最早有两幢方楼——和昌楼和步云楼，建于清嘉庆元年（1796），1930年被白军烧毁。现存五幢土楼中，圆楼瑞云楼建于1936年，三层，直径28米；振昌楼建于1930年，1934年毁于战火，1940年重建，也是三层，直径29.5米；步云楼是田螺坑的中心，是在原有的地基上于1949年重建，为24.6×24.9米的方楼，楼高也是三层；原有的方楼和昌楼楼基已毁坏，1953年重建时改为圆楼，高三层，直径28.4米；椭圆形的文昌楼建于1966年，其长径41.5米，短径28.7米，也是三层楼高，这是最晚建造的一幢土楼，当时村中只留下一块长方形的晒谷坪，就依地形建成椭圆形。五幢土楼虽先后建造，但大门及祖堂均朝向西南，无疑是风水的原因。一"方"居中，四"圆"环绕，五幢土楼结合地势，高低有序，错落得当，形成绝妙的组合，堪称福建土楼组群的旷世杰作。著名古建筑专家罗哲文先生曾赋诗一首盛赞田螺坑土楼群：

田螺坑畔土楼家，雾散云开映彩霞。
俯视宛如花一朵，旁看神似布达拉。
或云宇外飞来碟，亦说鲁班斧发花。
似此楼型世罕有，环球建苑出奇葩。

三、山清水秀人文荟萃的洪坑村

位于永定县湖坑镇的洪坑村，距永定县城40公里，处于博平岭山脉西麓，属低山丘陵地貌。村内地势大致北高南低，贯穿全村的洪川溪自北向南流到村外，汇入金丰溪。村两侧有笔架山、大坪山、对面山等主要山峰隔溪相望。这是一个青山环抱、溪水长流、建筑神奇、民风古朴的客家村落。这里的土楼民居形式丰富，保存完好。全村有大小土楼35座，集圆楼、方楼、五凤楼于一村，集中体现了福建客家人土楼聚落的特点。

洪坑村土楼聚落

洪坑村总平面图

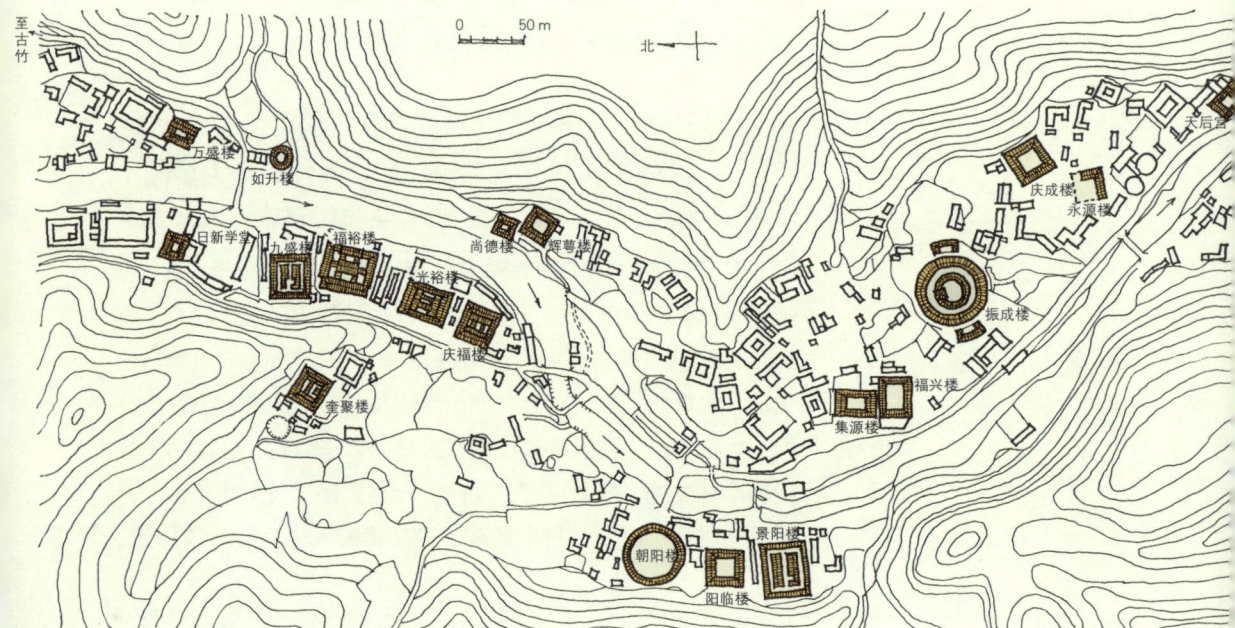

奎聚楼

　　振成楼是村中最典型的圆楼，始建于1912年。开发旅游
以来，它早已远近闻名，现在已列入全国重点文物保护单位。
圆楼由内外两环组成，外环楼四层，环周按八卦方位分隔成
八段。内环两层，祖堂为中西合璧形式。两环楼之间又分隔
出八个天井，内部空间丰富多彩。楼外两侧各有一幢弧形小
楼，形似乌纱帽的两翼。

振成楼（鸟瞰）

如升楼

奎聚楼是很有特色的方楼，建于1834年，现在也被列为全国重点文物保护单位。它建在山坡脚下，顺应山势，前低后高，前面三层，后面四层。楼内祖堂为楼阁式，作四层重檐歇山顶是其与众不同之处。

福裕楼是府第式五凤楼的一个典型。它面山临溪，建筑规模宏大，错落有致，层次分明，楼内雕梁画栋，装饰精美。

如升楼曾经被认为是福建圆楼中最小的一幢，直径仅17.4米。

除此之外，村内还有天后宫、林氏宗祠、日新学堂等公共建筑，这些人工环境与自然环境构成了一个完整的聚落。这里山清水秀，民风淳朴，人文荟萃，展示了客家人传统的生活形态，突显中国农村聚落独一无二的结构性与系统性，使单体土楼的价值在聚落中得以充分体现。

洪坑村沿洪川溪延续不过2 000米，然而它的山水景观十分丰富。历史上村里曾有洪坑老八景：洪川溪在村中分岔又汇合，形成富有诗意的河心洲，名曰"双溪映月"；村中溪边的大榕树下，浓荫蔽日，溪水清澈，环境幽美，是为"榕荫消夏"一景；村口是古时村民水路出入的渡口，原先溪水较深，称为"狮港观鱼"；村东的大坪山顶有300亩台地，平旷开阔，故曰"平场试马"；沿溪在上游西岸有"石砺听泉"

天后宫

洪坑村溪边

一景，现已不存；此外还有天后宫南侧山坡上的"星阁吟诗"、笔架山上的"笔峰樵唱"、大坪山西的"龙颈乘风"等景色，如今都已精彩不再。原村口曾为舟楫通行的古渡口，如今礁石出露，航道已废，但几处水深流缓的河段，仍是垂钓消闲的好去处。溪岸花木丛生，溪中礁石分布，一派"明月松间照，清泉石上流"的诗情画意，充满静谧乡野的悠闲情趣。再加上土楼村落中保留下来的传统文化，如汉剧、武术、提线木偶、大溪大鼓、民间作彩等，还有元宵花灯、春秋祭祖、春节开门拜年等民俗活动，使这里成为一方活色生香的原生态土楼文化村，更像是一处地地道道的"世外桃源"。现在洪坑村已辟为客家"土楼民俗文化村"，成为福建土楼旅游不可多得的景点之一。2008年，洪坑村又荣耀地戴上了世界文化遗产的桂冠。

福裕楼前娶亲的队伍

福裕楼娶亲入门前

福裕楼娶亲进门

福裕楼娶亲拜堂

四、淳朴自然如诗如画的石桥村

　　石桥村位于南靖县书洋镇的西北角,西面与永定县的高头村只一山之隔,北面与梅林镇交界,分四个自然村,依山面水,依次为暗坑坝村、长篮村、溪背洋村与望前村。暗坑坝村顺山谷呈台阶形布置,顺谷而下的小溪从林中穿过,石阶重叠,土楼错落,峡谷溪流,小桥水瀑,曲径通幽,别有一番情趣。当地称山谷为"坑",据说过去山谷中树木茂密,故取名暗坑坝。长篮村背山面水,原有两座相邻的方楼,形似竹篮，且地势平坦，俗称"篮坪"。溪背洋村南面靠山，三面临溪，是溪背上一块难得的平地，故称"溪背洋"。望前村沿溪南窄小的岸边一字排开。四个自然村，一个沿山谷陡坡，一个依山面溪，一个被溪水环绕，一个傍溪建造，各有特色。

石桥村是以农业生产为主的移民群聚而形成的，完全是在自给自足封闭状态下自发生长的聚落。从聚落平面图中可以明显地看出，其祖先迁徙到此地定居时选址是很有讲究的。

聚落北障高峰——大寠崬，地势高爽，排水甚便，既御风寒又纳阳光，东西山峦对峙，构成土楼群美丽的衬景。南面近有"案"——溪背崎，远有"朝"——蝙蝠山，成为聚落绝妙的对景。西南与东南沿溪流的方向视野较为开阔，是南风的主要入口。整个山村冈峦环抱，中部平坦，涓涓细流，蜿蜒而过，其围合状就如风水说中的"聚宝盆"。

沿溪近水是聚落布局的又一特点。早期开发的长篮楼、长源楼、振德楼、昭德楼都是临溪而建，因山就势与山坡陡坎有机结合。暗坑坝村的土楼都是顺着等高线沿小溪布置。望前村更是利用溪边窄长的平地发展。溪边建楼取水便利，加工木薯粉、洗涮衣物都可以在溪中操作。

沿溪建造的土楼，用大块的河卵石砌起高高的台基、墙

石桥村溪边土楼群

溪边洗衣妇女

石桥村

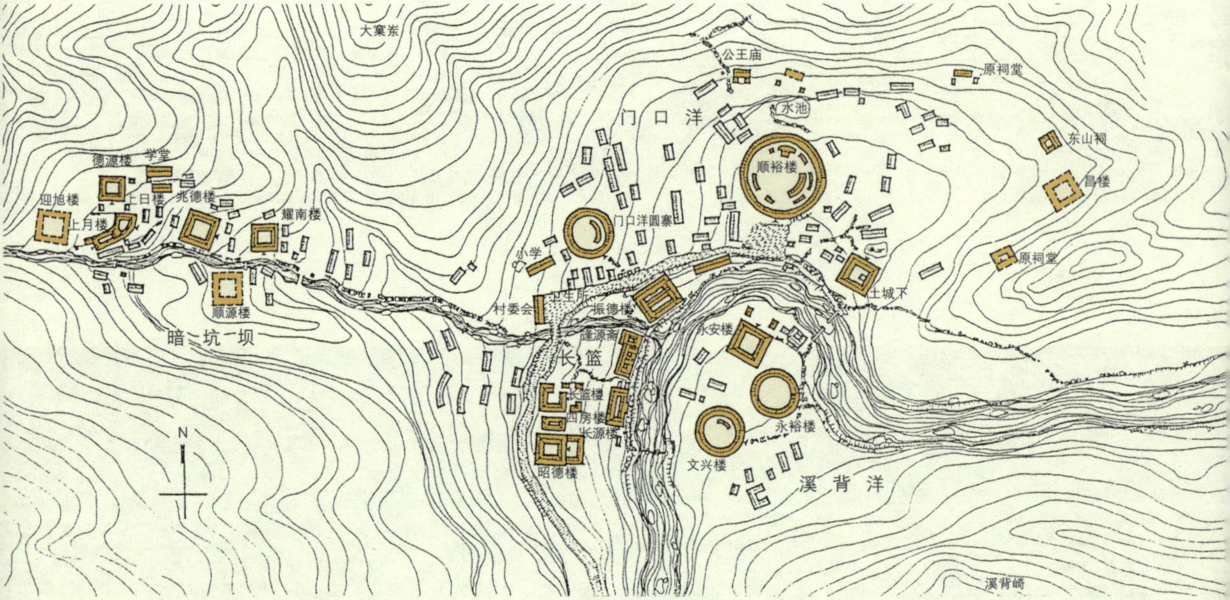

石桥村发展示意图

建造年代图例

开基	四代	七代	11—14代
15—18代	30年代	60年代	80年代

大棗紫
公王庙
原祠堂
门口洋
水池
东山祠
德源楼 学堂
顺裕楼
昌楼
迎旭楼
上日楼 兆德楼
耀南楼
上月楼
门口洋圆寨
原祠堂
小学
土城下
顺源楼
村委会
振德楼
永安楼
暗坑坝
长篮
达净斋
长篮楼
永裕楼
长源楼
昭德楼
文兴楼
溪背洋
N
溪背崎

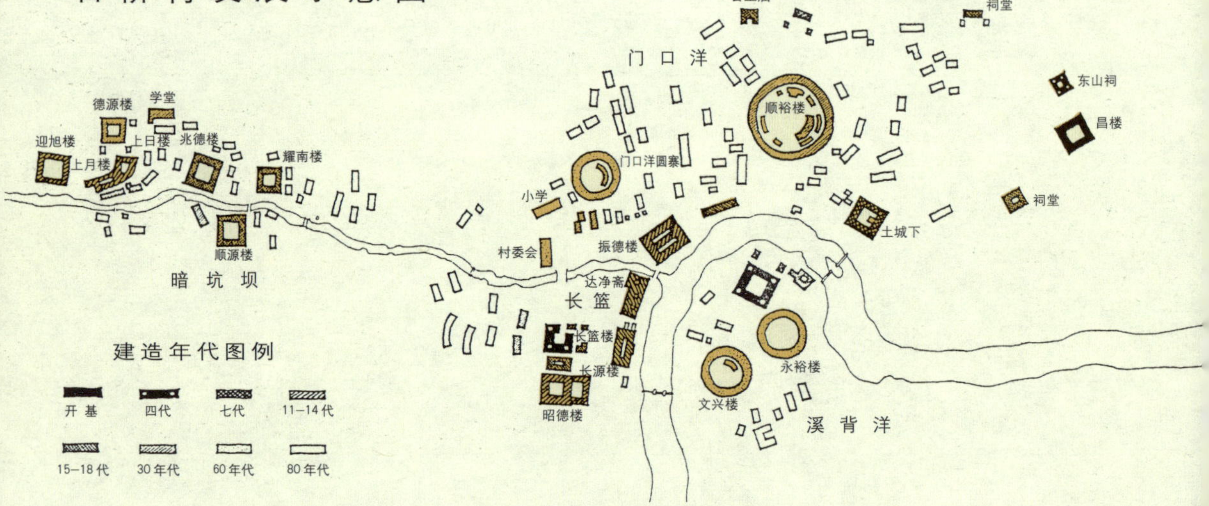

公王庙
祠堂
门口洋
东山祠
德源楼 学堂
顺裕楼
昌楼
迎旭楼
上日楼 兆德楼
上月楼
耀南楼
小学
门口洋圆寨
祠堂
村委会
土城下
振德楼
达净斋
暗坑坝
长篮
永裕楼
长篮楼
长源楼
昭德楼
文兴楼
溪背洋

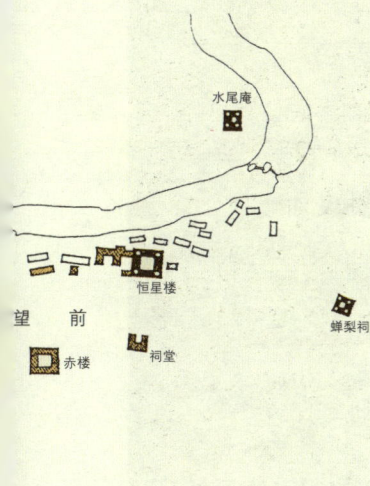

乔村平面图

0 20 40 60 80 100 m

水尾庵

恒星楼

前

赤楼   原祠堂   蝉梨祠

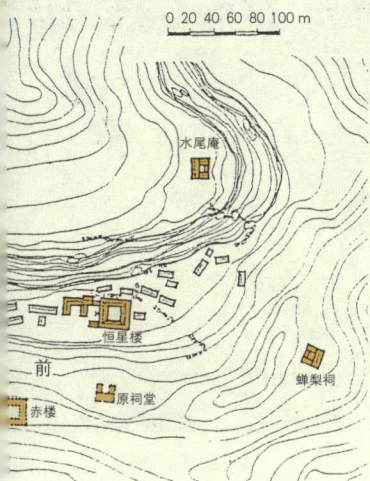

水尾庵

恒星楼

望 前

赤楼   祠堂   蝉梨祠

脚。1960年6月9日特大的洪水只淹到振德楼的卵石墙脚。1980年9月22日的洪水水位仅次于1960年，对土楼仍未造成任何威胁。临溪而建又无水患之虞，我们不能不佩服建楼人的先见之明。

聚落与自然的山岭、溪流、土坡有机融合。石桥村处在梅林到永定的交通线上。山岭围合出山村的大空间，限定了聚落的范围。溪水穿流使聚落得水又便于放水。坡地有利于污水排放。聚落与地景构成了和谐统一的景观，形成了适宜居住的生态环境。聚落与自然环境的协调也满足了村民的心理要求。山峦的围合形成内向的聚落空间，这与土楼里内向的合院式空间是统一的，它符合封闭型社会的心理要求。这种心理上对空间的要求实际上就是传统风水说中的"气"。石桥聚落背依大山，左右沟壑环绕，正面"近案远朝"，它所表现出的负阴抱阳的态势、围合同构的现象都是维护这个"气"。这是一个家族独立的小天地。这个"气"正是土楼山村传统所固有的文化心态的集中表现。

石桥村的土楼形式多样。它们结合山地，随坡迭落，层

溪边的振德楼

溪边的长源楼

顺裕楼

次丰富。尤其是沿溪建造的长源楼、振德楼，它们临水面溪，前低后高，别具一格，与山水共鸣，向大自然开放，所以能在诸多土楼中脱颖而出，独放异彩。村中的顺裕楼是内通廊式圆楼中直径较大的一座。村中还有一幢清代建造的私塾逢源斋，至今仍完好保存。村中有数座祠堂，正如祖堂是圆楼的核心一样，祠堂是整个聚落的核心。长篮村有祭祀太始祖念三郎的东山祠和祭祀宗华公的山下祠(毁于"文化大革命"期间)。望前村原有两个祠堂，一个已毁，现存的是第五代建的蝉梨垅祀祠。在聚落中祠堂是神圣的场所，祭祖祀宗的仪式都要在祠堂举行。长辈们集中在祠堂中议事，处理家族内部的重大事务。祠堂实际上是血缘关系的重要标志。

祛祸求福、趋吉避凶的世俗心理，使风水说成为必须遵循的信条，因此聚落虽不断发展，但仍能长期稳定地保持着统一的格局。如村中大小圆楼、方楼的大门大都朝向东南(只有个别例外)，就是风水说使然。这正是聚落布局结合自然环境和社会环境，满足村民固有文化心态的结果，它塑造了土楼聚落独特的肌理，并使之长久维持。石桥村土楼聚落的形式以及它的形成与发展，生动地反映了人、建筑与环境和谐的统一。2003年石桥村已由福建省人民政府正式公布为省级历史文化名村。

五、从"物境"到"情境"再升华到"意境"

福建土楼犹如一颗颗璀璨的明珠，撒落在福建博平岭南脉东西两坡的崇山峻岭之中。它们与山水环境完美结合，衍生出无数淳朴自然、如诗如画的土楼聚落。在这里土楼有方有圆，有大有小，有主角有配角，不同形式的土楼有机结合。在这里还可见到古老土楼的残垣断壁，它们与保存完整的土楼形成完好与残破的有机结合。在这里古风沉郁，民风淳朴，建造数百年的土楼至今还在使用，延绵数百上千年的传统文

金丰溪边的土楼聚落　永定县

初溪村总平面图　下洋镇　永定县

北

0　　　50 r

化还在延续，这是历史文化与现代生活的有机结合。

作为世界文化遗产地的永定县下洋镇初溪村，现存五座圆楼、七座方楼。最大的圆楼集庆楼建于明代，高四层，直径66米。山村周围群山环抱，一条小溪自东而西流过村前，两条山坑水贯穿全村注入小溪。土楼依山面水，坐南朝北而建。登上溪北的台地鸟瞰全村，偌大的土楼星罗棋布、气势恢宏，让你目不暇接。大小土楼千姿百态，与青山、绿水、梯田和谐地融为一体。

南靖县书洋镇的河坑村也已经列入世界文化遗产名录，村中现存七座圆楼、七座方楼。它们犹如庄严宏大的堡垒，分布在"丁"字形的小溪两岸不足半公里长的狭小地带。晨曦中居高俯视，山谷间薄雾炊烟冉冉升起，烟雾飘渺，土楼忽隐忽现。晨雾散尽，阳光普照，宛如揭开了神秘的面纱，十几座土楼像宏伟的雕塑在山野中凸显出来，焕发出民居建

初溪村（鸟瞰） 下洋镇 永定县

河坑村总平面图

河坑村（远眺）

磏头村　梅林镇　南靖县

筑特有的温暖与生命力。

在南靖县梅林镇的磏头村，共有八座土楼，其中四座圆楼、三座方楼和一座半圆楼。站在山上远望，犹如七星伴月，成为南靖土楼一景。

南靖县书洋镇的塔下村是省级历史文化名村，坐落在"九曲十八溪"的两岸。沿溪五百多米，两岸土楼高低错落、多彩多姿，像是一幅长长的画卷，美不胜收。村中建于明朝后期的张氏家庙——德远堂远近闻名。德远堂最具特色的是祠堂半月池边上的23根石旗杆，它是张氏宗族兴旺发达的象征。族人凡是得到举人、进士等科举功名者或百岁老人，均立杆作为荣耀的象征。旗杆用优质花岗石雕刻而成，分底座、旗杆、龙柱、杆尾四截，总高七八米，格外壮观、宏伟。旗杆上浮雕瑞兽祥鸟，阴刻铭文以永世记载。德远堂已列为全国重点文物保护单位。

在永定县湖雷镇的石坑村，成片的五凤楼、方楼犹如皇城的高宅大院，气派非凡。在永定的箭滩，土楼聚落依山沿

塔下村（鸟瞰） 书洋镇 南靖县

塔下村土楼

塔下村溪边

塔下村　张氏家庙　德远堂

张氏家庙　石旗杆

河，高低错落的屋顶与起伏的山峦遥相呼应。潺潺的流水、绿绿的秧苗映出黄黄的土楼，道不尽田园诗情与山村画意。

　　形态各异的土楼和自然山水构成土楼山村的"物境"，它触动人们的情感。初访土楼山村，只见远山近水皆有情，真有相见恨晚之感。一次次再访土楼山村，感受那美丽的景象和灵动的气息，依然扣人心弦，引发遐想，让你百来不厌。土楼山村的美景入诗入画，这就是文化的魅力。难怪专家们登高鸟瞰土楼山村，会觉得风光无限，心驰神往，情不自禁赋诗抒怀：

　　　步步相携望景台，方圆楼顶似花开。
　　　溪村错落梯田绕，无限风光扑面来。

　　　　　　　　　　　　　　　　　　　（罗哲文）

　　古建筑专家郑孝燮先生深有感触地指出：土楼山村人与自然的和谐统一达到了从"物境"到"情境"再升华到"意境"这个最高境界。面对土楼聚落他惊叹："绝无仅有天地间。"

　　在南靖县梅林镇的璞山村，当你走进二百多年前建造的书德楼的断壁残垣内，你简直会惊呆！那种不可言状的残缺美会深深地刻在你的脑海之中。一位诗人这么写道："窗破了，墙塌了，青草也蔓蔓了。二百多年来，你抗击过多少次流寇土匪，经受过多少风雨的考验……在破窗的左边、黑墙的后面至今仍有几十人在安居乐业，这不是一种生命的奇迹？"

"只剩三面墙了，仍然屹立着，在夕阳的照映下，似乎还闪烁着火光……是毁于战火？是轰然坍塌于天灾人祸？于今无人可以确切讲述。而对它的倔强傲立，有必要再去打开痛苦回忆的闸门吗？"

"整面墙凹凸起伏，犹如百岁老人的脸，刻画着多少年的沧桑岁月。或许是因雷击而毁的一角，却因为有白云相伴，而显得比原来更加完美。"

书德楼断壁残垣
梅林镇 南靖县

书德楼断壁残垣

　　由"物"及"情"，由"情"及"意"，从"情境"的感慨又达到了某种"意境"的享受，这正是福建土楼山村诱人之处。这些朴实自然地镶嵌在瑰丽山景中的土楼，之所以令人陶醉，还在于它们建造的材料是泥土和杉木。这些都是就地取材，来自土地，而土墙倒塌、木材腐朽之后它们又回到土地中去。因此上百数千年的人世变迁，多少土楼废圮又重建，并没有造成大自然生态的丝毫破坏。这种利用可循环建筑材料建造的生土建筑，它对环境保护的特殊意义更唤起人们对它特殊美好的情感。

第柒章

坚不可摧的防卫系统

在福建闽西、闽南山区，特定的地理和历史环境中出现的土楼，具备防御功能是至关重要的。自唐宋客家人南迁入闽以及唐代陈元光平"南蛮"以来，一千多年中闽西、闽南这一带一直是战乱频生之地。不论是"客家"与"福佬"两大民系的矛盾，地方起义军与朝廷的对立，还是沿海倭寇的侵扰，家族间的械斗，乃至于山区之中猛兽出没，盗贼猖獗，都使当地人对居住安全提出很高的要求，福建土楼正是适应这种要求的产物。高大坚实的土楼可以聚众、屯粮，有自备水井不虞缺水，能够长期御敌自保，因此成为当地居民最理想的住宅形式，也因此防卫性构成福建土楼最突出的特点。福建土楼是我国传统民居中防卫手段最多、防御性最强的一种住居形式。

一、特殊的社会环境

在漳州地区，有不少文献记载了土楼建造的历史：兴建土楼最盛的时代是明末清初，尤其是明末倭寇侵扰，闽南许多地区都建土堡、土楼以防范。明代万历癸酉年（1573）修的《漳州府志》卷十四《尤溪县·兵防志·土堡》条就记载了该县的一些土堡与土楼：

福河土城（在十一都）；天宝土楼，塔尾土楼，墨场土楼，山尾土寨（俱二十一都）；埔尾土楼，丰山土楼，汰内西坑土楼，上坪土楼，归德上村土楼，华封土楼，狮陂土楼，宜招土楼（俱二十五都）；坂上土楼，埔尾土楼，马歧土围（俱二十六都）；官埭土楼，东洲土楼，玉洲土城，流传土围（俱二十八都）；石美土城，白石土楼，新埭土围，梁齐土楼（俱二十九、三十都）。

以上是"土楼"一词在史籍中所见最早的记载。

华安县仙都镇的二宜楼，蒋家的族谱记载，其始祖蒋景容原居海澄县，嘉靖四十四年为躲避倭寇的骚扰，才迁到华安县仙都镇大地村肇基。在华安县高车乡济安楼还保存了一份明末崇祯年间土楼乡民同仇敌忾防御盗寇的会盟书：

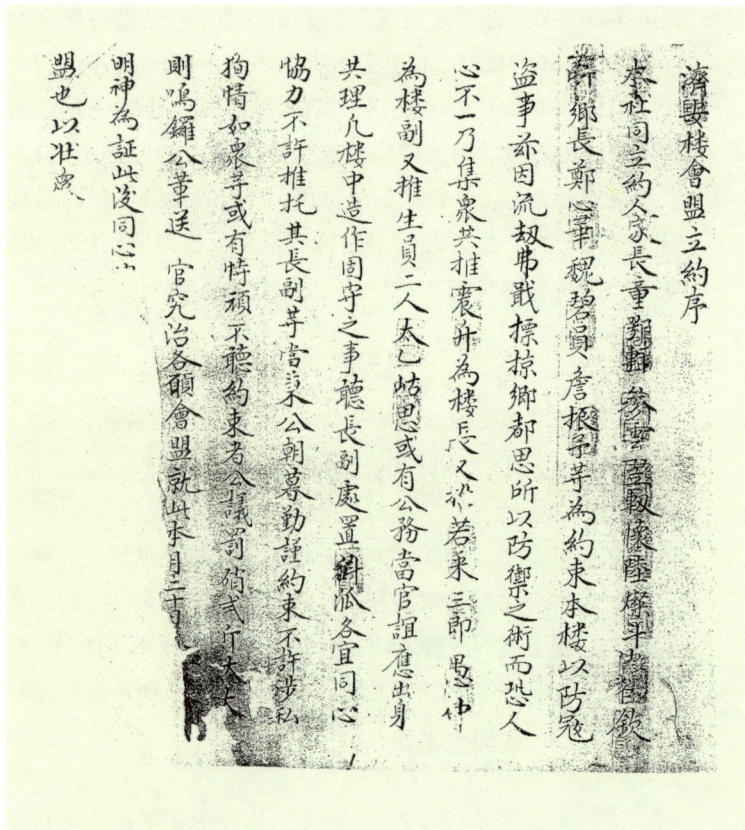

济安楼会盟立约序

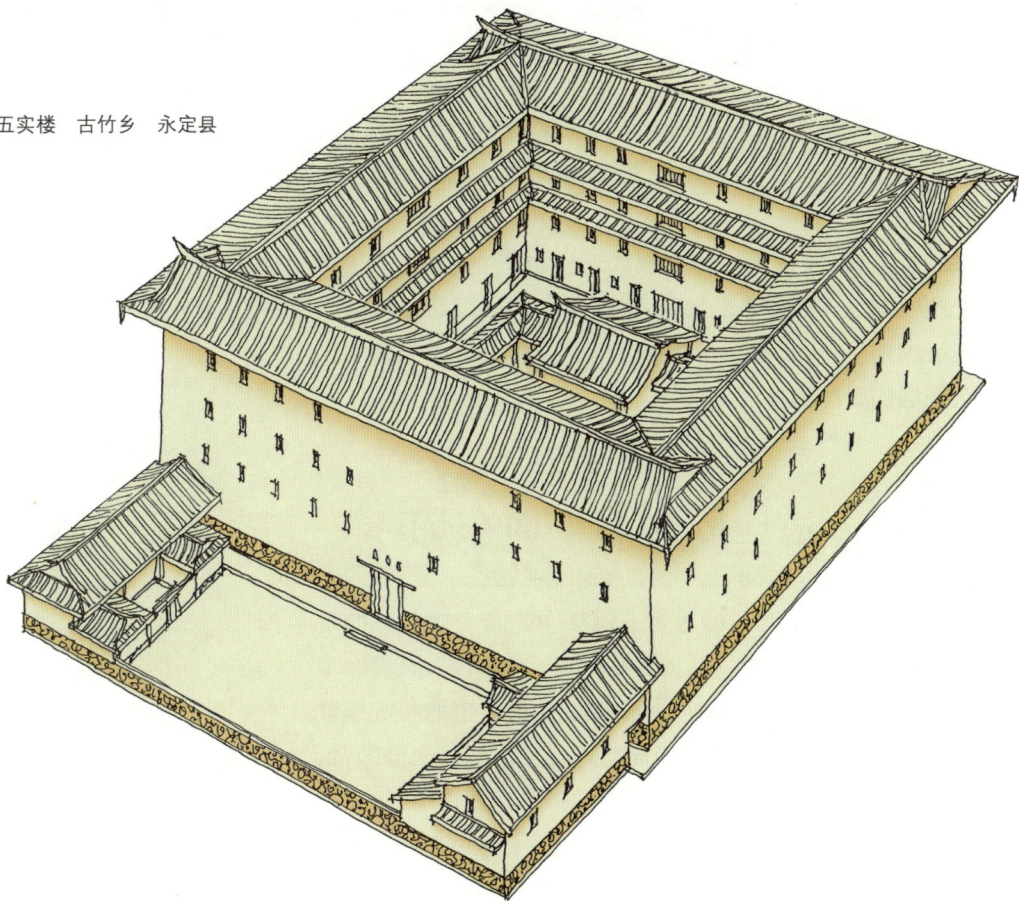

五实楼　古竹乡　永定县

济安楼会盟立约序

本社同立约人家长童鄂轩、参云、翌韧、怀陆、灿斗、中在、钦所，乡长郑心华、魏碧员、詹振予等为约束本楼以防寇盗事：

兹因流劫弗戢剽掠，乡、都思所以防御之术；而恐人心不一，乃集众共推震升为楼长，又推广若彩、三郎、愚仲为楼副。又推生员二人太乙、岵思或有公务当官，谊应出身共理。凡楼中造作固守之事，听长副处置科派，各宜同心协力，不许推托。其长副等当秉公朝暮勤谨约束，不许涉私徇情；如众等或有恃顽不听约束者，公议罚硝二斤，大大则鸣锣公革，送官究治。各愿会盟，就此本月二十日恭请本庵明神为证，此后同心协力者，神其佑之，违者神其殛之，为是盟也，以壮众情云。

岁崇祯十七年甲申正月谷旦立，震升书。

以上记载足以证明，漳州地区土楼的产生与发展，是历史上这个地区内外交患的社会环境所致，所以无论是闽西山区还是闽南沿海，具有突出防御性能的土楼都成了当地居民安全住居的必然选择。

二、适应固守的平面布局

在永定县三堂两横的客家五凤楼中，防卫性最强的是四、五层高的后堂主楼，其楼房高大，土墙厚实，只设一个大门，是宅中最安全的住所。然而防卫性最突出的要数福建的圆楼和方楼。圆、方土楼平面布局规整，四周土墙围合，构成第一道防线，起到最主要的外围抵御作用。

土楼的外围楼高三至五层，因此外围土墙最高的达十六

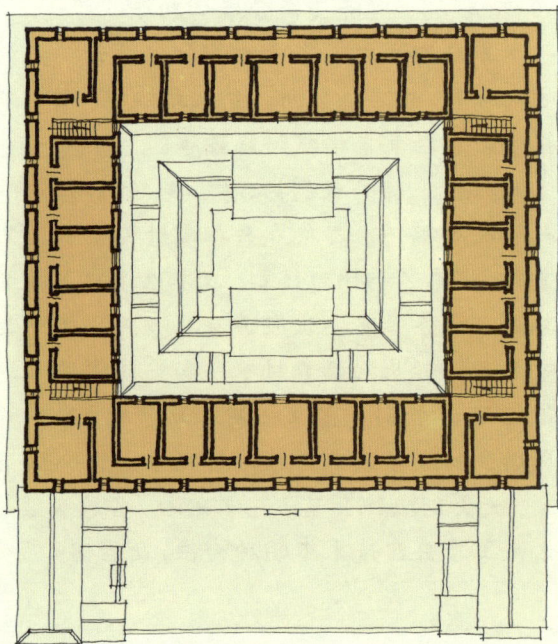

五实楼第四层平面示意图

二宜楼隐通廊

七米。楼内平面功能布局又与防卫要求相适应，将对外围不开窗的厨房和谷仓布置在底层和二层，三层以上才是卧房，卧房对外围也只开小窗。有的土楼在卧房未正式使用前暂不开窗洞，这样使得土楼外墙极其封闭。同时土楼外墙一般要比内隔墙厚得多，承重的内墙厚50厘米左右，外墙则有1—2米厚。整座土楼只留一个大门出入，特大型的土楼最多也只设三个门，从而使对外的洞口也就是防卫最薄弱的部位减到最少最小。这样凭借土楼外围土墙的高度、厚度以及封闭的程度，在当时的条件下就足以抵御外来猛烈的攻击。

在土楼内，楼层的内侧通常挑出走马廊以联系环周卧房。也有将走马廊设在卧房外侧的，如永定县古竹乡的五实楼，楼层的走马廊紧靠外墙的内面布置，每层外墙上均设枪眼。华安县的二宜楼在第四层的外墙内侧设"隐通廊"。廊宽一米左右，廊外侧土墙上还设有灯龛，可安放油灯，以便夜间作战。这种外围的通廊在对外防御作战中更便于灵活地调兵遣将、相互救援，这是福建土楼中很有特色的布局形式。

五实楼　古竹乡　永定县

作为第一道防线的土楼外墙，不仅高大而且厚实。福建土楼的墙脚通常用大卵石或块石干砌至最高洪水位以上，以确保土墙不被水浸泡。石砌的墙脚不仅有防水的功能，而且使土墙墙脚更为坚实。外行人以为这种干砌的卵石墙脚很容易被撬开，其实不然，在墙脚施工中，工匠在砌筑土墙的外侧面时有意将卵石的大头朝内小头朝外，这样砌筑的墙脚在压上厚重的夯土墙之后，想从外面撬开大卵石是极其困难的。

盗匪若想从墙外挖地道进楼也绝无可能。因为土楼外墙的石墙基一般深一米多，有的更深些，直达老土，墙基比墙脚还要厚。敌人想挖通墙基或打通地道十分困难。面对如此厚实的土楼外墙只能望而却步。

沿海地区的土楼外墙底层常用花岗岩条石砌筑。上部土

瑞安楼　深土镇　漳浦县

墙用三合土夯筑更为牢固。整座土楼的外围犹如厚厚的城墙环绕，其外观活像大型的碉堡，显示了突出的防御性。若使用传统的枪炮武器想轰垮土楼是很困难的。永定县湖坑镇的裕兴楼就是一例。1934年当地农民义军退守楼内，国民党中央军围剿数日仍无法攻破，挖墙失败之后想恃炮破楼，动用平射炮轰击，哪知19发炮弹不过把土墙打出几个小凹坑而已，楼墙仍岿然不动。这个战例足以证明福建土楼外墙的抵御功能。

五实楼墙脚

怀远楼墙脚

怀远楼楼斗

四、神奇绝妙的洞口防卫

　　福建土楼不仅用高墙、厚墙作消极的防卫，还广设枪眼作积极的抗御。如漳浦县几乎所有的土楼都在条石砌筑的墙脚四周广设枪眼，枪眼外部开口很小，高约二十厘米，宽6—7厘米，内部开口放大，呈内宽外窄的喇叭状，有利于对外观察射击，又能减小目标，降低伤害。南靖县的怀远楼第四层外墙挑出，瞭望台（又称"楼斗"）上设枪眼可往下射击。漳浦县旧镇的清晏楼平面呈风车状，相当于在方楼的四角突

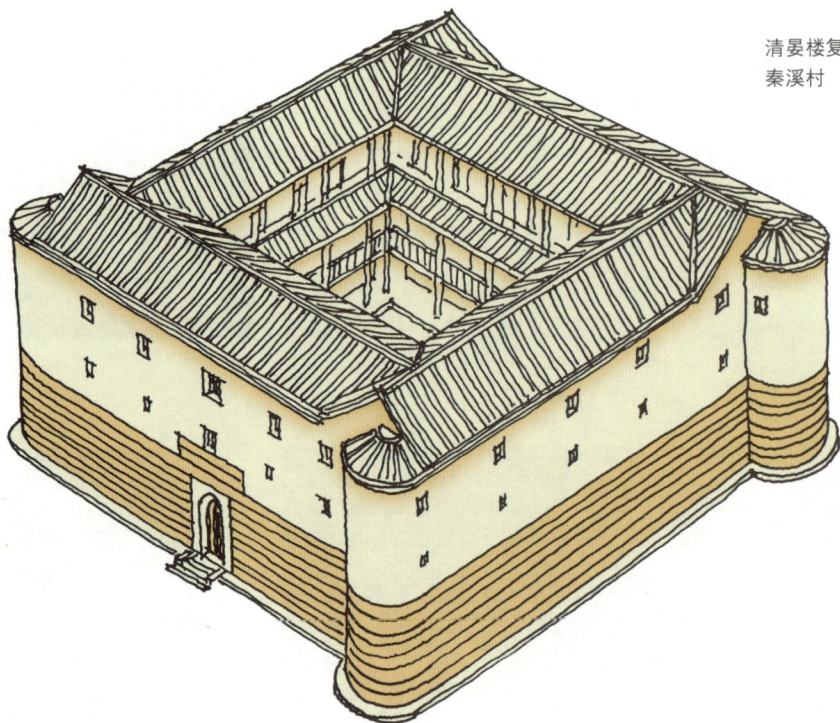

清晏楼复原图
秦溪村　旧镇　漳浦县

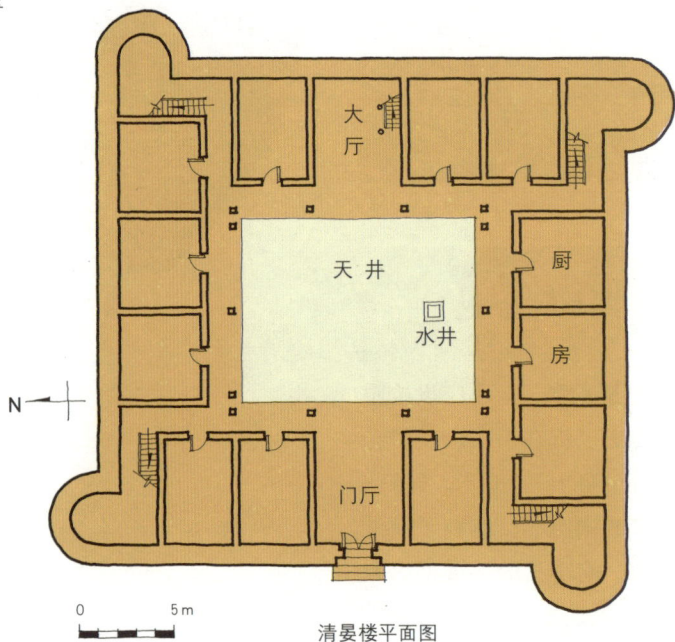

N

清晏楼平面图

大厅

天井

回
水井

厨
房

门厅

0　　　5m

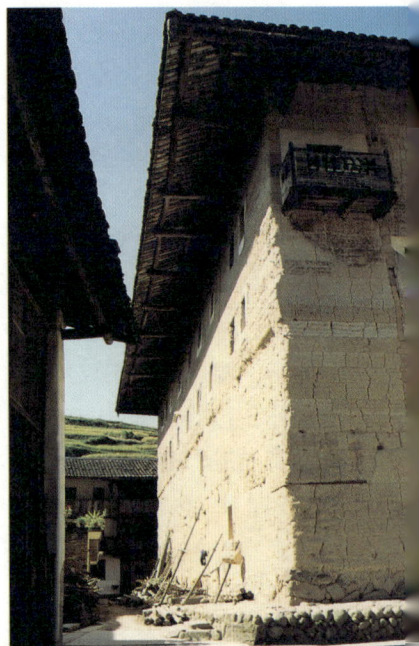

万安楼楼斗

出四个半圆的"炮楼"，在半圆的外墙上设有枪眼。在诏安县官陂镇新坎村的溪口楼，土楼四角伸出四个矩形的耳楼，当地称为"兔子耳"，耳楼的三面外墙上都设枪眼，由于它们突出于外墙，可更有效地覆盖住外墙枪眼射击不到的楼前"死角"，使敌人很难靠近土楼外墙进行攻击。

漳浦县的锦江楼由三个环形土楼层层相套，外低内高。中环、内环的外墙周围设枪眼及投放引爆火器的小窗口。中环外侧女儿墙内置1.3米宽的屋顶环周跑道，女儿墙上设有枪眼，射击孔与环形跑道相结合使之更便于枪击和救援。在内环与中环的屋顶上有俗称"燕子尾"的瞭望楼，用以瞭望四周的动静。上述这些炮楼、耳楼、楼斗的枪眼与外墙的枪眼构成立体的火力网，使土楼虽屡遭倭寇、海盗、土匪的侵扰仍安然无恙。

福建土楼外围的墙体十分坚固，相对而言，外墙上的门窗洞口容易被敌方当做主要的攻击目标。为此，土楼的主人也作了精心的设计。土楼的外墙很厚，窗洞却开得极小，且

锦江楼"燕子尾"
及屋顶环周跑道

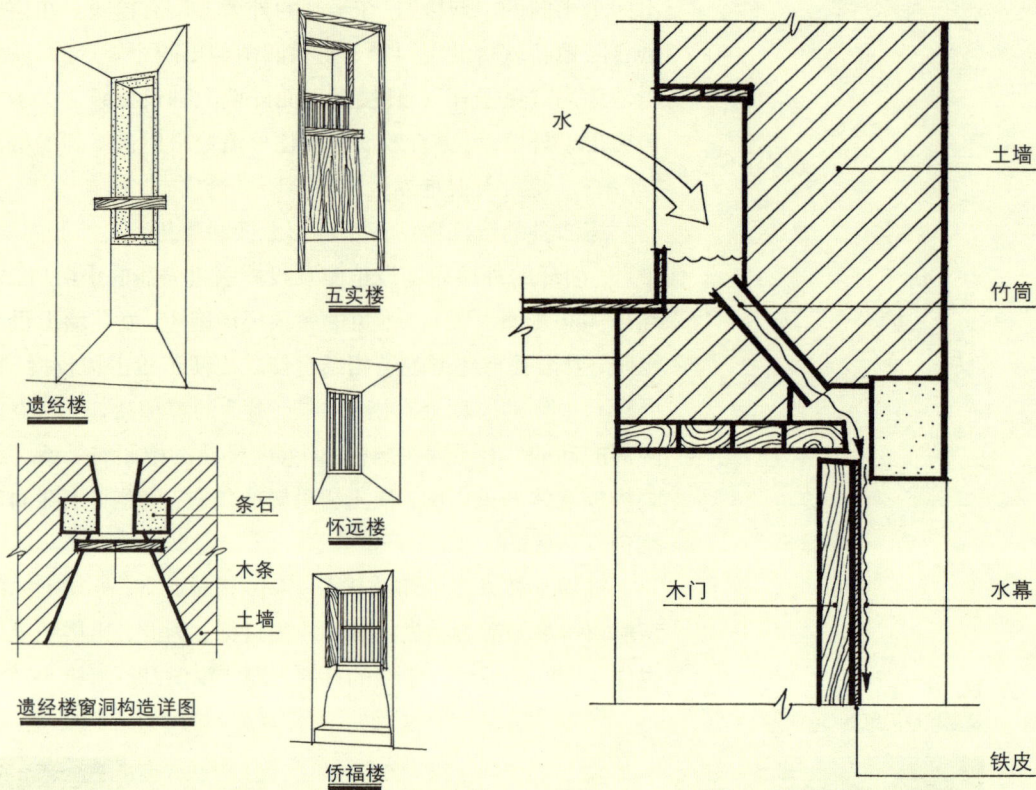

遗经楼

五实楼

怀远楼

侨福楼

条石

木条

土墙

遗经楼窗洞构造详图

水

土墙

竹筒

木门

水幕

铁皮

福建土楼门窗的防卫措施

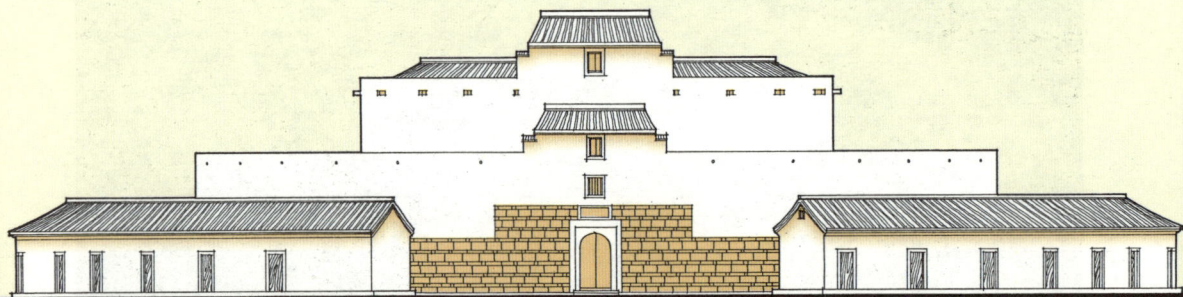

锦江楼立面图

0   5m

福建土楼

中国传统民居的瑰宝

洞口内大外小，窗下墙在室内一侧局部减薄，便于守卫人员贴近窗口向外瞭望。攻击者想架梯爬进三四层楼上的窗洞是很困难的，因为守楼的人只要用枪或弓矢射击或居高临下丢擂木炮石、撒石灰、泼滚烫的开水，对方就很难接近墙根破窗而入。近代使用步枪等武器进行防守，盗匪就更难近楼攻击了。

永定县高陂镇上洋村的遗经楼，其外墙的窗洞，顶层洞口最大，愈往下层愈小，底层洞口最窄，洞口四周为条石窗框，窗中立条石竖棂。敌方想破窗洞进入楼内几乎是不可能的，攻楼的主要目标都是选择唯一的出入口大门，所以大门是土楼防卫的重点所在。

土楼大门是用约13厘米厚的实心木板拼接而成，而且用槁树木或梓木等耐火性能极好的木料制作大门。门框通常用条石砌筑。双扇实心板门的背后加横闩杠将门顶住，以防门外的撞击进攻。由于闩杠两端的插孔是在石墙上预留的或在条石上凿孔，因此这种固定方法十分牢靠。在龙岩市的适中镇，常见土楼大门作双重木门，这样又增加了一道坚固的防线。南靖县梅林镇的怀远楼，其大门除了横向的闩杠外又加三根竖向的闩杠。对于进攻者来说，要想撞开这种实心木板门简直是白费劲，那么火攻就成唯一的选择：在门口堆上柴草，烧上几天几夜，也许就能破门而入。然而对付火攻，土楼的主人也有奇妙的办法，除了在木门表面包铁皮之外，还在门顶过梁上置"水槽"，并与二层楼上的水箱或竹筒连通，这样从二层往水箱或竹筒中灌水，水就通过门顶的水槽或过梁均匀地沿木门外皮流下，形成水幕迅速浇灭大火，有效地抵御敌人的火攻。这是经历了多少血的教训才想出的方法。我们在调研中到达古老的福建土楼，经常可以发现木门上烧焦的痕迹，这是战乱年代历史的见证。

此外，有的在大门上方的墙顶上，备好御敌用的大块石头。从十几米高砸下的石头，具有相当的杀伤力，也是大门防御的一个手段。

遗经楼边门上层注水的水箱

土楼木门上烧焦的痕迹

适中镇土楼的双重木门

五、神秘的传声筒与地下通道

福建土楼中为生活和防御的方便还设有神秘的传声筒和地下逃生通道。如华安县的二宜楼，每一个单元外围石砌的墙脚中都留有弯曲的传声筒，从室外连通底层的房间，从室外看只是不起眼的小洞口，由于洞内空腔呈"S"形，从小洞口看不到室内，声音却可以传入。平时楼内居民夜晚归来，再大的敲门声家人也无法听见，但只要对着传声洞口一喊，家人就会出来开门。在战时这个传声筒就能起到及时通报敌情、传递信息的作用。

有的土楼还利用内院的排水沟作为逃生的通道。如漳浦县赵家堡的完璧楼，在方楼内天井的一角修一条高1.44米宽0.6米的排水沟，直通堡外荒野，平时用做排水，战时可由此逃生或出入通风报信。华安县的二宜楼也有类似的排水沟，平时用花岗石加盖。据说1934年土匪曾围攻封锁二宜楼好几个月，楼内居民在弹尽粮绝之后就是利用这个地下秘密通道逃生的。

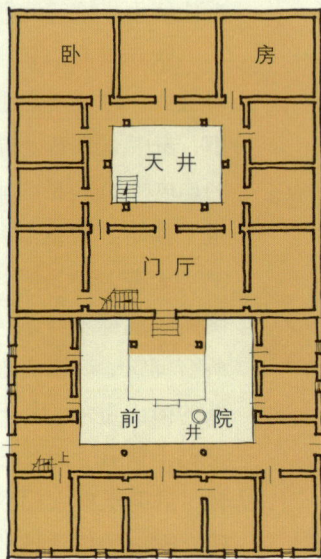

完璧楼底层示意图

二宜排水沟兼地下逃生通道

二宜楼传声筒

完璧楼 赵家堡
湖西乡 漳浦县

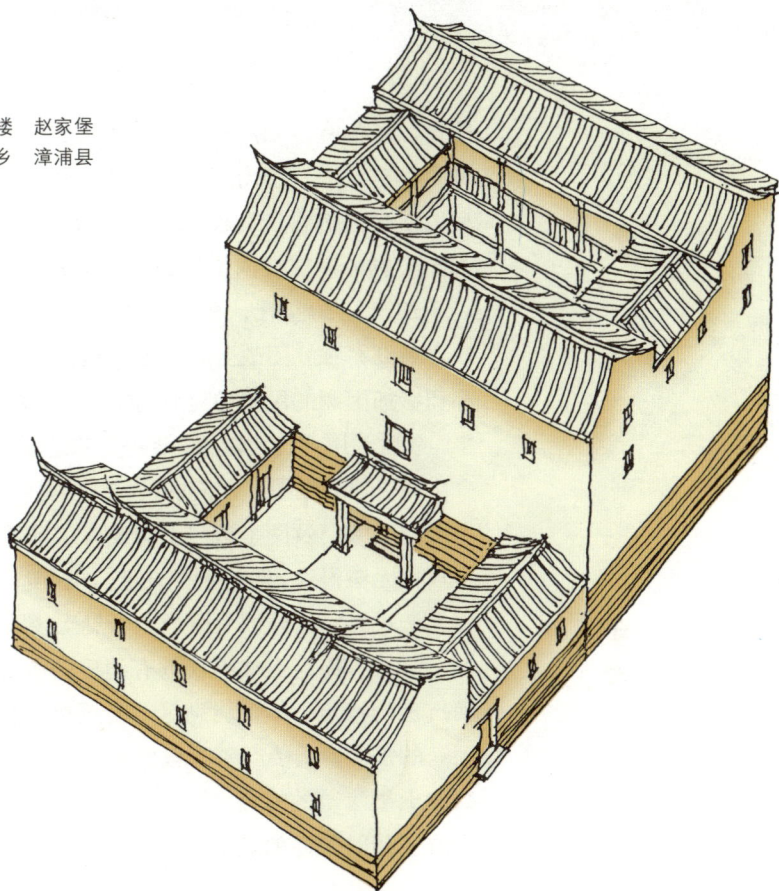

六、牢靠严密的防卫体系

　　福建土楼适应防卫的平面布局、坚固的外墙和严密的洞口防卫以及逃生通道是其自身物质的防卫手段。此外在土楼村落之中，有时几座土楼成犄角之势，防守时相互照应，楼内的枪眼配置特别对准重要路口以配合村中联防，构成了楼群防卫系统。

　　福建土楼的防卫体系不仅表现为有足够的手段打退敌人的进攻，拒敌于门外，还表现为有固守的能力。大型土楼中数百人聚族而居，一呼百应，人多势众，有了人还要有粮草有水源才有可能持久抵抗。几乎每一座土楼都是一个独立的小天地。二楼的谷仓储藏每年收获的稻谷、豆子、地瓜干等粮食，还备有自制的干菜、咸菜、凉粉等。几乎每座楼的内院中都有水井，楼内还饲养家畜，备足柴草，因此，楼内日常生活必需的物资和设施应有尽有。一座土楼关起门来，足不出户也可以在楼内生活数月之久。

20世纪30年代，永定县高陂镇上洋村的遗经楼内曾驻扎数百名红军独立团战士和赤卫队员，与漳州国民党49师张贞部和参加围剿的民团相对峙。国民党军队枪击、炮轰均无济于事，最后动用炸药包攻楼，连爆三次，大门边的土墙才崩塌一个小角。他们烧毁了前院的门楼，但是对付方楼仍束手无策。由于方楼大门及两个边门上均设有水箱，形成水幕保护，使用火攻也无法得逞。楼内粮食充足，国民党军连续围困两个多月仍无法攻克，只好悄然撤退。可见土楼防卫系统的威力。

总之，福建土楼不仅具有消极防御的功能，还有便于主动抗击的特点，不仅能满足一时抵抗的要求，还能满足长期固守的需要。土楼严密的自成系统的防卫体系再一次表明了福建土楼建筑的特色与当时社会环境之间的因应之道，从而构成了其时代性的表征。

福建土楼的防卫功能（郭育诚 绘）

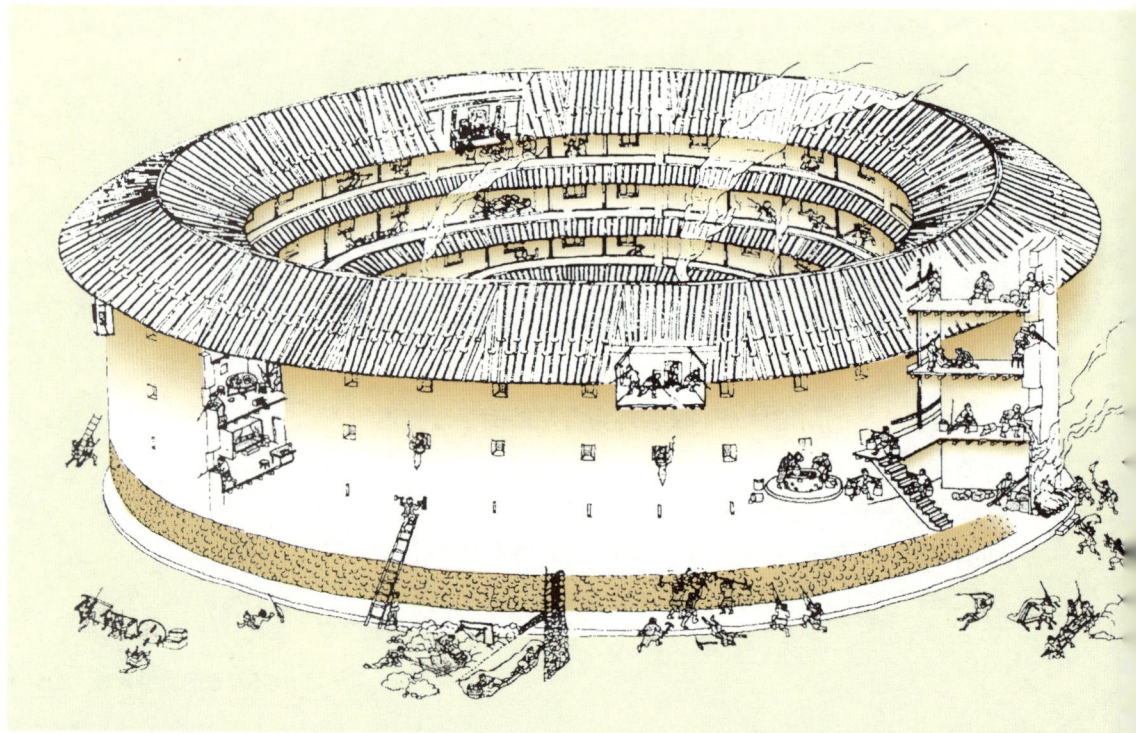

古老独特的建造技术

最新的考古发现表明四五千年前我国就已经用夯土方法修筑城墙。夯土造屋早在殷商时代就有了。福建土楼民居的夯土技术正是源于中原地区。令人惊奇的是福建的客家人和闽南人在土楼的建造中把夯土技术提高到无与伦比的水平，创造了夯土建筑的奇迹。难怪日本琉球大学的福岛骏介先生会把土楼称为"利用特殊的材料和绝妙的方法建起的大厦"。这个材料到底"特殊"在哪里？这个方法到底"绝妙"在何处？这是很多人都十分感兴趣的问题。

一、福建土楼的建造工序

建一座土楼一般要经过选址定位、开地基、打石脚、行墙、献架、出水、内外装修这七道工序：

1. 选址定位

建造土楼之前，必先请风水先生来选址定位。福建土楼分布的地区多是山峦叠嶂的山区，如何选择理想的居住环境至关重要，也因此土楼所在地区风水术极其盛行。中国传统的风水术虽然不免夹杂迷信的色彩，但仔细分析仍可发现它具有科学的一面：它注重有效地利用自然环境，使村落、住居与环境相协调。它反映了中国早期朴素的环境观，是古代人对居住环境要求的理论总结，认为山水是有灵气的，地灵才能人杰。因此在福建土楼的建造中，风水先生实际上起着类似如今规划师的作用。

　　风水先生在选址时通常首先要看"来龙"，即土楼背后靠山，山后又有山岭护卫。风水说把山脉走势称为"龙"，山上草木茂盛，山势蜿蜒起伏如行龙才有生气。其次必须判明"水路"，寻找地势较高、开阔平坦、干燥适合建楼的地方，而不能把楼建在山窝中。"窝"的地方潮湿，阴气重，虫子多，细菌多。定居"窝"地，人易生病，人丁不会旺，俗称"窝煞"。再就是看"来水"，即水源、河川的走向。入水口可以多支流汇聚，象征财源广进。风水讲究土楼"门要对水，座要对龙"，若溪水笔直地对着房子流来，称"溪煞"，即风会沿溪直冲房门，这是不利的，要将大门转个角度。这实际上关系到土楼所在基地的小气候。此外还要看"水口"，水口是一方众水的总出处，出水口忌多头，土楼聚落与水口的相对位置十分讲究，以使财不外漏。风水说认为水口是村落的门户，关系着村落的安危盛衰。土楼入口的选择要"以口定向"，即土楼大门位置应与水流很好地配合。最后看"分金"，即使用罗盘确定楼的方位，就是依据金木水火土五行相生相克的原理，选择土楼方位。因此，土楼多建在山脚溪边，理想的是负阴抱阳、背山面水：后面山峰峙立，左右山丘辅弼，前面水流蜿蜒，对面案朝屏障。楼后有山岭阻隔，可以挡住冬天北来的寒风，在向阳坡上建楼才能获得最好的日照。山上绿树成荫，植被丰盛，能保持水土。门前流水潺潺，汲水便捷，排水通畅，又可迎接夏日南来的凉风。山水环抱、地势平坦且宽广的缓坡地，是最适于建楼的福地。良好的生态格局与优美的景观效果，形成土楼与山水最佳的配合关系。土楼人笃信好的风水能使土楼之家人文兴盛，幸福安乐。

　　若在村落当中建楼，在有限的空间中选址也要尽可能避免不洁净、不吉利或可能触犯神灵的基址；同时还要考虑与四邻的关系，如两座楼的大门不能正对，以免互相冲煞，伤及邻家的好风水。只有和睦、和谐，才能达到平安、兴旺的目的。

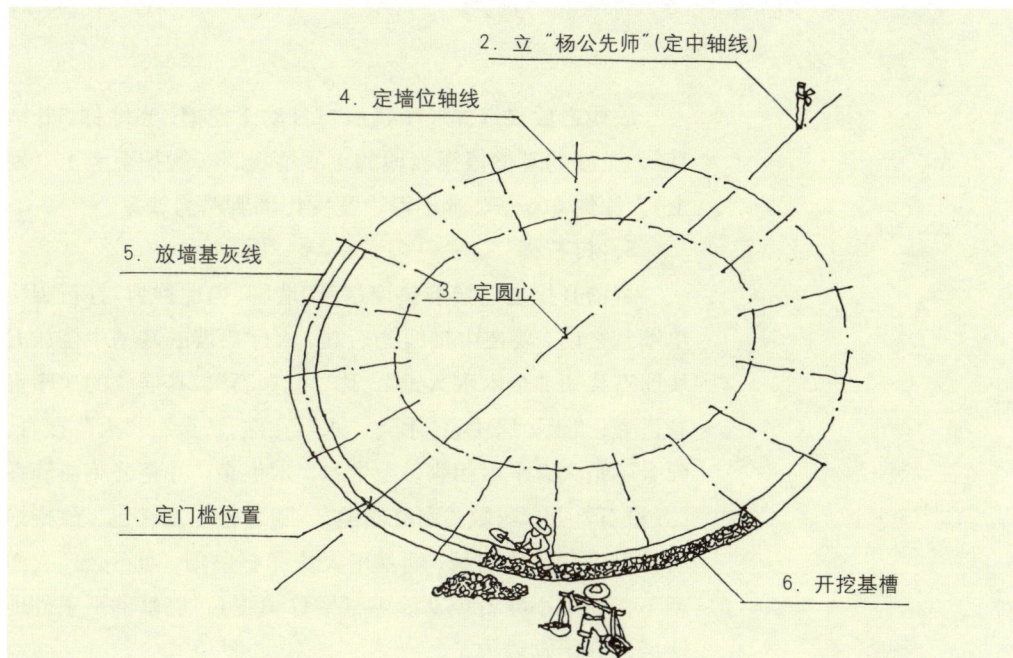

2. 立"杨公先师"(定中轴线)

4. 定墙位轴线

5. 放墙基灰线

3. 定圆心

1. 定门槛位置

6. 开挖基槽

放线

选址之后就要具体定位。以圆楼为例,我们初想起来以为关键是确定圆心,其实不然,风水先生首先要定的是正门的平面位置,也就是门槛的中点。随后用罗盘定出楼的中轴线,即门槛中点与大厅后墙中点的连线。并在轴线的端头立"杨公先师"木桩,即定位的木桩,这样土楼的方位就确定下来了。

这个"杨公先师"木桩,既是中轴线定位的标记,同时又是木匠先师和泥水匠先师的神位。有的地区用竹片代替木桩,上书"鲁班仙师荷叶仙师神位",并在顶端插金纸做成的"金花",结上红布条。同时举行开光仪式,杀鸡敬神,以保佑土楼施工过程的平安与顺利。在施工的过程中每天都要烧香,直到完工谢神。

2. 开地基

若建造圆楼,根据基地大小和财力物力的可能、所需房间的多少,确定圆楼的规模、层数、间数和半径。再从门槛出发沿中轴线就不难找到圆心。用绳子绕圆心画圆并划分开间,这样圆楼内墙外墙的轴线均可确定了。随之依据基础的宽度画好基槽的灰线,这就是"放线"。

放线之后要选择一个良辰吉日动工挖槽，当地称"开地基"，土楼的基槽根据当地的土质情况，一般挖至老土（硬土），深约0.6—2米不等，宽度比墙脚略为放宽。

3．打石脚

基槽开挖之后接着垫墙基、砌墙脚，当地称为"打石脚"。垫墙基之前，要在中轴线的后端，大厅后墙的基槽中摆放五块卵石代表"金木水火土"，称"五星石"。其摆放的次序也有讲究，"土"居中，"木"、"水"在左，"金"、"火"在右，曰金不怕火，水木相容，土生木，木生金，并将公鸡血滴在"五星石"上，叫做"刮红制煞"。随之楼主发红包、放鞭炮后才可以开始垫墙基。墙基用大块卵石垒砌，卵石必须大面朝下，并用小卵石填塞缝隙（俗称填腹）。墙基砌平室外地坪后，开始砌墙脚。

墙脚用河卵石或块石干砌，内外两面用泥灰勾缝。考察现存的土楼可以发现，明代早期的土楼通常不砌石墙脚，台基面以上即为夯土墙，后来才出现土墙外皮贴一层卵石的墙脚，起到防水作用。只是清代以后的土楼才砌石墙脚，可见其不断总结经验逐步发展的过程。各地区土楼的墙脚高度不

打石脚

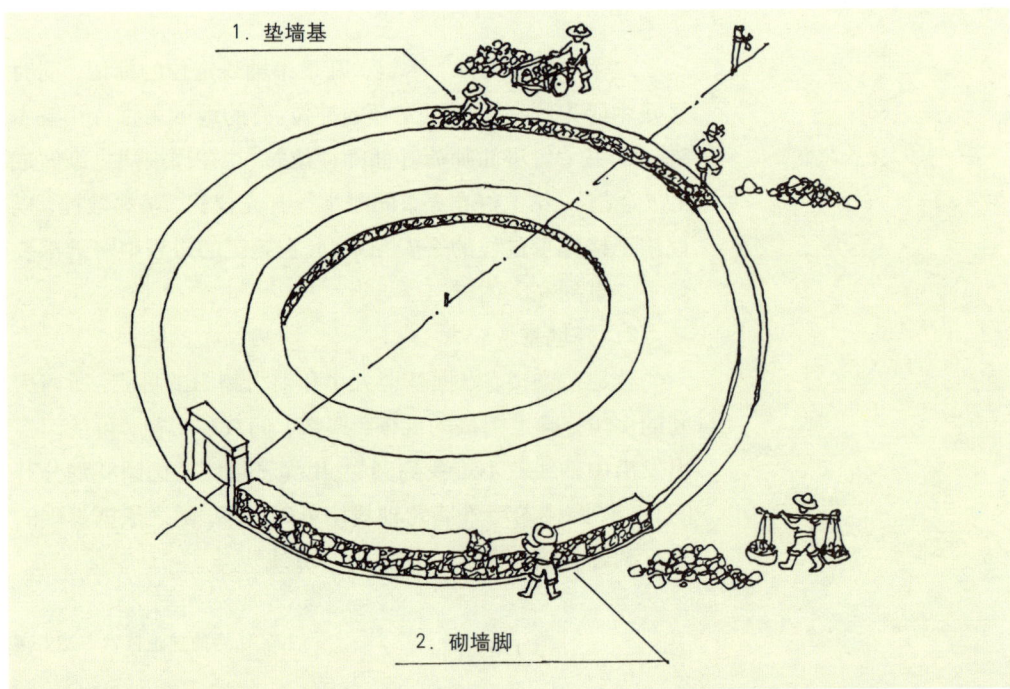

1．垫墙基

2．砌墙脚

长源楼干砌石脚

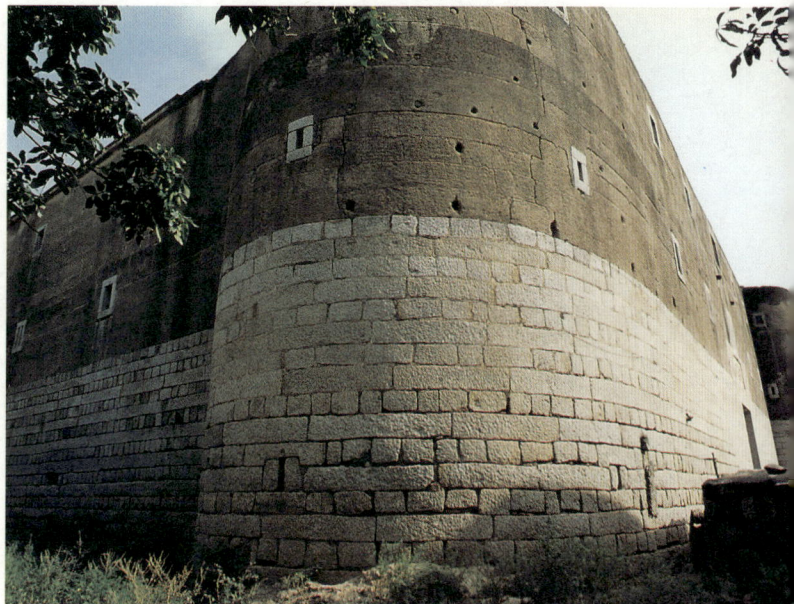

闽南沿海的土楼底层外墙常用条石砌筑

一，通常高0.6—1米。有洪水的地区要砌至最高洪水位以上，以避免洪水浸泡土墙发生坍塌。

　　干砌卵石墙脚也很有讲究：卵石大面要朝下靠稳，并使砌筑面保持向墙中倾斜，这样才能确保墙脚的稳定。同时砌筑时卵石块要大头朝内小头朝外相互卡住，当地称"勾石"，这样才能保证墙脚砌好后，不容易被敌人从墙外撬开。这种干砌的方法实际上比座浆砌筑还要牢固，因为干砌石脚不怕水，靠泥浆砌筑的石脚则经不起水泡。同时干砌还能防止毛细管作用，使地下水不至于沿墙脚向上渗透，起到墙身防潮的作用。

　　在龙岩市的适中镇，由于地势较高，没有洪水的威胁，因此楼基及墙脚均用三合土夯筑，上部墙体才改用生土夯筑。

　　闽南沿海盛产花岗石，所以沿海的土楼常用条石砌墙，有的甚至底层的外墙全部用条石砌筑。

　　4．行墙

　　墙脚砌好后，接着支模板夯筑土墙，俗称"行墙"。行墙前夜要吃动工酒，开始行墙时还要放高升爆竹鞭炮。夯土墙

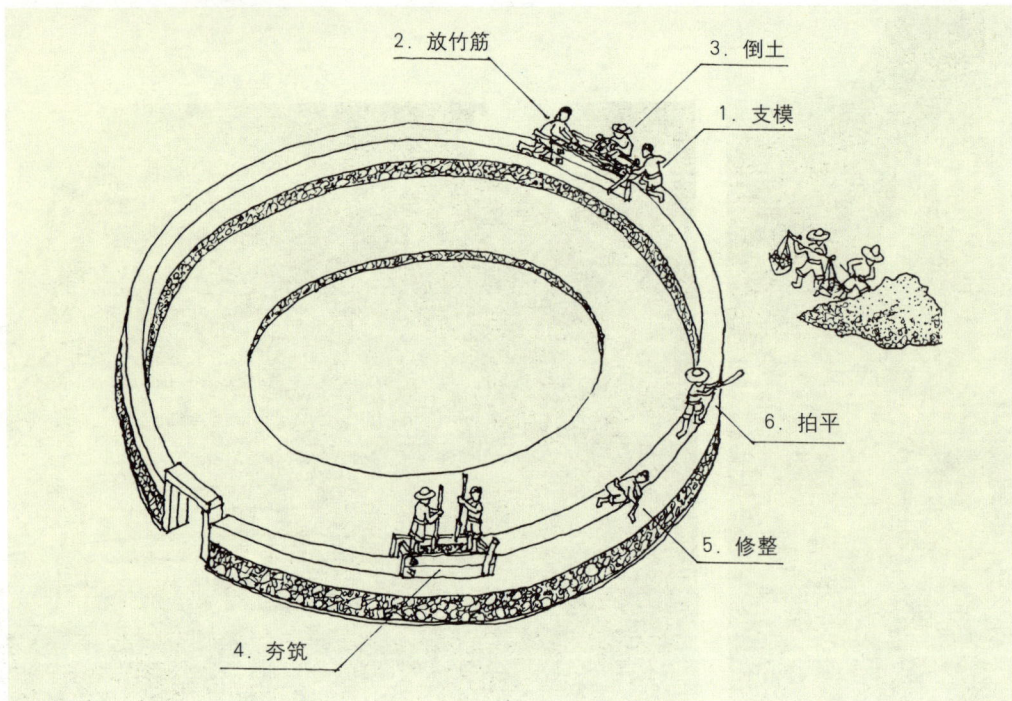

2. 放竹筋 3. 倒土 1. 支模 6. 拍平 5. 修整 4. 夯筑

行墙

的模板,客家人称为"墙枋",闽南人称为"墙筛"。模板高约40厘米,长1.5—2米,用5—7厘米厚的杉木板制成。一副模板筑成的一段土墙俗称一"版"。模板一端支在"墙钉"上,用"墙卡"牢牢地夹在已经夯好的土墙上,另一端由横搁在墙上的"墙针"支撑。模板端头的挡板下开两个小缺口,使竹片墙筋(俗称"拖骨"或"长筋")能伸出来,使每一"版"土墙之间有很好的拉结。挡板上挂一铅垂,用以检查模板放置的垂直度。

"墙卡"的构造很简单,两肢呈弧形弯曲的方木(俗称"狗臂"),中间连一横木(俗称"狗颈"),用竹销固定成"H"形,上臂较长且张开如钳子,在其中卡下撑棍,模板就被牢牢夹住。夯完之后只要用木槌把撑棍向上拷起,则"墙卡"松脱,提起侧板中间的麻绳拉手,整个模板就可以搬动前移。

圆形土楼的"墙枋"仍为直线型,由于圆楼直径很大,"墙枋"长度很短,每层先夯筑成折线型,外墙皮很容易修整成圆形。

夯土的工具主要是"春杵",它用质地坚硬的木材加工

夯土墙工具

而成，长约1.6米，两头为长方锥形，端部装铁头，中段收缩成圆棍，便于双手握住夯筑。另备硬木制成的"拍板"，用以拍实夯好的土墙侧面，以提高土墙表面的耐水性。另有木制"补板"，是填补墙面小孔洞及修整墙面的工具。还用"墙铲"即带长柄的小铁铲来削去土墙侧面鼓出的不平整部分。

一"版"土墙通常分四层或五层夯筑，称"四伏土"或

夯墙用木模板及夯土工具示意图

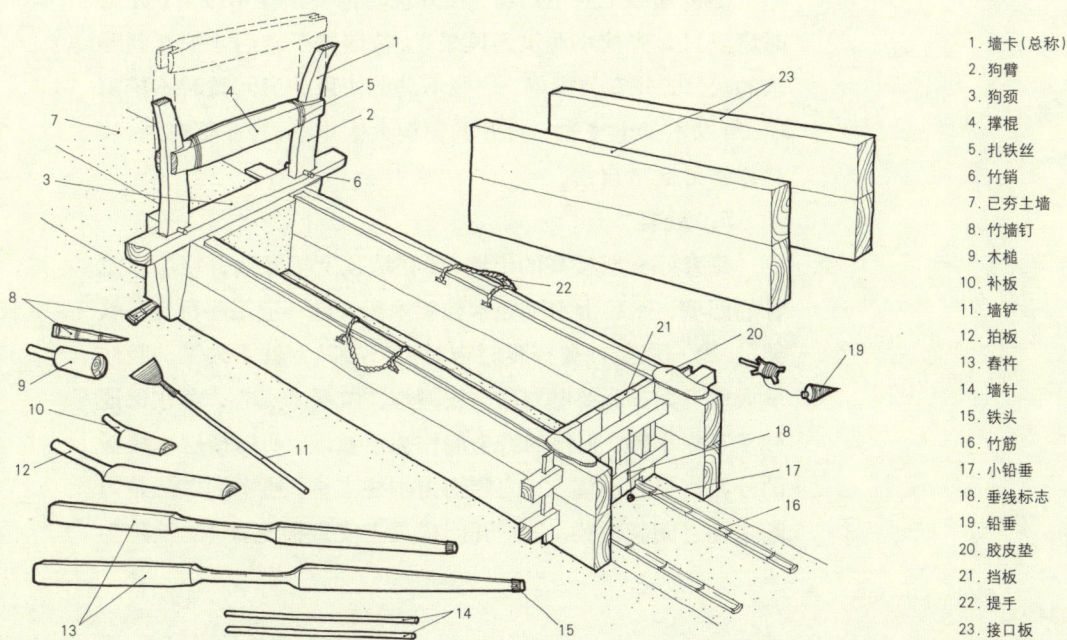

1. 墙卡（总称）
2. 狗臂
3. 狗颈
4. 撑棍
5. 扎铁丝
6. 竹销
7. 已夯土墙
8. 竹墙钉
9. 木槌
10. 补板
11. 墙铲
12. 拍板
13. 舂杵
14. 墙针
15. 铁头
16. 竹筋
17. 小铅垂
18. 垂线标志
19. 铅垂
20. 胶皮垫
21. 挡板
22. 提手
23. 接口板

夯土墙施工（艾德蒙 摄）

"五伏土"，每两伏土之间还夹有杉木条或短竹筋作为"墙筋"，以加强土墙的整体性。大型的土楼内外墙夯筑一"版"的高度有时甚至要花半个月时间。同时上下层还必须交错夯筑，不能出现通缝。每一层的头一"版"，端部要留斜踏步，以便交圈时搭接成整体。方楼的丁字墙或转角处上下枋要层层错开，内外墙还要同时夯筑。这些都确保了土楼墙身的整体性。

土楼外墙上的木门窗，在夯筑时都要预埋木过梁，完工时窗洞只是先挖小洞供通风采光，待墙体干透后才挖开到要求的尺寸，并安装窗框。一些不马上使用的房间暂时不挖窗洞。所以不少土楼先后打开的窗洞大大小小，并非整齐划一，显得格外活泼自由。

5．献架

每夯好一层楼高的土墙，要在墙顶上挖好搁置楼层木龙骨的凹槽，然后由木工竖木柱架木梁，这一道工序称为"献架"。第一层竖柱要择良时吉时，二层以上就不必了。竖柱从大厅开始，还要贴对联、放鞭炮、做糯米点心，意在保证柱子竖立牢固。土楼的夯土墙作为承重墙，所以楼层木楼板的外侧支撑在土墙上，内侧则由木柱支承。通常的做法是内圈木柱之间架横梁。每一开间横梁上支数根龙骨（当地称为

夯土墙施工（文德磊 摄）

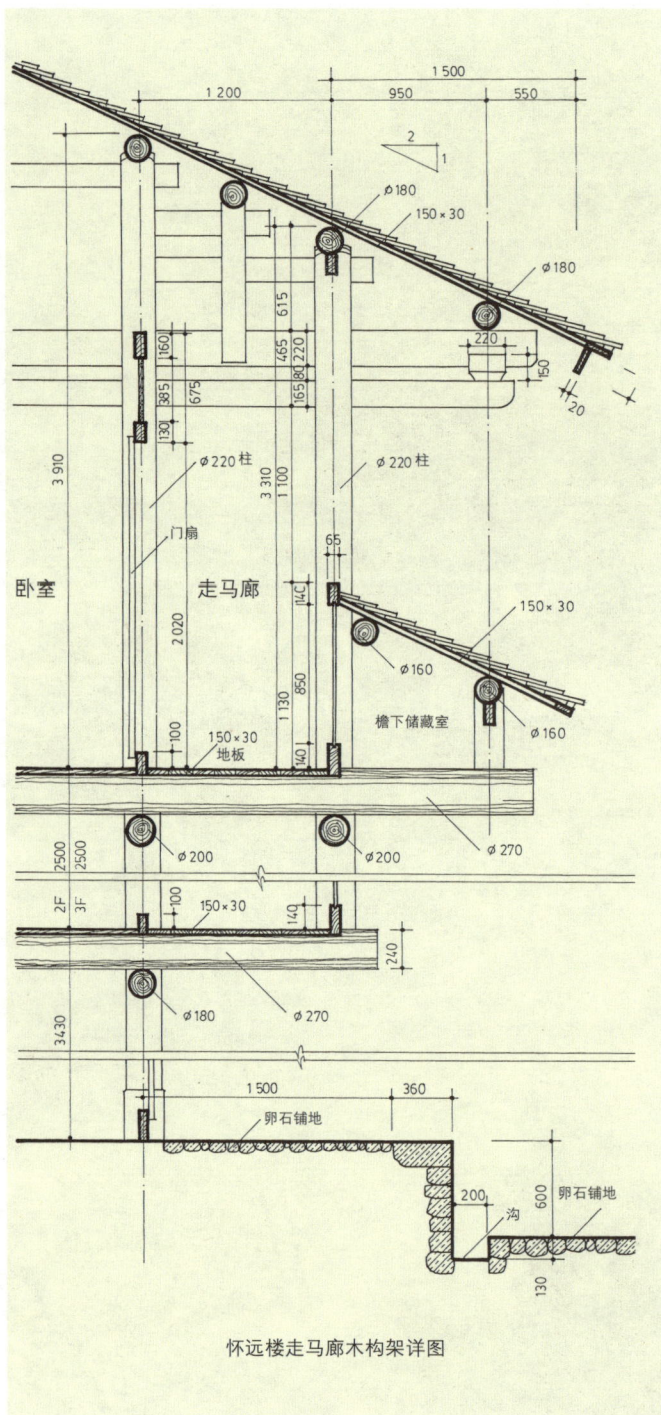

1 500
1 200
950
550
Ø180
150×30
Ø180

615
160
465 220
385 675 165 82
130
3 910
Ø220柱
3 310
1 100
Ø220柱
220
150
20

卧室
走马廊
门扇
65
114C

2 020
150×30
Ø160

1 130
850
檐下储藏室
Ø160
150×30
地板
Ø270
140

100

2500 2500
Ø200
Ø200

2F 3F
100
150×30
140
240

3430
Ø180
Ø270

1 500
360
卵石铺地

200 600
沟 卵石铺地
130

怀远楼走马廊木构架详图

榫卯"搭勾"示意图

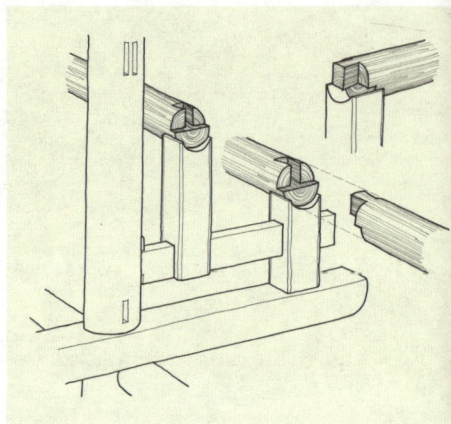

夯土墙作为承重结构，楼板
龙骨的一端支在外围土墙上。

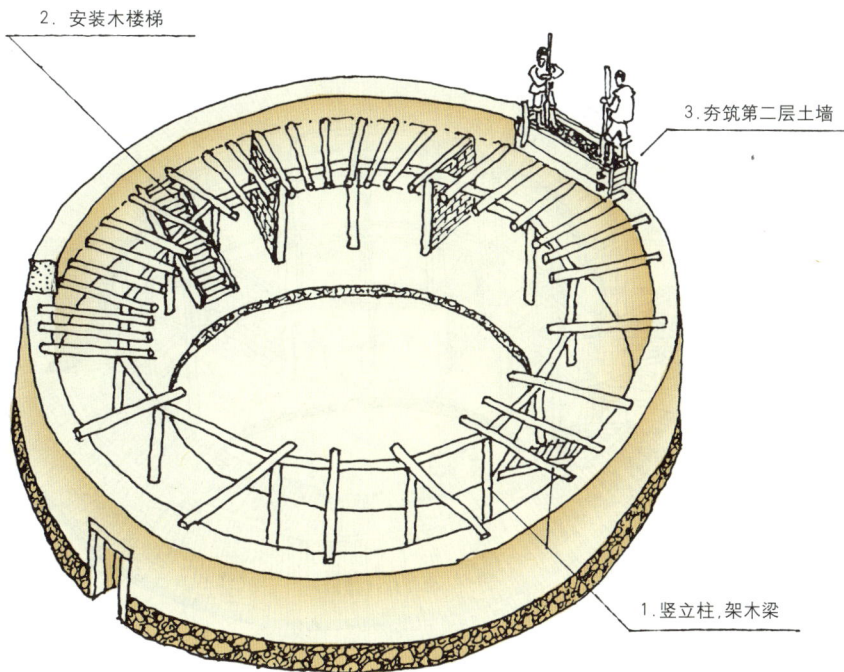

2. 安装木楼梯

3. 夯筑第二层土墙

1. 竖立柱, 架木梁

献架

"棚盛"),龙骨的另一端直接支在外围土墙上,龙骨上再铺木楼板(当地称为"棚"),并用竹钉固定(不用铁钉,因为铁钉易锈蚀),竹钉事先用热砂子炒过,使之干燥耐久。龙骨支撑在土墙的一端要适当抬高,这样夯土墙干透收缩之后正好保持楼板面的水平。由于各地土质不同,土墙收缩的多少也不同,小的二三厘米,大的可达七八厘米,因此必须根据经验来掌握龙骨抬高的尺寸。

至于单元式土楼,各单元之间的隔墙为夯土墙,龙骨两端均支撑在夯土墙上,龙骨上再铺设木楼板。

6. 出水

大型的土楼通常一年只能建一层楼,三四层楼的土楼通常要建三四年。夯好顶层墙体后开始盖瓦顶,这一道工序当地称"出水"。顶层夯土墙完工要放鞭炮,同一天要把中梁上好,即为"完工"。这时楼主要办"完工酒"煮红汤圆,宴请木匠以及帮工的亲朋好友,一是共贺完工,二是表示谢意。屋顶的木构架为穿斗式,其大木结构比较简单,与其他地区传统民居的做法大致相同。上屋顶的大梁(脊檩),则是最神圣的时刻,同

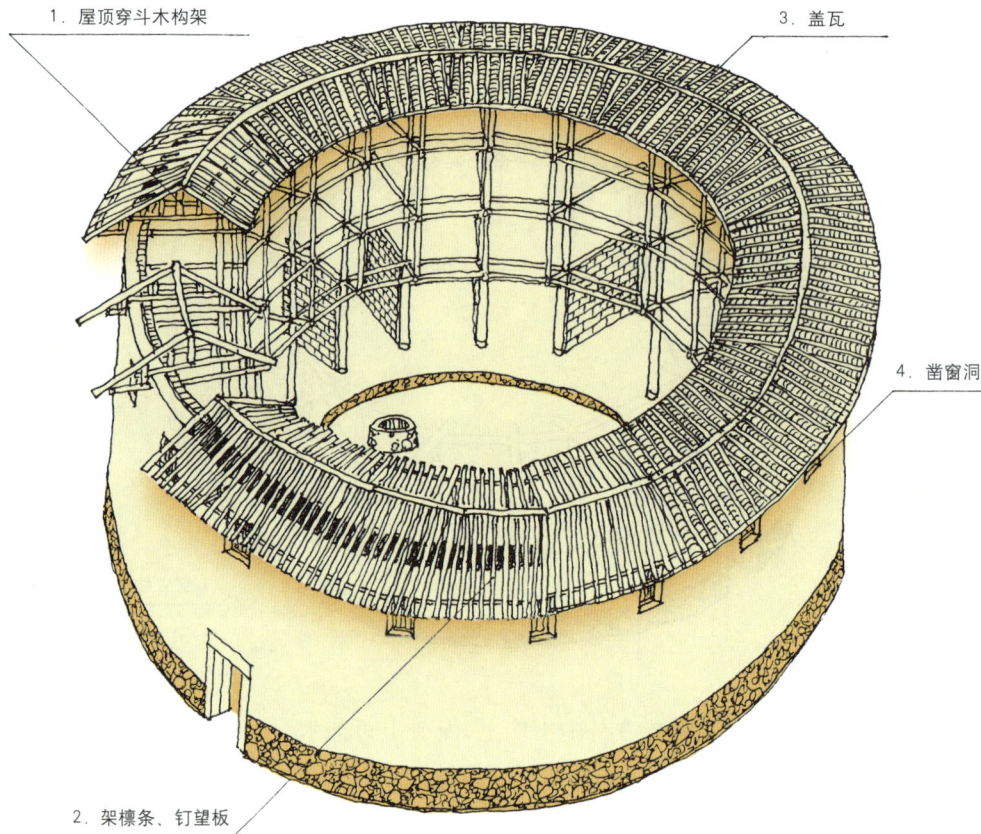

1. 屋顶穿斗木构架
3. 盖瓦
4. 凿窗洞
2. 架檩条、钉望板

出水

样要请风水先生选定日子和时辰，举行"上红仪式"。由木匠在大梁上画八卦并开光、点红，在大梁正中对称地挂上两小包五谷和两小包钉子，祈求五谷丰登，人丁兴旺。"上红仪式"结束才上大梁。上完梁又得放鞭炮、宴请。随后在架上搁檩（当地称为"桁"），檩上再钉望板（当地称为"桷枋"），每一开间在屋内可以望见的"桷枋"的片数，要合"天、地、人、富、贵、贫"这个顺序，最后一片，要钉"天"钉"地"不钉"人"，钉"富"钉"贵"不钉"贫"，反映了楼主祈福求富的心态。"桷枋"钉完即可上瓦，瓦顶上还压砖块以防大风掀瓦。

土楼瓦屋面的坡度通常为4.5∶10（45%）或5∶10（50%），当地称"4.5度"或"5度"。在瓦屋面中这是比较陡的坡度，一是利于排水，二是使巨大的屋顶与高大的土墙取得良好的比例关系。土楼两坡顶的出檐很大，且内侧与外侧的出檐并不相等，通常外侧出檐较大，甚至长达3米左右，显然是为了保护土墙免受雨水冲刷。

屋顶完工，土楼的主体结构才算全部完成。这时主人又要预备"出水酒"宴请工匠，答谢杨公仙师，并焚烧杨公符，送神灵归天。

7. 内外装修

土楼封顶之后内外装修工作大致又要用一年的时间。内装修包括铺楼板、装门窗隔扇、安走廊栏杆、架楼梯、装饰祖堂等等。外装修包括开窗洞，粉刷窗边框，安木窗、大门，装饰入口，制楼匾、门联，修台基、石阶等等。通常建一座大土楼要花四五年时间，规模再大的要十几年甚至二三十年。

完工之后照例要请客，选好日子好时辰搬进新居。客家人迁新居，各地还有各自的规矩。有的要请风水先生或道士

内外装修

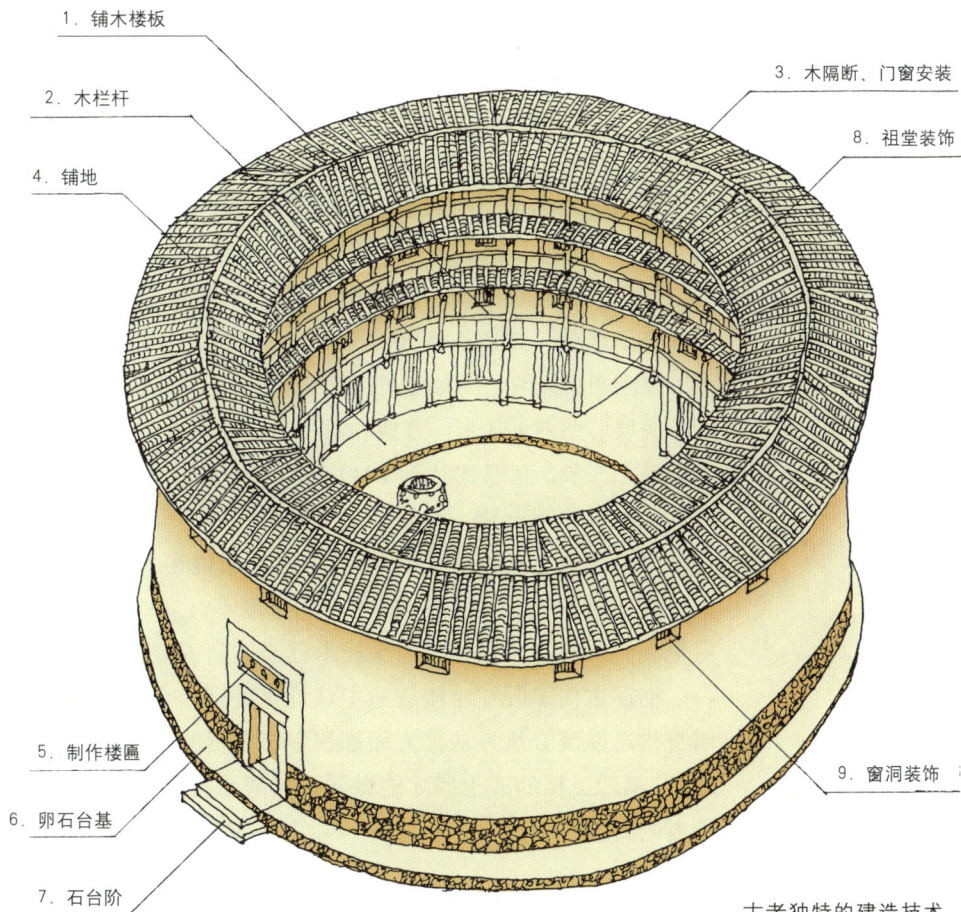

1. 铺木楼板
2. 木栏杆
4. 铺地
3. 木隔断、门窗安装
8. 祖堂装饰
5. 制作楼匾
6. 卵石台基
7. 石台阶
9. 窗洞装饰

做"出煞"仪式，以赶煞驱邪。搬新家时，先把主要家具就位，留一些小件，待仪式后，好时辰一到全家要按年龄大小排队，长辈在前，晚辈随后，每人手中都要拿着东西，例如油灯、火把或是小件用品，边走边放鞭炮边说吉祥话语，相互祝贺，热热闹闹搬进新居。

二、夯土墙及瓦顶的施工技术

福建土楼把中国传统的夯土施工技术推向了顶峰。生土建筑在中国产生于四千多年前的新石器时代。在公元前16世纪至公元前11世纪的殷商时代就有成熟的夯土技术，到汉代民居建筑使用夯土墙的更多，而且在夯土城墙中开始使用水平方向的木骨墙筋，称为"纴木"，这种做法上至汉长安城，下至南北朝、唐、宋，最晚到元代还在使用。唐长安的皇城、宫墙均为夯土墙，城内的里坊也用夯土墙分隔，到了北宋夯土技术又有进步。北宋匠作少监李诫编修的《营造法式》一书中就系统总结了当时夯土版筑技术的成就，其中规定："筑墙之制，每墙厚三尺，则高九尺，其上斜收，比厚减半；若高增三尺，则厚加一尺，减亦如之。"对比明清时代福建土楼的夯土墙就可知道土楼人对夯土技术发展的贡献。

以南靖县典型土楼为例：圆楼怀远楼，其外墙总高12.28米，底层墙壁厚1.3米；方楼和贵楼外墙总高15.57米，底层墙厚1.3米，高厚比达到10∶1和12∶1。若按宋《营造法式》的规定建造土楼，则底层墙厚要做到4—5米。福建土楼比宋时做法足足减薄了3米左右，更不用说在永定县一些五凤楼中高四五层的主楼，其内外墙厚度不过50—60厘米。可见在明末清初，福建的夯土技术已经达到了巅峰。

福建古代工匠在土楼建造中从地基处理、夯土墙用料、墙身构造以及夯筑方法诸方面都积累了宝贵的经验。正因为如此，福建土楼的夯土墙才能做到这样薄而又能达到坚固和抗震的要求。

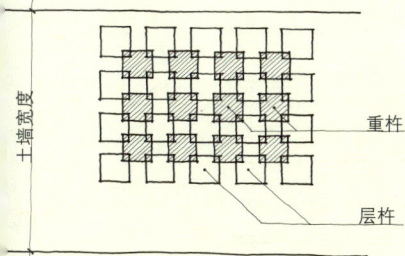

土墙夯筑法示意图

首先是夯土墙的用料。土墙以土为材料，土质的好坏直接关系到土墙的坚固性。福建土楼所在的地区山多土多，建楼均可就地取材。一般选用黏性较好含沙质较多的黄土，如果黏性不够，还要掺上"田坪泥"（又称"田底泥"，即水田下层未曾耕作过的黏土）。一般净黄土干燥后收缩较大，夯成土墙易开裂，含沙质则可降低缩水率以减少土墙开裂，有的掺合旧墙的泥土（老墙泥）也可以减少土墙开裂。掺黏土是为了增加黏性，保证墙体的整体性与足够的强度。由于各地方土的含沙量千差万别，因此黄土、黏土及老墙泥的配合比例完全由经验确定。通常不能直接使用生土，而要把生土与掺合的田底泥等反复翻锄，敲碎调匀，而且翻锄得越仔细、堆放的时间越长越好。这实际上是促使土壤中的腐殖质通过发酵流失（俗称"熟化"），这样的泥土版筑成的土墙强度高且不易开裂。

闽南沿海土楼夯土的用料更为讲究，通常用"三合土"即黄土、石灰、沙子拌和夯筑，有的土中还掺入红糖水和秫米浆，以增加土墙的坚硬程度。这样的土夯成的土墙铁钉都难以钉入，经数百年风雨仍完好无损。此外，夯筑时对土中含水量的控制，也是保证土墙质量的关键。含水量太少，土质黏性差，夯筑的土墙质地松散，显然不结实；含水量过多，土墙无法夯实，水分蒸发后墙体容易收缩开裂。通常施工中依经验掌握，熟土捏紧能成团，抛下即散开就认为水分合适。

其次是墙身的构造处理。墙脚用卵石干砌以防洪水浸泡。墙厚从底层往上逐渐减薄，外皮略有收分，内皮分层退台递收，一般每层减薄3—5寸（约10—17厘米），这样在结构上更加稳定，又减轻了墙身的自重。为增加墙身的整体性，土墙内还配筋，即在水平方向设置"墙骨"。通常的做法是将毛竹劈成一寸多宽（约3—4厘米）的长竹片，作为竹筋夹在夯土墙之中，墙的高度方向每隔三四寸（约10—13厘米）放一层竹筋，其水平间距约6—7寸（约20—24厘米）。也有用小杉木条做墙骨的。两枋之间配长的竹筋拉结，客家人称之为"拖骨"，即在模板底伸出，比模板长

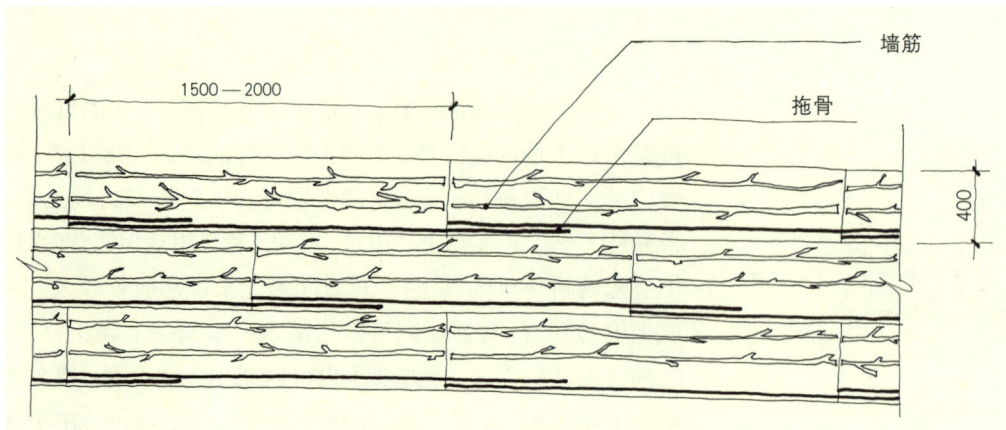

墙筋

拖骨

1500—2000

400

夯土墙断面示意图

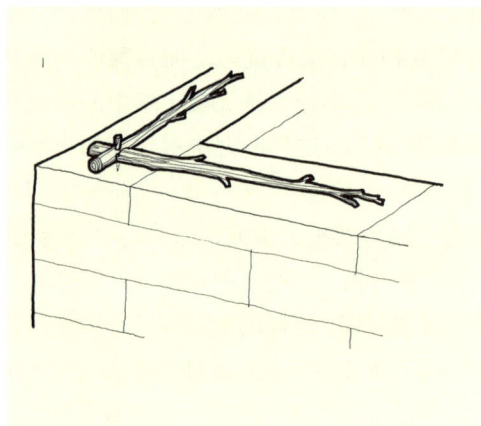

方楼外墙转角处加固处理示意图

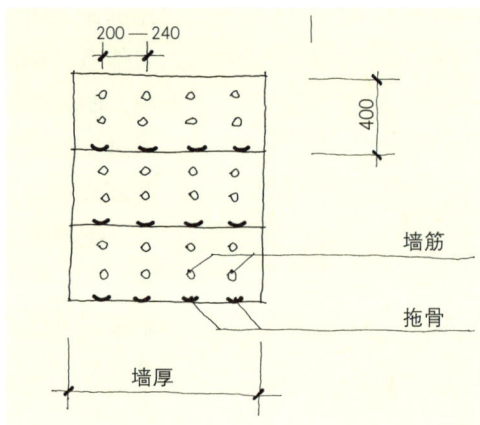

200—240

400

墙筋

拖骨

墙厚

夯土墙断面示意图

一二尺（约33—66厘米）。由于夯筑中上下枋之间在各层均错开以避免通缝，所以加上墙骨、拖骨的拉结使墙的整体性大大增强。

在方形土楼中，外墙的转角处还要特别布筋加固，即用较粗的杉木条或长木板交叉固定成"L"形（当地称"勾股"），埋入墙中，通常每三"版"土墙放一组"勾股"拉结，以增强墙角的整体性。

闽西的客家人在夯土墙施工中，有一套科学的夯筑方法，当地称为"舂法"，其操作要分三阶段完成：首先是沿墙的厚度与长度两个方向间隔2—3寸（约6.6—10厘米）舂一个洞，每个洞要连舂两下，客家人称为"重杵"；然后在每四个洞之间再舂一下，客家人称为"层杵"；最后才舂其余的地方。"重杵"的目的是把黏土固定住，才能确保舂得密实，如果无规则地乱舂，黏土挤来挤去，厚度这么大的土墙就很难夯得均匀，夯得结实。夯好之后还要用尖头钢钎插入土墙，通常凭经验以钢钎插入的深度来判断土墙夯筑的密实度，这种严格的检测手段也是确保土墙质量的重要环节。

此外，福建土楼土墙的夯筑是分阶段有序地进行的。土楼每层的层高约3.6米，通常分两个阶段夯筑：第一阶段夯筑八版，每版高40厘米，然后停一两个月，第二阶段待墙体干燥到一定程度，再夯第九版，随之在土墙上挖好搁置楼板龙骨的凹槽，槽的深度随龙骨的大小有所变化，以保证楼面的水平。搁好龙骨后，不等墙体干燥即可重复以上两阶段夯筑法，夯筑第二层楼的八版，如此直到顶层。这样分阶段夯筑，不仅便于挖槽，使搁置楼板龙骨时墙体有足够的强度，而且又能配合农家耕作季节，分阶段在农闲空隙施工。

因为土墙高度大，又有相当的厚度，由于自重和上部荷载的作用，以及本身干燥过程的收缩，整个墙体在施工过程中变形是比较大的，因此如何保证墙体变形之后仍能保持垂直，这是夯土墙施工的一大难点，除了施工中不断检测之外，客家人还从实践中摸索出一套保持土墙垂直的经验。由于日晒和风吹的作用，土墙的两个面干燥的快慢是不一样的：向阳面、迎风面即先干的一面较硬，后干的一面相对较软，在巨大的自重压力作用下，后干的一面压缩变形较大，因此土墙会倒向后干的一侧，民间把这种现象形象地称为"太阳会推墙"。因此他们在夯筑土墙时，依照常年积累的施工经验，有意识地使土墙微微倒向朝阳的一侧，这样，待土墙筑好之后会自动调整为垂直。有时刚建好的土楼还很难对夯墙质量下结论，要待一二年后，土墙干透了若还能保持垂直、稳定才算高质量。这些夯土施工经验直到今天还具有十分现实的意义。

除了夯土墙身质量之外，土墙的基础处理更是至关重要。通常用大卵石来砌筑基础。若在土质不理想的地方建楼，比如在淤泥地、稻田等软土地基上建造，在如今也是一个难

题。土楼高四五层，墙又厚，自重又大，只有保证整座楼的墙体很均匀地沉降，才不致于造成墙体开裂或倒塌，客家人在实践中摸索出一套用松木垫墙基的方法。

俗话说："陆上千年杉，水下万年松。"意思是杉木放在通风处可千年不腐，松木浸在水中可万年不烂。因此他们选用直径粗大的百年老松做基础材料，其木质赤色，油脂饱满，泡水不烂。直径50—60厘米粗大的松木一横一竖交叉摆放三层，形成木筏式的墙基，在木筏墙基上再砌石墙脚，这样大大加宽了基底面积，减轻了基础自重。这种木筏式墙基与石基相比有更好的整体性，因此能承受巨大的荷重并保持土楼均匀地沉降。福建省永定县湖坑镇南中村的树德楼建在溪边，现在还能在水下摸到粗松木垫的墙基，这座土楼至今上百年仍岿然不动。

福建土楼的建造技术中值得一提的还有圆楼的瓦顶。圆楼的瓦屋面的外坡愈往外周长愈大，其内坡愈往内周长愈小。初想起来这种瓦顶似乎很简单，只要把"瓦垄"即瓦面排水的沟铺成一头大一头小，即可适应圆形瓦屋面的要求，实际上这是行不通的。微微弯曲的瓦片其规格是一致的，用瓦垄的大小来调整是很有限的，无法适应圆楼弧形变化的要求，而且瓦片

福建土楼

中国传统民居的瑰宝

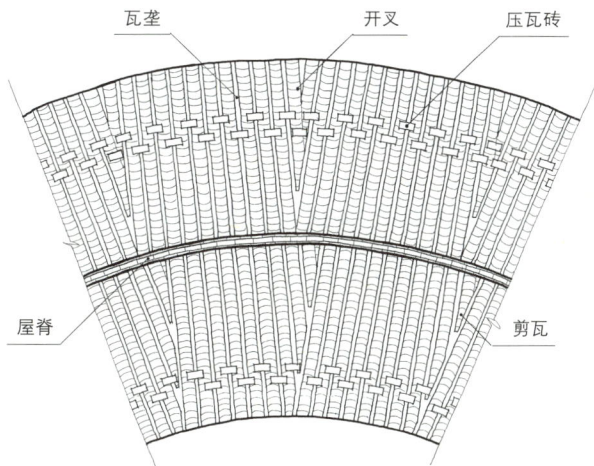

圆楼屋面"剪瓦"做法

瓦垄　　　开叉　　　压瓦砖

屋脊　　　　　　　　　　　　剪瓦

重叠过多，势必加大屋面重量，又容易形成空隙而漏雨。

　　福建圆楼屋面盖瓦使用的是俗称"剪瓦"的做法，这是十分巧妙而且易行的：向外坡的圆屋面每开间做一个"开岔"，即一条瓦垄开岔成两条瓦垄，形似剪刀，这样只要把覆盖的板瓦稍作砍磋，即可确保流水通畅而不泄漏，这样其余的瓦垄都是标准的间距，施工起来就十分简便。向内坡的圆屋面，每开间都剪一至二槽，即大部分瓦垄仍是标准间距，流水直接排到檐口，只有一两个瓦垄雨水不直接流到檐口，而是斜插流入相邻的瓦垄再往下排水，这样只要砍磋少数的瓦片，调整一两条瓦垄就能确保排水通畅而不漏雨。瓦片下面稀铺的椽子当地称为"桷子"，也同样开岔钉牢，绝大部分"桷子"还是标准的间距，这样施工起来十分简单。一个初看起来似乎容易，处理不好就会带来许多弊病的复杂问题，被如此巧妙地解决了。实地调查使我们更加钦佩古代民间工匠高超的智慧和伟大的创造力。

三、土楼灶台砌筑的风俗

　　锅灶在农村是神圣之物。在土楼中砌灶有一整套习俗，多少年来人们不敢随意改动，一直延续至今。砌灶前先要请风水先生定方位、朝向。譬如，今年利东西向，则南北向的灶要等明年再砌。同时还有许多规矩，如灶门（即烧火的灶眼）不能正对着厨房或前厅的门，即所谓"三门不能对"，也就是进厨房要看不见灶眼。灶与窗户要有一定的关系，如人影不能落在锅里。科学的解释是不背光，便于操作，迷信的说法是不要把人煮了。此外，要求"锅中不能压梁"，就是楼板的木梁不能正对锅的上方。综合考虑以上因素，才能确定灶的位置。

砌灶前要看历书，配合当家人的流年与生辰八字，以确定开工的日子与时辰。动工前要杀公鸡，并在灶位中间放置油灯，在灶位四角放铜币，洒鸡血，这叫做"财、丁、贵"。客家方言中灯与丁同音，表示人丁兴旺。放完鞭炮才能取走这些东西，并开始砌筑。完工后进火也要选时辰，火要烧得特别旺，才是好彩头。因此，要烧松枝，锅中要炒米花，爆起的米花就像白银，同时发出劈劈啪啪的声音，表示发财。火越旺，炒得越快，表明越快发财。随后在锅中下红汤圆，并炒菜宴请砌灶匠师及客人。

砌灶的全过程中厨房要加门帘，不能让人家看见，家人也不是都可以进去，每年推算什么属相可以进，什么属相不能进，外人则一个月之内不允许进厨房。甚至砌灶用的砖也要自己去挑来并遮盖严实，搬进厨房也不能让人看见，尤其是灶门的砖更不能让外人见到。拌灰也要在室内，而且不能让女人跨过。直到如今，兄弟分家搭个临时灶无所谓，正式砌灶则一律按此规矩。

灶使用之后，如家计顺当，做生意发了财或第二年生男孩，就认为灶砌得好。如家有不顺，发生伤了人、死了猪等不如意的事，就认为灶不好，要拆了重砌。重砌时，灶位要前移10厘米（俗称3寸），只能前进，不许后退。进到一定限度无法再往前了，可以转方向，也可以退回从头开始。这时必须挖地约二十几厘米（俗称7寸），并请风水先生指定在什么方向取土更换。新灶要用新料，不能用旧料。由于以上种种原因，使土楼中各家各户的灶位各式各样。

玖

适宜居住的楼内环境

福建土楼是生态型的生土建筑,这不仅表现在它就地取材:生土、木料取自大自然,废圮后又回归大自然;而且表现在其特殊的结构体系和平面布局营造了一个适合居住的生态环境。

一、土墙对室内温湿度的调节作用

福建土楼以夯土墙承重,外墙大都一米多厚,最厚达两米多,沿海地区最薄的也有五六十厘米,单元式土楼的内隔墙也是夯土墙。所以土楼内部所有房间几乎都是以土墙围合的空间,土楼居民说土楼里"冬暖夏凉",这的确不假。厚厚的土墙夏天阻挡酷暑,冬天隔绝冷风。在炎热的夏天,阳光

二宜楼中蒋家的族人午餐时,人手一碗,靠墙而坐,其乐融融。(黄永松 摄)

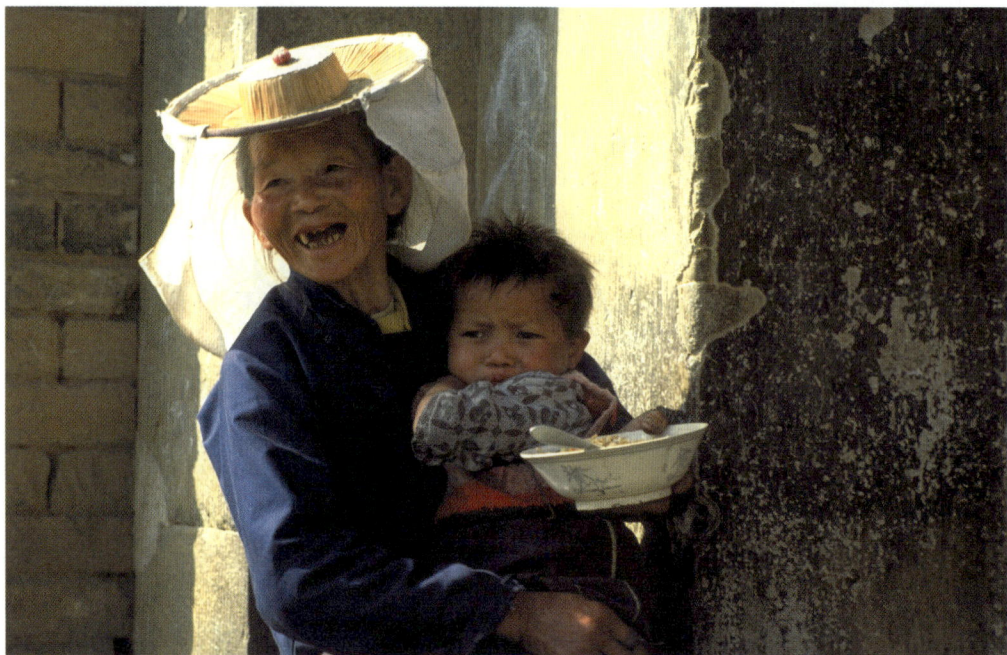
承启楼内祖孙两代（黄永松　摄）

曝晒，由于高墙的围合加上巨大出檐和走马廊的遮挡，土楼内房间的日照时间减少，大部分处于阴影中，再加上厚土墙的阻隔，内院和房间都十分阴凉。土楼的大门通常是楼外与内院连通的唯一通道。大型的土楼最多增加两个侧门，即增加了两个窄通道。大门和侧门自然成为土楼的进风口。这些通道形成的"巷子风"，使得门厅成为全楼最凉快的地方，因此，这里成为土楼人夏日纳凉的首选地和日常交往的理想空间。在闽西山区寒风凛冽的严冬，土楼由于环周高墙的围合，晚间大门紧闭，冷风无法侵袭内部。楼内数百人聚居，兴旺的"人气"和底层厨房炉灶的烟气，使土楼内部形成独立的小气候，温暖舒适。楼内楼外犹如两个世界，气温差别明显。难怪现在当地居住新建"洋楼"的人，会觉得冬冷夏热有种种的不适，从而怀念土楼住居，以至最冷和最热的时候又搬回土楼居住。显然"洋楼"的砖墙其隔热、防寒作用，远远不如土墙，所以夯土墙的民居至今仍受青睐。

土楼住居的优点不仅表现在空气温度宜人，而且表现在空气湿度宜人，厚厚的土墙有神奇的调节室内湿度的作用。

在雨季，闽西、闽南山区的空气特别潮湿，厚厚的土墙可以吸收空气中的水分,土墙的表面绝不会像其他光滑的墙面那样反潮或产生凝结水的现象。在干燥的秋季,土墙又能自然释放水分,一定程度上调节了室内的湿度。

在中国黄土高原窑洞民居中,均挖土坑蓄水,搜集的雨水可以常年使用。而如今有人改用水泥砂浆粉刷水池壁,池内所积的雨水会被捂臭。这正是泥土池壁"可呼吸"功能的奥秘所在。福建土楼的夯土墙同样具有这种"可呼吸"的奇特性能,即有毛细孔的墙体具有透气、保温、隔热的性能,所以住在土楼内,虽然环周厚厚的土墙围合,仍冬暖夏凉,营造了一个舒适、健康的居住环境。土墙的这种性能还有待用科学的方法进行测试研究,从而得出科学的结论。

二、适应居住卫生要求的楼层布局

闽西客家土楼一律底层为厨房,二层做谷仓,三层以上为卧房,这有它的道理。二层做谷仓不仅是为了谷物上下挑运方便,更主要的是由于楼下的厨房一日三餐不停地烧火,空气相对干燥。厨房的烟熏烘烤极有利于二层谷物的储藏,使谷物干燥不易生虫。环周厨房的烟气在冬季使土楼内院更加暖和。楼内常年油烟熏烤的木结构也不易遭虫蛀。在建造数百年的土楼中我们常见黝黑的梁柱,似乎木料表面上了油漆保护层,古老的木构件历经风雨仍完好如初。

客家土楼中卧房都布置在三、四层,卧房外墙开窗,对内院回廊以木窗门隔断,很容易形成穿堂风。卧室布置在较高的楼层,干爽且通风,更加符合通风采光等卫生要求。

在闽南单元式土楼中,每个开间为独立单元。卧房一律在外环楼一、二层或第三层,顶层作为仓库,有储藏谷物的专用箱柜。单元内设小天井,前后厅对天井开敞,使户内环境大为改善。天井边的走廊置炉灶就作为厨房,小天井有利于烟气排放。这种内天井形式适应了闽南温暖的气候特点,类似闽南民居中的护厝天井。半开敞的厨房和厅通风采光良

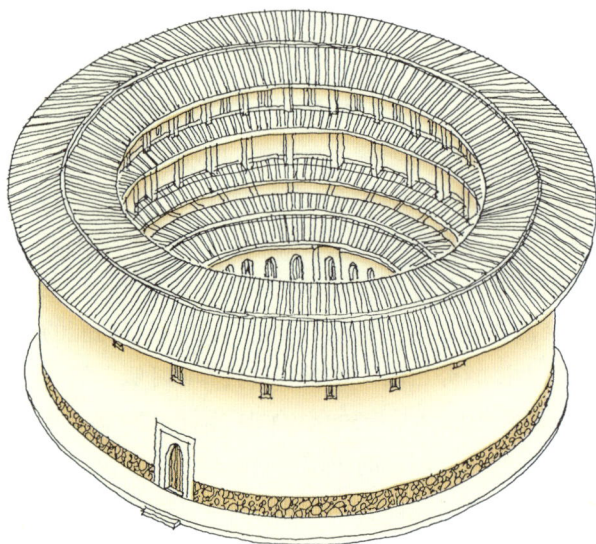

単元式圆楼——中庆楼 芦溪镇 平和县

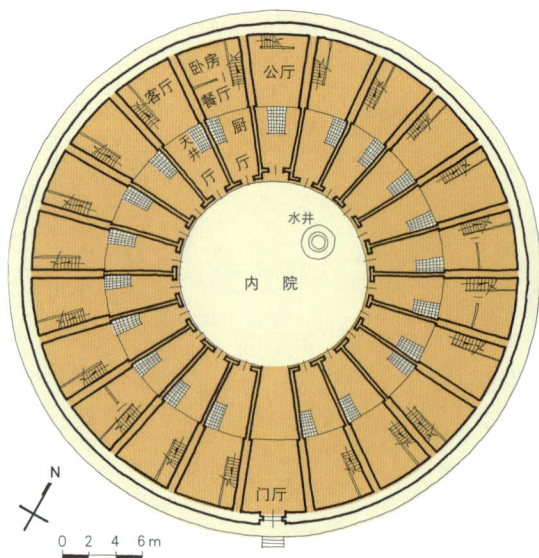

中庆楼底层平面图

闽西客家圆楼内，一律底层为厨房，二层做谷仓，三层以上为卧房。

中庆楼户门

好。闽南地区冬季气候暖和，不必完全封闭。夏季气候炎热，窄小的天井既遮阳，又通风。小小的天井很好地解决了底层卧房及前后厅的通风采光。二、三层的卧房在外墙有小窗，朝内院有的设前廊，前廊可供晾晒，又起到遮阳的作用，使得三面土墙围合的卧房夏季更加阴凉。顶层库房干爽，通风良好，也利于谷物贮藏。只是上下搬运不十分方便。

这种单元式土楼的小天井设计继承了合院式民居的传统，是适应闽南地区气候特点的产物，很好地满足了居住生活的要求，形成了明显区别于闽西客家土楼的户内空间特色。

中庆楼剖面图

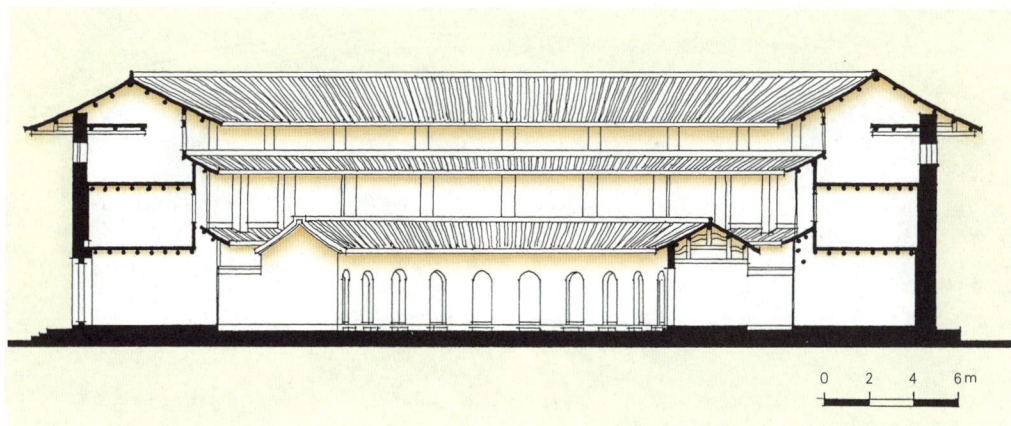

0 2 4 6m

形式统一的厨房直棂窗和碗柜

和贵楼厨房碗柜的"鲨页窗"

中庆楼内院

厥宁楼单元内小天井

三、巧妙实用的厨房设计

　　闽西的客家土楼底层的厨房完全是"标准设计"：灶台靠外墙，便于烟囱伸出墙外或直通屋顶；朝内院一侧为门窗，餐桌临窗摆放。窗的设计颇有特色：通常上部为直棂窗形式，很好地解决了通风和采光，窗台上是突出的碗柜，用来储存食物及食具。碗柜的设计别致且科学，因为它紧靠内院一侧，在冬天，柜内的温度比放在室内的柜子要低很多，起到类似冰箱冷却的作用，热天又特别透气。碗柜在室内一侧设推拉柜门，室外一侧设"鲎页窗"，即两片直棂窗叠合推拉，它可开可闭又可控制开启的大小，人为掌握通气量，这些都极有利于食物储藏。最简单的巧妙设计，最充分地利用自然，毫不费能，同样取得理想的效果。

　　窗台下靠内院一侧统一摆放多功能的矮柜。白天矮柜可做凳子歇息，柜面又可当桌子置杂物，晚上矮柜又是关鸡鸭或兔子的笼箱，既方便又实用。

四、亲切宜人的内院天井

　　福建土楼的内院空间变化诸多。闽南单元式土楼的内院是全楼公共活动的场所。各户内部有各自的小天井，形成不同的私密性层次。内院中必有公用的水井，通常有一至二口大井，井盖上开三四个井眼，便于多人同时提水。内院用卵石或花岗石铺地，便于谷物晾晒。二宜楼的内院中还立石杆，搭棚架，晒衣物或木薯粉。内院作为公共空间，为大家族公共活动和农务操作提供安全理想的场所。

　　闽西客家土楼的内院空间变化更为丰富。年代较近或新建的土楼内院与单元式土楼相同，完全空敞，用做公共生产活动的场所。较为古老的土楼，中央均设祖堂，有的还有两三个环楼层层相套。祖堂前的中心天井和环楼之间的天井形成极富生活气息的公共活动空间。

　　如永定县的振成楼，内外环楼之间用四组走廊连接，将环楼、门厅、庭院分隔成八个天井：圆楼大门入口门厅前的

二宜楼内院

环楼之间的天井是极富生活气息的公共活动空间。

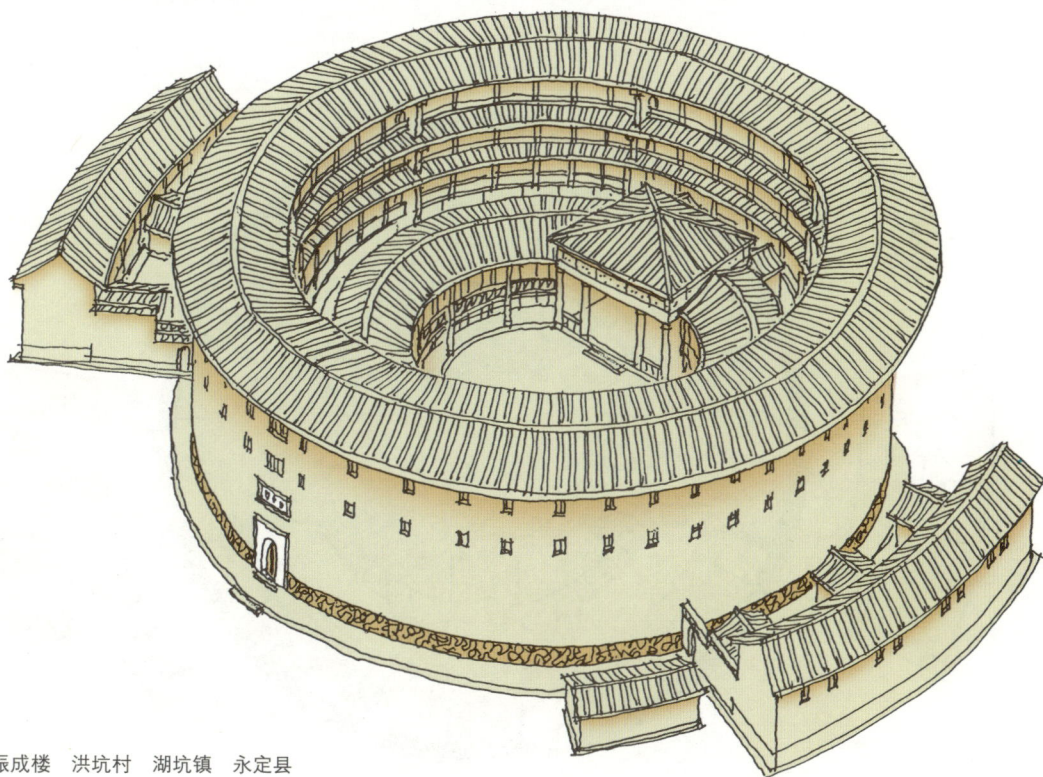

振成楼　洪坑村　湖坑镇　永定县

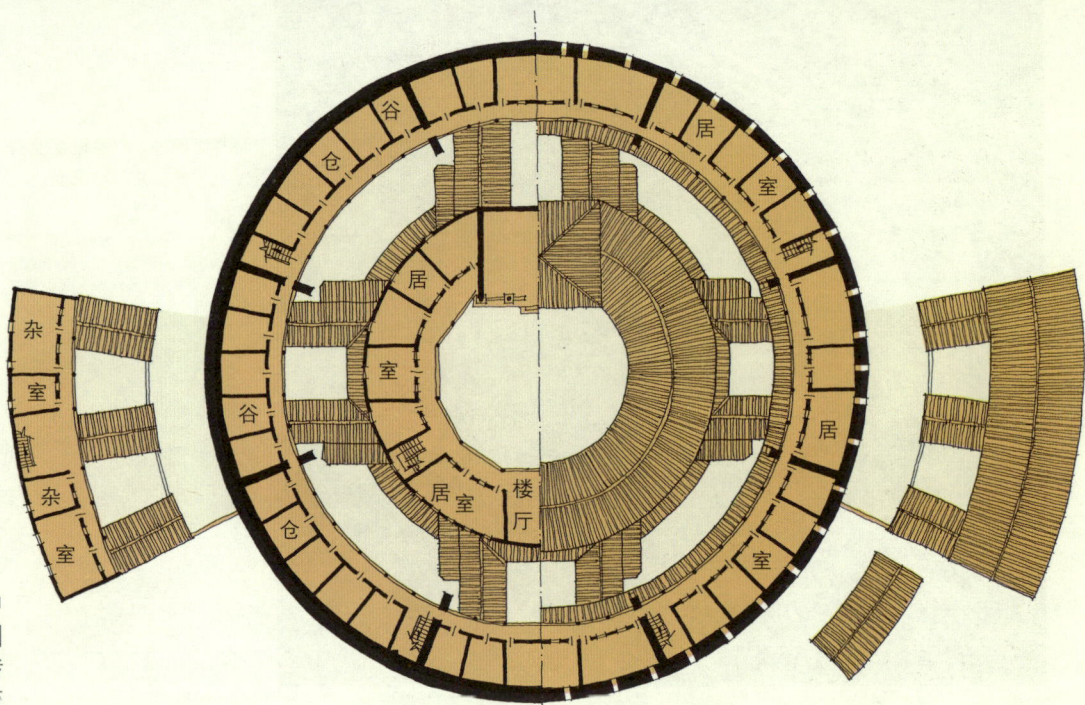

振成楼二层平面图

振成楼三层平面图

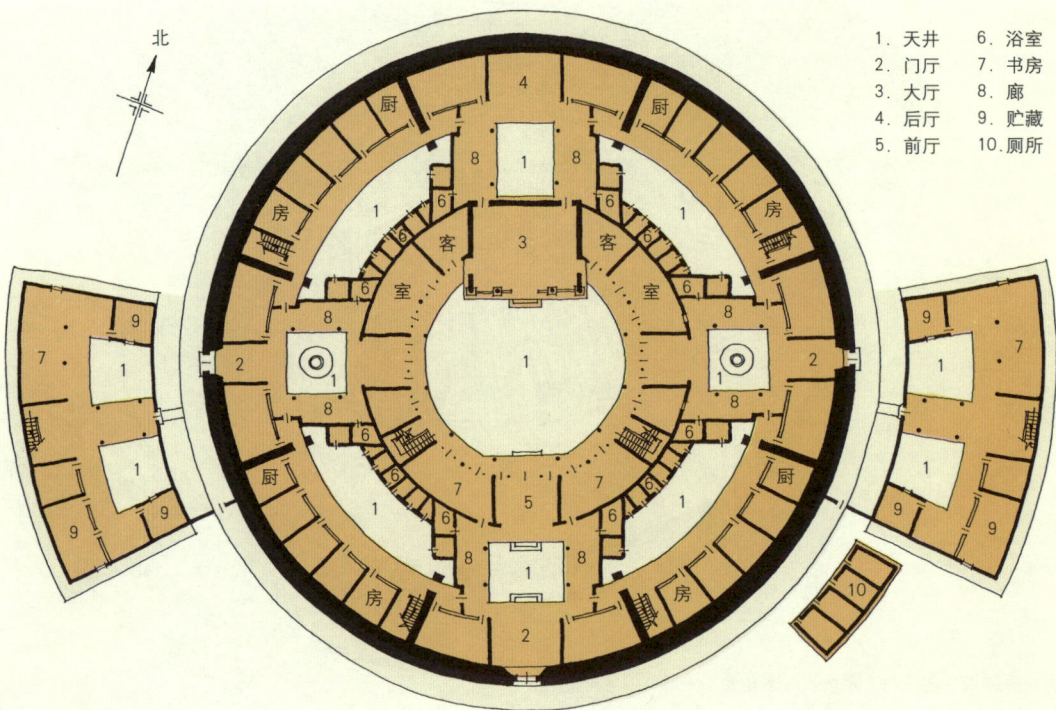

北

1. 天井	6. 浴室
2. 门厅	7. 书房
3. 大厅	8. 廊
4. 后厅	9. 贮藏
5. 前厅	10. 厕所

0   5   10 m

振成楼底层平面图

◉ 256

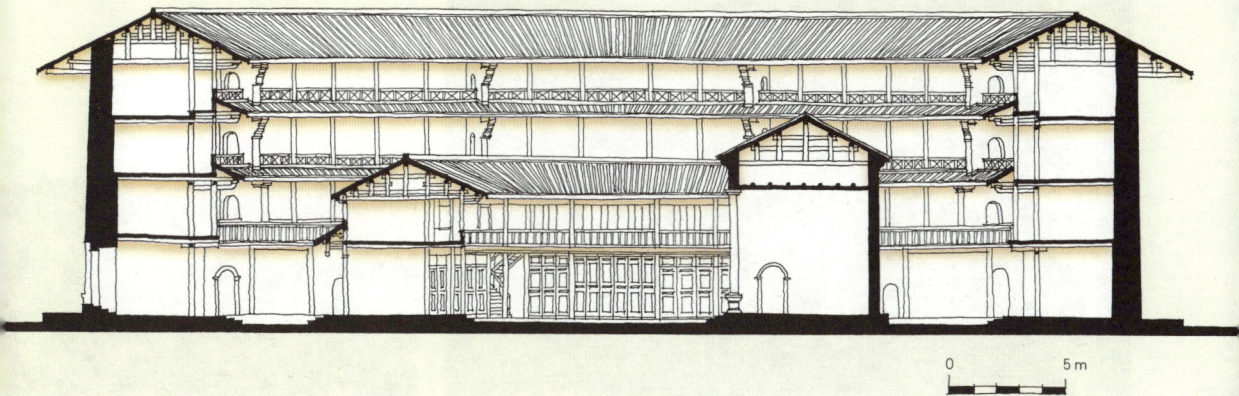

振成楼剖面图

0   5m

天井与两侧敞廊形成的空间，作为进入祖堂内院的过渡，增加了空间层次，形成门厅、天井、祖堂前厅的空间序列，绝妙地起到烘托祖堂气氛的作用；后厅前的小天井与两边的敞廊构成更有私密性的内部活动空间；圆楼两个侧门正对的是方形天井，天井中心有两口水井，供日常洗涮、饮用；底层厨房前面隔出的四个弧形天井，内置洗衣石台，还可种植花木，充满生活气息，形成亲切宜人的居住环境。

再如永定县下洋镇的方楼德辉楼，在祖堂前的内院中设

振成楼内外环楼间的天井

振成楼大厅前的天井

德辉楼正门

计了精致的围墙和厅廊。在方楼的中轴线上,从入口门厅到厅廊进祖堂,中间夹两个尺度宜人的小天井,空间既分隔又通透,层次丰富。两侧的内院紧挨底层厨房,院内有一口水井,还布置四间浴室公用,创造了实用的居住空间。

福建土楼独特的夯土结构与平面布局所营造的理想居住环境,正是土楼有如此顽强的生命力、数百年延续发展至今的一个重要原因。

德辉楼底层平面图

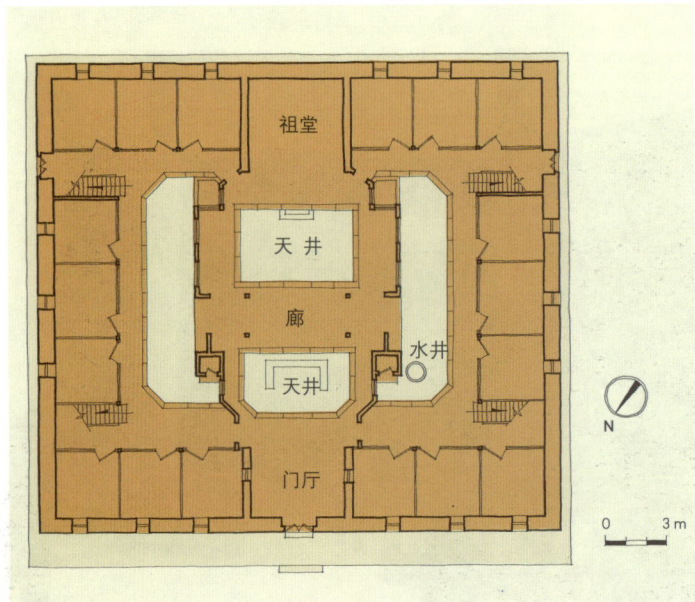

祖堂
天井
廊
水井
天井
门厅
N
0   3 m

德辉楼　下洋镇　永定县

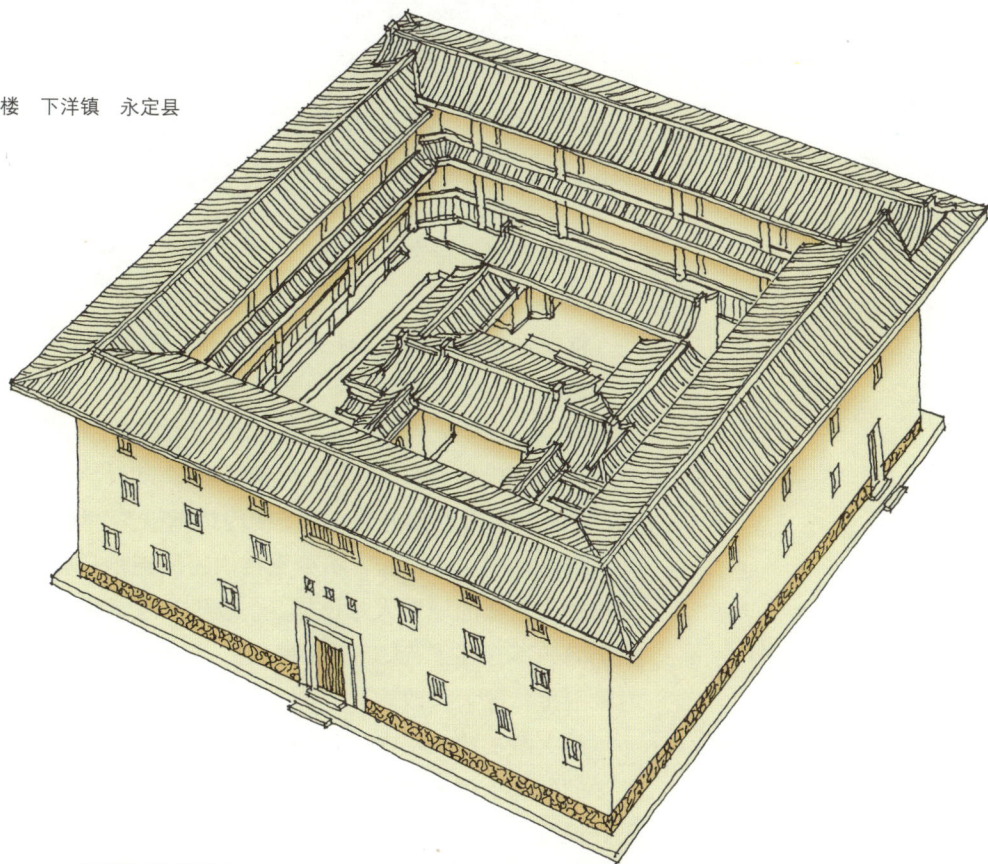

德辉楼门厅前天井

德辉楼内院

五、绝非十全十美的居住环境

福建土楼是特定历史地理条件的产物，土楼内的居住条件也绝非十全十美。

首先是土楼内院饲养牲畜极不卫生。猪圈就在土楼内院中搭盖。在过去的年代猪是土楼人家重要的家产，尤其在战乱时期，在楼内饲养既安全又可作为战时储备。在宗族全盛时期，管理得力，楼内卫生状况相对较好。近代有的家族衰败，有的人搬出土楼另建新居，楼内逐渐破落，加上管理不善，猪兔鸡鸭成群饲养，不少土楼内畜屎遍地，臭气熏天，真叫初访土楼的城里人难以插足。近年来生活水平提高了，安全问题不存在了，大部分土楼内的畜舍迁到楼外，使土楼内院卫生状况大大改观。

其次是福建土楼内不设厕所，茅房建在楼的外侧。客家土楼的回廊上摆放尿桶，供夜间使用，尿桶满后才挑下楼倒入粪池或浇菜地。因此楼内回廊经常是气味不佳。

此外客家土楼以回廊联系各户，各户间相互干扰，远不如闽南单元式土楼独门独户的形式较容易为现代人所接受。然而客家人就是习惯于这种聚居方式，较少私密性的要求。在土楼里过夜，你的感受会更加深刻：夜深人静时，楼内某户的吵闹声、某家小孩的哭声或老人的咳声、回廊里的撒尿声……都听得清清楚楚。我们会觉得很吵，土楼人却习以为常。

福建土楼内的居住环境对土楼人来说是对特定历史地理条件的适应，有的是科学地适应了人的居住需求，有的则是环境所迫不得已而为之。在特定的条件下这是一种适应，也是一种适宜的解决办法。因此对福建土楼的内部环境要有一个客观的理性的分析。

土楼回廊中的尿桶

第

拾

章

向心有序的建筑空间

　　福建土楼独特的艺术性，不仅体现在它奇特的外观造型，更主要的还在于它在建筑空间布局的构成中，创造了一种满足特定精神要求的小天地。

　　建筑空间是建筑的主角与灵魂，同样也是福建土楼的精髓所在。分析福建土楼的空间特色，有助于我们了解土楼居民的生活方式、风俗习惯、审美情趣，从而进一步揭示客家民系和福佬民系的共同的特征与明显的差异。

一、土楼内外空间尺度的强烈对比

　　福建土楼的空间处理，对外与对内采取了两种完全不同的尺度系统。很多只见过福建土楼照片的人，很难体会它的高大，原因就在于无法以人作为尺度与之对照。只有当你身临其境，走近楼前，与人体尺度明显对比之下，才会感受到它超人的宏伟。眼前的庞然大物巨大的体积，使人觉得自己变得渺小，给人一种敬畏感、压迫感。这正是形似城堡的土楼其防卫性的一种外部体现。它以巨大的尺度给你以震慑，使你觉得它不可动摇、不可战胜，在精神上先把你打倒，这就是超大的尺度所起的作用。这种尺度是对外的，是面对外敌的尺度。与此相反，进到土楼内部，完全是另一个天地，另一种感受。这里是以人为本的尺度系统：纤细的木构件，正常的层高与开间，这是人性化的宜人的小尺度，这是为土楼人的理想生活而设计的理想环境。这一方面是基于人的行为所需要的生理尺度，另一方面则是基于人的社会性的礼法制度，即孔子所说的"宫室得其度"（《礼记·哀公问》），"度谓制度，高下、大小，得其依礼之度数"（《礼记》孔颖达疏）。这也正是中国传统民居建筑平易近人的美学特征的反映。它以人性的尺度创造出土楼内部合于"人情"的生活空间。

外部空间的大尺度处理与内部空间小尺度处理的鲜明对比，正是福建土楼建筑空间的一大特点，也是福建土楼震撼人心的原因之一。

走近楼前，圆楼巨大的尺度给人以敬畏感和压迫感。

与人体尺度明显对比，使人感受到土楼超人的宏伟。

圆楼内部空间人性化的宜人的小尺度

空间的对称性

二、土楼空间序列服从封建的礼教仪规

　　福建土楼不管是五凤楼还是圆、方土楼，除了少数特例之外，无一不是采用规整的对称布局。土楼内部厅堂的排列、卧房的配置、楼梯的分布、边门的开设都是严格对称的，给人一种平衡稳定的感觉。严格对称的建筑组群所展现出的严肃、方正、井井有条正是中国传统伦理秩序在福建土楼建筑中的表达。

　　福建土楼内部空间不仅中轴对称，而且所有的公共空间都集中在中轴线上，并通过对建筑与庭院空间的型制规格、尺度大小、主从关系、前后次序和抑扬对比等方面的精心组织，将严密的礼教仪规演绎为沿中轴线严谨的空间序列。以客家人的五凤楼为例，其楼前的禾坪为第一个空间层次，它被坪前的半圆形池塘、围墙、照壁和建筑正面所围合，是一个介于自然环境与建筑之间的过渡空间，它将建筑空间引伸

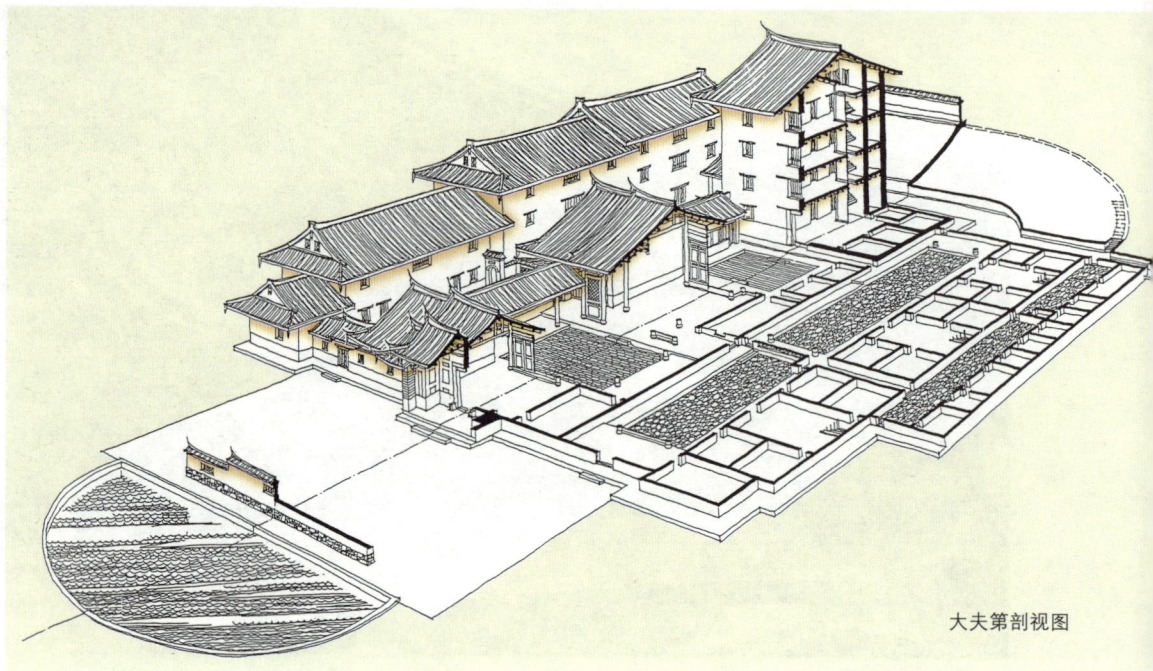

大夫第剖视图

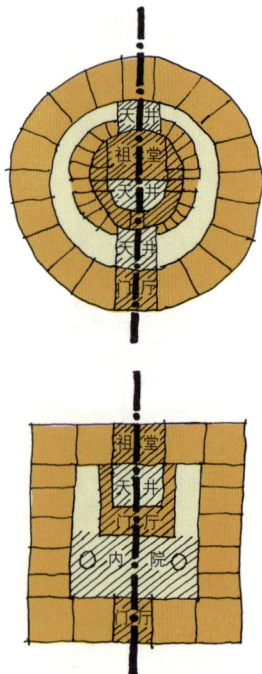

公共空间沿中轴线布置

延续到自然之中，又起到烘托建筑主体、强化建筑主轴线的作用。进大门入下堂门厅，则是第二个空间层次，进而是前天井——中堂大厅——后天井——后堂主楼——"楼背"，层层深入，一敞一闭，一明一暗，层次丰富。而中堂大厅作为接待宾客、举行宗法典礼的场所，空间最为高大、宽敞、堂皇，自然成为空间序列中的高潮。后堂即中轴线尽端的主楼，高三至五层，它作为宅中尊长的住所，以高大的体量表现出一家之主的统帅地位。其他辈分较次者分居两侧呈阶梯状迭落的横屋中。中轴线以楼后山坡上围出的半圆形场院即"楼背"作为结束。五凤楼三堂两横的空间布局，层次分明，秩序井然，这是中国传统尊卑亲疏伦理秩序的生动写照。它在人们进入土楼的整个过程中，随着时间的推移，引导你的视线，以运动连续的画面表现建筑空间起伏交错的变化，以触发你情感上的变化，使生活其间的人们会不自觉地规范自己的言行，以服从封建的礼教和严格的家庭秩序。所以这是一个融时间、空间、动态与情感于一体的有生命的时空。这正是福建客家五凤楼延续与发展中原传统建筑布局的一个明证。

在福建的圆、方土楼中，门厅、祖堂、公共的内院天井等公共活动空间同样也是沿中轴线布置。在没有内环楼的圆楼中，门厅与祖堂也是分居中轴线的两端。在门厅内靠墙安放长凳，这里是楼内居民休息、闲聊交往的公共场所。厅内还放置舂米用的石制"脚碓"供全楼各户公用。土楼内院更是作为木薯加工或其他副业操作的场地。在带有内环楼的圆楼中，其内外环之间还隔以矮墙，形成门厅与内环楼大门之间的小天井，形成了门厅——天井——内环门厅——天井——祖堂这个纵深方向明确的空间序列，而仍以祖堂作为空间序列的高潮。然而福建圆楼与方楼最大的特点是大小一律均等的卧房环绕中心布局，这也是它们与五凤楼最大的区别。在这里除了居中的祖堂处在至高无上地位之外，家族内部的尊卑秩序完全看不到。它反映南迁的客家人定居闽西山区之后，聚族而居以策安全，居住建筑防卫的要求超过了家族内部尊卑秩序的要求，并占有绝对压倒优势的结果。这是中国传统民居中绝无仅有的特例，也是福建圆楼、方楼最引人注目、让人最感兴趣之所在。

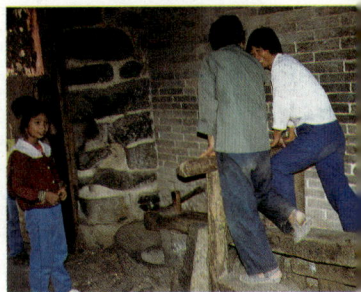

圆楼门厅一侧的"脚碓"

空间的内向性

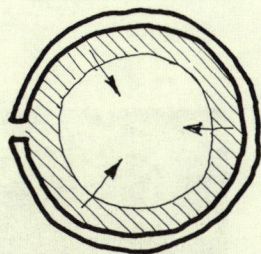

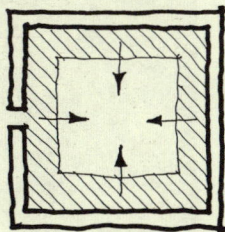

三、土楼空间的内向性与向心性

内向的空间是中国传统民居建筑空间的一个特点。福建土楼空间的内向性特别突出，尤其是圆、方土楼，其外围土墙厚实，一二层对外都不开窗，三层以上也只开小窗，极其封闭。而内部则是敞亮的回廊，门厅、祖堂向内院开敞，环周的卧房都从内院采光。通常整座土楼只设一个大门出入，

空间的向心性

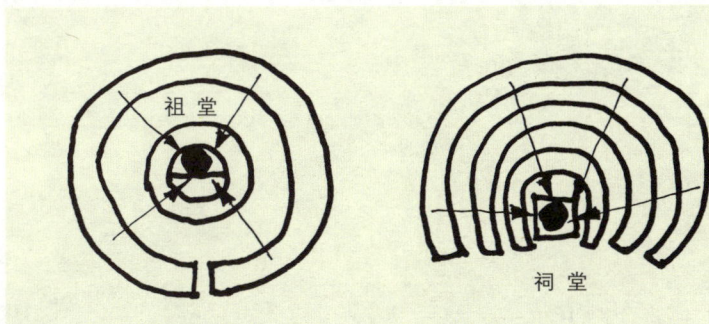

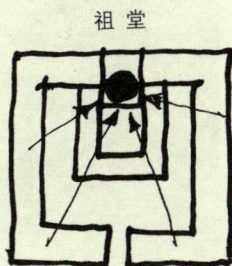

祖堂

祠堂

怀远楼祖堂

厚墙围合内外隔绝，形成不受外界环境影响的独立天地，维护了内部平安的生活。

福建土楼的空间特色不仅表现在内向性，而且呈现出强烈的向心性。在客家人的圆楼中，向心性可谓发展到登峰造极。登上圆楼的走马廊，俯瞰内院，环周挑廊列柱形成均匀的曲面，一个又一个开间简单地重复，毫无重点，人们的注意力很自然地集中到内院中心圆形的祖堂。这是一个人为安排的视觉焦点，是一个实实在在可望可及、明确可见的中心。福建方楼中的祖堂，也是布置在内院之中，其向心性也明显可辨。福建诏安县的半月楼一圈又一圈马蹄形的土楼围绕祖堂的布局也同样地表现出这种强烈的向心性。

建筑作为空间艺术，其空间方位在建筑中起到举足轻重的作用。中国传统礼制中早就存在的"择中"意识，"古之王者，择天下之中而建国，择国之中而立宫，择宫之中而立庙"（《吕氏春秋·慎势》）。"王者必居天下之中，礼也。"（《荀子·大略》）"把'礼'与四时五行结合起来，形成了中央崇拜的五行时空方位图式，以'中'为至尊，东、南、西、北四方拱卫，广泛应用于传统营建活动之中。"（彭晋媛：《和而不同——中国传统建筑文化的伦理背景研究》）建筑的空间方位自然成为重要的等级标示符号，它赋予中国传统建筑强烈的可识别性。客家圆楼把等级最高贵的祖堂放在圆心位置。这种把举行宗法典礼的祖堂居中的配置，成功地完成了它的建筑任务，即以建筑形象来表达一种意念，强调了封建礼制的中心地位，表达了宗法制度的至高无上，达到了以血缘为纽带的宗法制度所特别强调的"尊祖敬宗"的目的。这也反映了以"象"求"意"这个中国传统建筑美学思想的基本特征。

半月楼 诏安县

四、居住空间的竖向分配与线状组合

在客家人内通廊式圆楼中，居住空间是按竖向分配使用，每户占一二个开间，底层做厨房餐厅，二层做谷仓，三层以上做卧房，全楼只有对称布置的两个或四个楼梯，户内上下联系十分不便，远不如闽南人居住的单元式土楼每户有独用楼梯来得方便。但是客家人仍然习惯于这种空间分配使用的模式，反而觉得这样各户之间可以互相照应，更加亲切。"一人有喜，全楼欢庆；一家有难，合楼帮扶。可谓同休戚，共命运。"在这里小家庭的地位在观念上远不如大家族重要，这正反映了客家人家族内突显的整体观念。

在福建的圆楼和方楼中，内部空间的另一个特点是居住空间呈线状组合。在客家内通廊式土楼中，诸多卧房通过回廊连成一串，或圆或方呈线状环绕，形成完整的内院空间并对着中心的祖堂。在闽南土楼中单元式的楼房也是呈线状组合，围绕内院布局。这种居室空间线状组合的聚居模式，反映了家族内部的平等关系。这种向心的空间布局，表现出土楼家族强烈的内聚力。

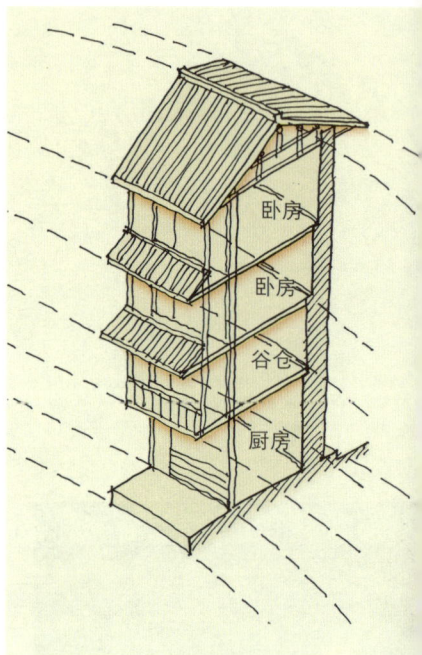

空间按竖向分配，每户占一个开间。

五、客家圆楼空间的完整性与统一性

福建土楼的空间特色还在于它惊人的统一性，这在客家人的圆楼中表现得最为彻底最为突出。当你进入圆楼的内院所见到的形象，和你在圆楼的回廊里行进所得到的感受，是多少文字都无法表达的。跨进圆楼的内院，置身于被屋顶圈成的圆形的天空之下，你就像进入另一个世界。圆形的空间，最简单最肯定的形状，明确的范围和边界，人们一眼就能遍览无遗地体会到这个圆形空间的巨大与完整。你的视线会情不自禁地随着屋顶檐口划出的圆形天际线而盘旋，一层又一层的回廊和腰檐更强调了水平方向的连续性。在这巨大的圆形世界里，似乎有一种不由自主的眩晕之感。当你沿着回廊行进，可以无休止地绕圈，这时你的方位感消失了，方向似乎也迷失了，像被融化到这个圆形的世界中。明确而有节奏重复的柱廊、门窗，使你体验到一种内在的合理性在伴随着你前进，人们似乎被限制在固定的、永远不变的准则之中，空间顺畅流通、完满无缺，空间的完整性得到充分的表现，空间的统一性以最有力的形式被颂扬，这也许正是圆楼的建设者所要追求的一种平衡感和控制力，从而表现家族的独立性与完整性，达到家族内部的团结与统一。这也是中国传统"天圆地方"宇宙图式的现实再现，是土楼人以天地自然对应人事伦常观念的展示。圆楼的空间契合于圆满、团聚、和谐的审美理想，无疑是客家民系思想观念最理想的表现形式。

六、闽南土楼空间明确的私密性层次

闽南人居住的土楼与客家人居住的土楼最大的差异在于一个是单元式，一个是通廊式。

在闽南人居住的单元式土楼内，中心是很大的内院，各单元有自己的前院和小天井。公共性空间、半公共性空间与私密性空间层次分明。这尤其以单元式的圆楼厥宁楼与单元式的方楼咏春楼的设计最为典型。

平和县芦溪镇的厥宁楼是闽南人居住的土楼，为四层高的单元式圆楼，楼外三面又环绕三层楼的单元式"楼包"。土楼大门前是广场，广场正对芦溪，广场一侧为祖堂，另一侧为商店、赌场、墟场。圆楼环周共54个单元，每个单元均从中心内院入口。进入每个住户单元依次是户门——前庭——前厅——厨房——小天井——敞厅——卧房，最末端是楼梯，

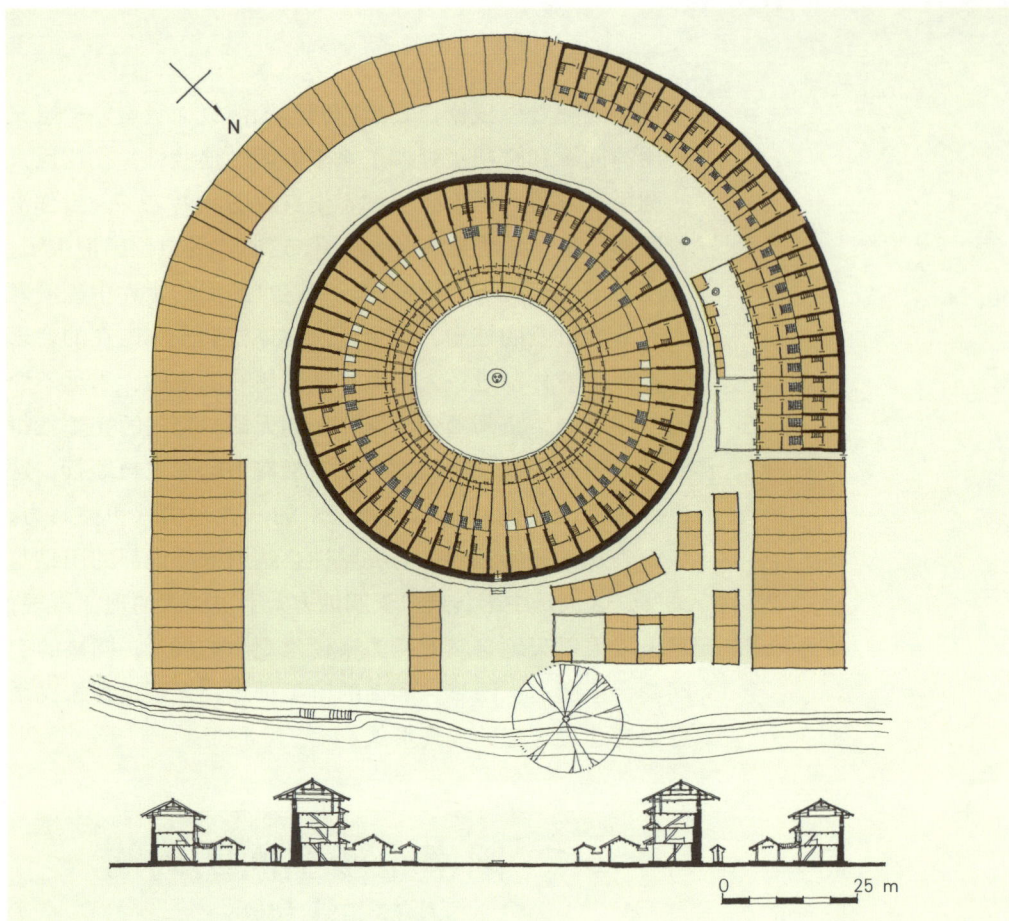

厥宁楼平面、剖面图

厥宁楼底层小天井敞厅和卧房

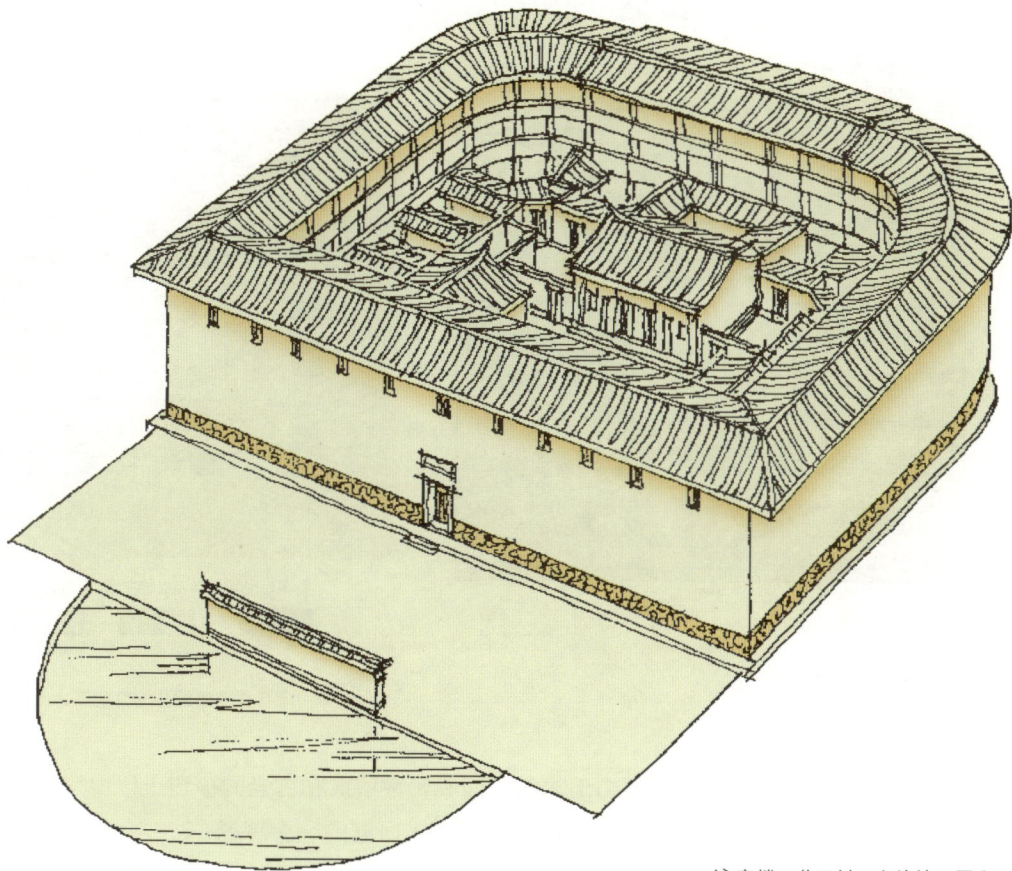

咏春楼　黄田村　九峰镇　平和县

直上二、三、四层的卧房。圆楼中心内院有一口三眼的公用水井，这里是公共活动的场所。户内的小天井才是独户使用的空间。就室外空间而言，从楼外的广场进到圆楼的内院，再进入户内的前庭，到达小天井，构成了从公共空间、半公共空间、半私密性空间、私密性空间这四个层次的空间体系。同样，室内空间从商店、祖堂到圆楼门厅，再进入每个户门、前厅、敞厅、卧房直到楼上的卧房，空间也是从公共性向私密性逐渐过渡的过程。

平和县单元式的方楼咏春楼同样也是由公共的内院，进而是两户或三户、四户公用的前庭，最后是私家的小天井，构成不同私密性层次的空间，使楼内居民的各种活动有了与其相适应的领域范围，满足了不同的生活需求。这种现代建

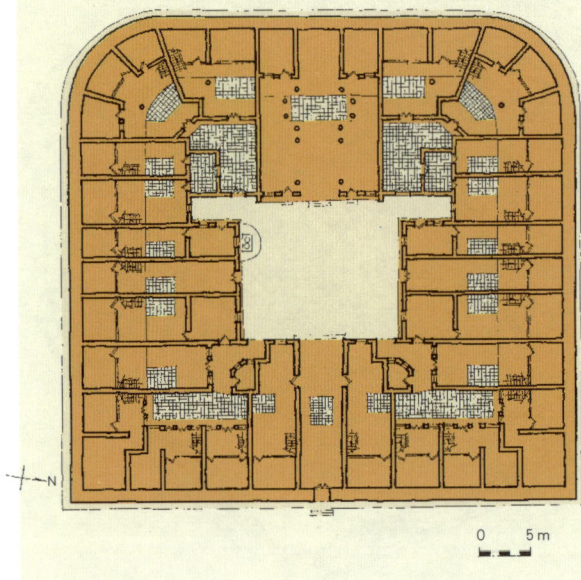

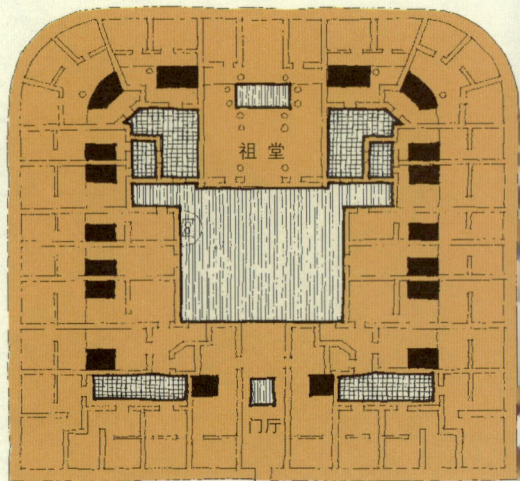

私密性空间　　半公共性空间　　公共性空间

詠春樓平面圖

詠春樓內院天井的空間層次分析

筑师努力追求的空间私密性层次在古老的福建土楼中早已展现，这是很值得我们深入研究的一个课题。

可见无论是客家圆、方土楼还是闽南土楼，基于宗法社会的血缘关系，它们都强调敬宗收族，采取聚族而居的生活方式。除了祖堂有着明显的等级标识之外，所有居住空间都是平等围合，根本看不出传统的尊卑亲疏的伦理秩序。但是从楼内建筑空间与庭院空间的组织可以看出，客家人与闽南人对领域性要求的差异：客家人更趋于公共性，闽南人则更强调私密性。这正反映了他们各自不同文化背景的影响。

第 拾壹 章

朴实完美的建筑处理

福建土楼有一整套源自传统、约定俗成的建筑处理手法。其强烈的地方特色，不仅造就了土楼奇特的艺术造型，而且赋予建筑整体直率、质朴的风格。

土楼的建筑处理包括屋顶、墙身、窗洞、大门、木构件和祖堂的装饰处理。分别认识建筑局部的艺术处理，更能体会土楼建筑的整体美。

土楼屋顶给人庄重完美的印象，尤其是五凤楼与方楼的"九脊顶"。圆楼屋顶优美而和谐的比例，也极具艺术魅力。

质朴粗犷的土筑墙身是福建土楼最大的特色。墙身的美感，是出于不加粉饰、夯土造成的厚重质地，以及卵石砌筑墙脚的自然装饰效果。

至于活泼统一的土楼窗洞按照使用要求自由地开设、土楼大门强调入口的处理手法、富有韵律的木构件的组合和祖堂的重点装饰等等，这些建筑处理都是使福建土楼焕发光彩的原因。

一、庞大庄重的屋顶

福建土楼的九脊顶——五凤楼和方楼的九脊顶是独具风格的屋顶形式。整个屋面坡度平缓（坡度45%），檐口平直，出檐极大，正脊微微升起。整个屋顶虽然庞大，却不觉得压抑。

巨大的山花墙面上，通常开两个长方形的通风气窗。由于山花墙面较大，如不加以装点，势必觉得空白和平淡，这

福建土楼九脊顶巨大的出檐及"角鱼"装饰

溪边的小五凤楼，其九脊顶独具一格。

巨大的瓦顶与稳定敦实的
土墙，形成土楼庄重、朴素
的风格与古拙的气势。

简简单单的通风窗是装饰与功能有机的结合。山尖的悬鱼也
不加雕饰，只是用杉木平板锯成朴素的鱼形轮廓。屋檐转角处
的"角叶"，又称"角鱼"或"角眉"，既有保护封檐板的功能，
又达到画龙点睛的效果，这是福建民居特有的装饰构件。

土楼屋顶出檐极大，常见出檐二三米长，甚至更长。巨
大的出檐与高大的土楼形成良好的比例关系。其檐口两端微
微上翘，这样克服了平直的檐口在视觉上给人两端下垂的错
觉，这是土楼工匠多年经验的总结。由于视觉误差的调整，两
端微微上翘的檐口看起来反而更加挺直。

这种九脊顶与北方清式的歇山顶不同，它没有收山，也
不用踩步金等做法，只是在悬山顶的山墙面加横向的披檐与
前后檐拉齐，即屋顶的下半部为庑殿顶。这更接近宋"营造
法式"中悬山出际的做法，显然是比较古老的屋顶形式。九
脊顶水平的屋檐直挺、朴实，与汉明器中所见当时屋顶的直
檐极为相似。看惯了明清时代的大屋顶，再看这种九脊顶确
实有"笨拙"之感。正是这种"笨拙"、巨大的瓦顶与稳定敦
实的土墙，形成了五凤楼和方楼特有的庄重、朴实的风格和
古拙的气势，这种整体力量与气势颇有汉代艺术的风格，是

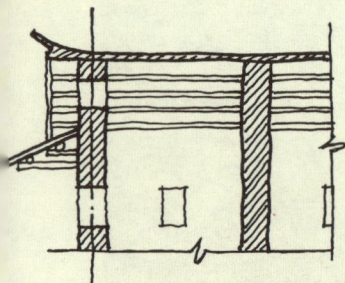

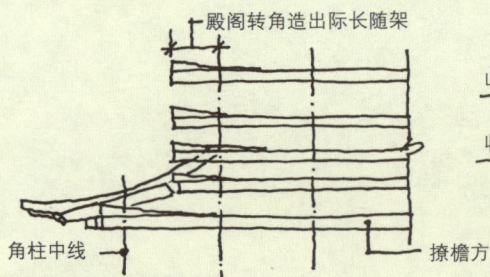

福建土楼九脊顶　　　　　　　宋式出际做法　　　　　　　　清式歇山做法

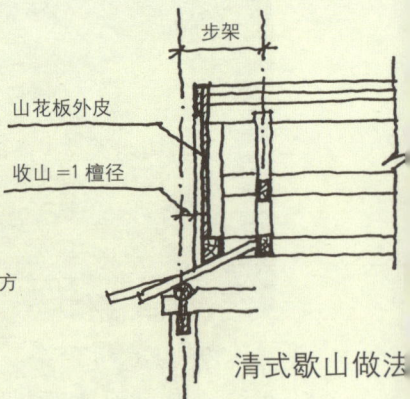

殿阁转角造出际长随架

角柱中线　　　　　　　　　　　撩檐方

步架

山花板外皮

收山 =1 檐径

九脊顶侧立面朝前的处理

宋式的起翘与清式的飞檐难以企及的。

九脊顶侧立面朝前的处理——五凤楼横屋上层层迭落的
九脊顶是很有特色的建筑形式，建在山地的方楼也常见这种
迭落形式的屋顶。九脊顶侧立面朝前且层层重叠的屋顶，在
我国现存的古建筑中已不多见，只有在宋画中可看到类似的
处理。这种九脊顶有韵律的重复，富有东方建筑色彩，但它

福建圆楼屋顶

圆楼大出檐

不像我国云南或东南亚国家一些寺庙建筑的屋顶那样繁缛，也比日本天守阁的屋顶简洁朴素，具有强烈的汉民族特色。这种屋顶处理突出地表现了五凤楼的地域特色。

圆楼屋顶的特色——福建圆楼的屋顶是震撼人心的重要因素之一。圆形的屋顶是最有表现力的形状。进入圆楼内院，环形瓦顶檐口所形成的天际轮廓，起到突出的控制性的作用。黑灰色的瓦顶与明亮的天空形成强烈的黑白对比，把整个圆楼形象从天空中勾画出来。在方楼与圆楼共存的村庄里，人们从远处一眼望去，视线不由自主地会转向圆楼，就是由于这巨大的环形瓦顶形象奇特，有强烈的吸引力。

福建圆楼瓦顶的艺术魅力，还在于它巨大的出檐与高高的土墙之间形成优美、和谐的比例关系。环形土楼的瓦顶，内院一侧出檐较小，靠外墙一侧出檐极大，可以保护土墙免受雨水冲刷。不作深入的观察，外行人很难想象，从建筑剖面图上看，屋顶竟如此地偏在一侧。

沿海地区圆楼的土墙用三合土夯筑，更耐雨淋，可以不要屋檐保护，况且巨大的出檐也无法抵挡台风的袭击。因此，沿海地区古老土楼的瓦顶几乎没有出檐，仅以瓦片挑出几厘米压住墙顶，甚至就以女儿墙收头。这是与当地自然环境相适应的结果。这种几乎看不见屋顶出檐的圆楼，更像城堡，给人固若金汤、牢不可破的感觉。

二、朴实粗犷的墙身

　　不加粉饰的夯土外墙——福建土楼的外围土墙以其不加粉饰的本来面目表现了夯土结构的质感。夯土墙每皮之间留下的横缝和水平各筛之间错开的竖缝，以及窗洞上预埋的长长的杉木过梁，都是结构特性的自然体现。不加遮掩的墙面上，版筑墙壁的肌理和细微的裂缝，表现出朴实的质感和稳重的形象。由于夯土墙每"版"40厘米的高度是人们熟悉的尺寸单元，它的尺度衬托出土墙的高大。墙体巨大的体量和墙上小小的窗洞更增加了这种厚重感。

　　圆楼、方楼的外观造型是最简单的几何形体，因此它最容易为人所认知。它以黄土色的墙面为主导色彩，与周围环境的山坡、土坎的黄土地是如此的协调。这些没有人为装饰

斑驳的土墙

大河卵石干砌的墙脚

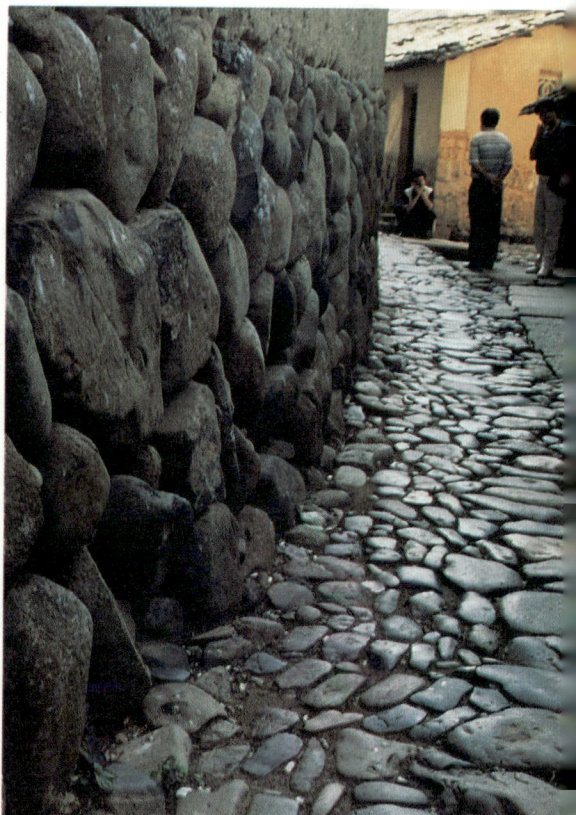

的外墙面，以最质朴的形态，以泥土本来的面目，突显福建土楼的乡土气息。尤其是古老的土楼，墙面斑驳，犹如百岁老人的脸，刻画着多少岁月的沧桑，从而引发人们的思索与感叹。

在永定县和龙岩县的少数地区，也有墙身全部加白灰粉刷的例子，这是经济条件特别优裕才能做到的，它与不加粉饰的土墙相映成趣。

河卵石干砌的墙脚——福建山区土楼的墙脚多用河卵石干砌，表面用泥灰勾缝。大块小块色彩深沉的卵石相间砌筑，遂成生动自然的效果。天然石料表现出的重量感，使土楼的根部坚实沉稳。卵石墙脚和它上部稍有收分的土墙，使整座土楼根基牢固，显得粗犷浑然。

墙脚用卵石干砌，台基用卵石砌筑，内院地坪也是卵石铺砌，使用同样的材料增加了内外空间的协调感。在沿海地区，墙脚常用条石砌筑，甚至底层外墙完全用毛条石砌成，一顺一丁相互拉结，不加勾缝，也达到了质朴、粗犷的效果。

三、活泼统一的窗洞

福建土楼底层外围土墙上不开窗。内通廊式土楼底层厨房里伸出的烟囱洞口，冒出缕缕青烟，把土楼局部熏成黑色。二层作为谷仓，其外墙上有的不开窗，有的也只开不到20厘米宽的狭窄缝隙，作为通风孔。三层以上卧房的外围土墙上只开宽40—50厘米、高70—90厘米的小窗户。窗洞通常是房间使用时才开凿，所以有先有后，有大有小，有高有低。窗洞边用白灰粉刷边框，既使窗口平整，又勾画出窗洞的外框形状，有些则不加粉饰。远远望去，窗洞大小不同，高低不等，新旧不一。上下楼层的窗洞不对齐，同一层楼的窗洞又不对位。但是由于窗洞形状类似，高宽比例又大致相同，给人同样的视觉感受，仍具有协调统一的效果。相同形状的重复所造成的韵律感，形成一种生动活泼的协调关系，

窗洞从上到下由大变小，不仅满足防卫的需要，而且强调了土楼的稳定敦实。

土楼走马廊上美人靠式的凸窗

因此，大大小小、高高低低的窗洞并没有出现纷然杂陈的局面，反而把土楼外观的特点表现得淋漓尽致。它是在满足使用功能要求的同时自然而然"生长"而成的，它传达了一种独特的构图原则和整体美的信息。

福建土楼的窗框和窗扇通常安装在窗洞口的里侧，也有不做窗扇只在窗洞下半截做木栏杆的。为了便于人们靠近窗口，窗下墙在室内一侧减薄，形成土楼窗口简朴实用的特色。

永定县的上洋乡有些土楼的窗洞处理十分特别：顶层窗洞最大，愈往下层，窗洞愈小，底层的窗洞极窄，宽度不足20厘米，从上到下形成窗洞由大到小的变化，这种大小渐变的韵律美，强调了土楼的稳定敦实。在漳浦、云霄、平和等盛产石材的县份，则完全用条石做窗框和竖棂，使窗洞口更为牢固坚实。有些方楼、圆楼的顶层还悬挑出木构的"楼斗"，用做瞭望和防卫，自然达到点缀外立面的作用。

龙岩市适中镇的方楼，在内走马廊上设凸窗，并做成美人靠式，在走廊窗边可凭栏而坐、休憩眺望，这是适中镇土楼特有的细部处理。

四、端庄显眼的入口

大门是圆、方土楼外立面唯一重点装饰的部位。入口大门的花岗石门框处理成外框长方、内框圆拱两个层次，构成土楼入口特有的构图形式。石门框增加了大门的坚固性，又与土墙面形成强烈的质感对比。大门的上方是楼匾的位置，漳浦、华安、平和等县闽南人的土楼多用石刻的楼名横匾，且有明确的纪年。永定县、南靖县客家人的土楼，只是用白灰粉刷楼名横匾，或者直接在门上方张贴红纸书写楼名。通常在入口大门四周的土墙面上用大片白灰粉刷，与土墙的黄土色形成强烈的对比。门两侧张贴巨大的门联，有的白粉墙四周还描上花边装饰，显著强调了入口大门的形象。放大的门口墙面粉刷，显示了大门的重要性。土楼外墙上部小小的窗洞与入口大门相比明显地处于附属地位，从而反衬出入口大门的高大。这种主从关系使得土楼立面在变化中取得了统一，而大门入口的强调处理，正是其设计的精妙之处。

锦江楼大门的花岗石
门框特有的构图形式

裕德楼大门强调处理

绳武楼石刻楼名匾

客家人土楼的楼名匾

五、富有韵律的木构

内通廊式土楼的外围楼是土木结构楼房，其木结构构件完全清水不施油漆彩绘，充分表现了木材的材质。简单朴实的梁柱相互穿插、勾搭、咬合，承受着上部楼板与瓦顶的重量，清晰的结构逻辑传达一种内在美的信息。此外，底层厨房每开间的内立面都有统一的模式，厨房开间除了门扇之外

和贵楼厨房门窗

形式统一的厨房直棂窗和碗柜

是整片的木条直棂窗，不设窗扇，既简洁明了又通风透亮。窗台上是突出的木柜，用做厨房的碗柜。

楼层每间卧房的木门窗也是统一的规格，通常采用"鲎页窗"，即两片直棂窗扇叠合推拉，可开可闭，又可掌握开启洞口的大小，既简单又实用。土楼朝内院一侧环周用回廊即走马廊将卧房联系起来。较宽的回廊底层加木柱，多数土楼的回廊是完全悬挑，只是在二层以上挑廊的廊沿立有木柱支撑。

在圆楼里，完全相同的卧房单元和同样的开间不断重复，没有开头与结尾。有的土楼在每层回廊栏杆外还设腰檐，既保护了木构件，又使回廊内免遭雨淋，腰檐下的空间还可存放杂物。四、五层高的土楼，有三、四层的回廊重叠，水平方向重复的屋檐与腰檐与垂直的廊沿列柱，构成了连续而有规则的韵律。重复的韵律造成一种动感，每一个开间的插

圆楼内院木结构环楼

栱(丁头栱)既是结构构件又是装饰构件,它就像乐曲的休
止符一样强调了旋律的变化。相同造型的重复,具有鲜明的
规则性,意味着楼内的平等关系。

细看起来环周的开间还是有变化的。楼梯间的开间稍
小,中轴线上门厅与祖堂的开间稍大。有的外围楼还对称地
伸出隔火山墙,使得土楼内院立面形象在统一中又有变化。

福建土楼里木结构构件在水平和垂直方向的重复,以其
独特的协调性和条理性表现出一种韵律美,从而增强了它的
艺术魅力,这正是走进土楼时人们无不惊叹的原因。

六、巧妙拼接的井台

福建土楼的内院里必设水井，水井是公用的，井口很大，上面盖石板，开几个井眼方便使用。井口石盖板的拼接很有讲究，如平和县芦溪镇的厥宁楼，在圆楼内院中央有一口三眼水井，供全楼居民使用。井上盖着三块长条石板，石板上开三个井眼，三条石板拼缝的艺术手法使前来参观的人们连声叫绝：沿三个圆形井眼边雕凿环形的凹槽图案，在石板拼缝的两侧也刻上与缝平行的凹槽。凹槽图案与石板拼缝融为一体，设计巧妙，使人看不出井面是由三块石板拼接，更像是用整块石板开三眼而成的井台。凹槽有利于井台面的排水，有效地避免污水流入井口，凹槽与井眼又构成简洁而有变化的优美图案，真正做到了实用性与艺术性的统一。

巧妙拼接的井台

七、装饰华丽的祖堂

祖堂是福建土楼的中心，它不但是家族内部祭祀祖先和冠婚丧祭的场所，也是土楼居民的精神中心。因此，外围环楼的木构件不加装饰，祖堂却毫无例外地要特别加以装点。

南靖县的怀远楼，外环楼层结构完全用清水木构件，而

斯是室正堂屋架详图

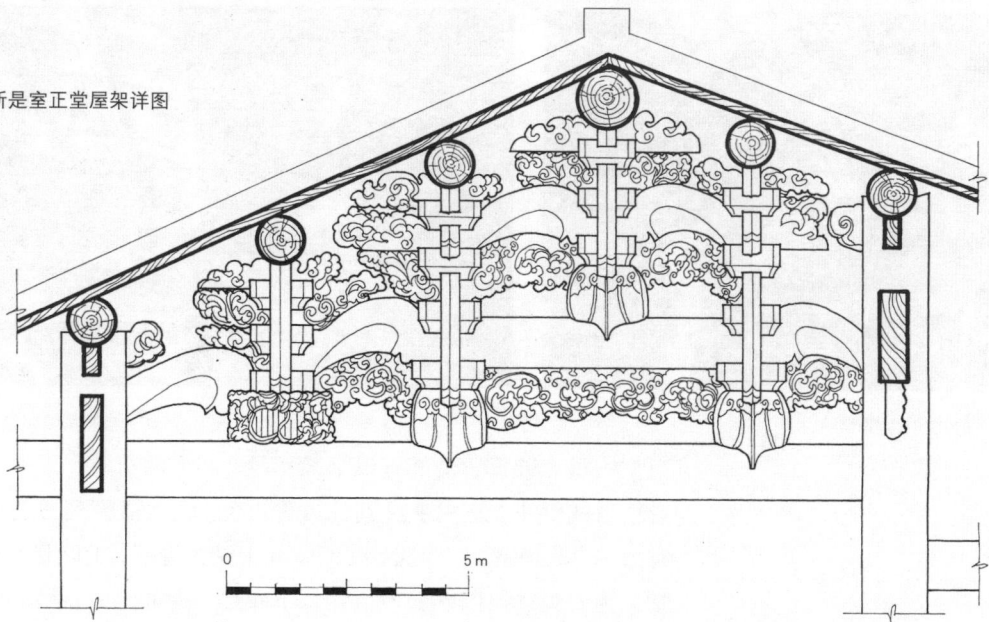

5 m
0

斯是室侧间门面

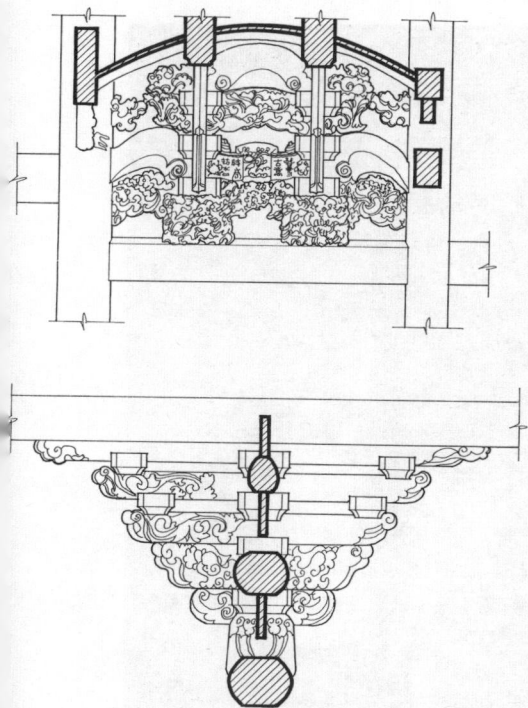

正堂卷棚与华栱详图

朴实完美的建筑处理　287

怀远楼祖堂装饰

怀远楼祖堂梁架装饰

祖堂内重点装饰，全部施以油漆彩绘。高大的祖堂，正中摆着精致的供桌，室内雕梁画栋古香古色。堂上横匾刻着苍劲有力的"斯是室"三个大字。两侧柱上镌刻楹联，上联是"斯堂讵为游观，祇计敦书开耳目"，下联是"是室何嫌隘陋，惟思尚德课儿孙"。厅内还镌篆书镏金对联："月过花移影，风来竹弄声；琴书千古意，花木四晓言。"两个侧室窗边的对联曰："天下良谋读与耕，世间善事忠和孝。""书为天下英雄业，

二宜楼第三单元祖堂装饰

永隆昌楼祖堂木屏风

大夫第祖堂正立面

内院隔墙漏花装饰

善是人间富贵根。"这里平时兼做家族子弟读书的私塾，又称"书斋"。精心处理的每个细节，都强调了祖堂的中心地位。

　　华安县的二宜楼全部是混水木作，祖堂仍是强调的重点，祖堂大门边立有抱鼓石。其公共祖堂和第三单元祖堂的彩绘尤其华丽，特别是额枋彩绘最为精美。此外，一些房门和窗户周边装饰着蝙蝠、寿桃、八仙法器、琴棋书画、传说故事等内容丰富的彩绘。其绘画技法灵活多变，色彩艳丽。

二宜楼祖堂大门边的抱鼓石

永定县下洋镇霞村的永康楼，其祖堂的雕刻装饰更为精美。祖堂上方悬挂名人题匾"轮奂增辉"。祖堂前厅和两侧门扇的漏花尤其华贵，镏金的人物花鸟图案镂空雕刻，富丽堂皇。

　　在永定县抚市镇的许多土楼祖堂里，精雕细刻的木屏风别具特色。屏风中间悬挂祖宗画像，两侧雕刻着图案、文字，

振成楼中西合璧的祖堂形式

样式各异。

湖坑镇洪坑村的振成楼，其祖堂前面立四根石刻圆柱，为西洋古典式样，取中西合璧的形式强调祖堂大厅。祖堂内院二楼的回廊还以铸铁花饰作为栏杆，这在福建圆楼中是绝无仅有的。

晚期建造的土楼，多在内院中建造围绕祖堂砖砌的庭院，以敞廊相连，用矮墙分隔，墙面还装饰着琉璃漏花。

总之，祖堂与周边环楼之间，由于材料、装饰和色彩的对比，产生戏剧性的效果，人们的注意力不约而同地被引向祖堂，使它成为中轴线上空间序列的艺术高潮，成功地突出了这个精神中心。

福裕楼祖堂前的强调处理

第 拾贰 章

破解圆楼的成因奥秘

一、福建圆楼的世纪之谜

福建土楼中,最引人注目的无疑是圆楼。东京艺术大学茂木计一郎教授称它是"从天而降的飞碟"。台湾《汉声》杂志的一位编辑在《第一次看见圆楼》一文中写道,走进圆楼"仿佛走进时光的隧道……"。漳州文化局文物科的老科长曾五岳,在《漳州圆楼甲天下》一文中说:"在远古时候漳州先民就把圆形当天体、生殖之神来崇拜,现存的岩画就不乏圆穴的例子。""团圆宝寨台星护,轩豁鸿门福祉临。"这是贴在平和县圆楼厥宁楼门口的一副对联,可见圆楼的居民把它看做是幸福安宁的象征。一位诗人这样吟道:它是天和地、爱和恨套叠起来的家园,命运就安排在里面。它是定格的圆梦,是遗落的古月;东方的神秘,就在它的朦胧里……走近雄伟的圆楼,走进斑驳的内院,在寻觅与欣赏中体味历史的沧桑,它强烈的历史感和奇特的独创性令人肃然起敬,使人情不自禁地在心中升起感悟古代文化的赞叹与畅想。福建圆楼这千古奇观,古代文明的圣殿,它神奇隐秘,引人入胜,诱人探寻,它以其浓郁的神秘性而为中外学者所瞩目。"圆楼是一个句号,却引出无数惊叹号和问号。"

的确,住宅建筑取这种圆形高楼的形式,世界上绝无仅有,况且是数百人聚族而居。为什么要建圆的?它是怎么产生的?学术界颇多争议,众说不一。民间常见的说法是:南迁的客家人聚族而居，为防盗匪野兽而建圆楼，所以圆楼是客家人的创造。1988年我在研究漳州土楼后，提出了"圆楼的根在漳州"的观点，在学界引起了不少争议。福建土楼中"圆"的成因是争论的焦点，它已成为国内外学者难以破解的世纪之谜。

圆楼是客家人特有的吗？不！现有的调查表明，永定县客家人的圆土楼有362幢，集中在永定县东部的山区。在南靖县西部、平和县西部和广东大埔、饶平、蕉岭等县也有部分客家人的圆楼。然而以闽南人为主的漳州市所属各县都有圆楼：南靖县现有圆楼386幢（其中客家人居住的122幢）。平和县有圆楼240幢，只有少部分为客家人居住。漳浦县现有圆楼60幢。华安县有圆楼41幢，云霄县、龙海县、安溪县、南安市都有圆楼，这些都是闽南人建造的。可见圆形土楼并非客家人所独有，闽南人也住圆楼。而且现存闽南人圆楼比客家人的圆楼总数更多。因此圆楼并不是客家人的"专利"。

南迁后的客家人聚族而居就会出现圆楼吗？不！聚族而居是汉民族共同的聚居方式，但在广大汉人居住的地区最常见的是独门独户的住宅组成村落聚居的形式。南迁的客家人在与当地原住民对立的环境中出现的、在一幢楼一个屋顶之下聚族而居的方式是它的特色。这种聚族而居的方式无疑是土楼形成的一个因素，但它并非唯一或主要的因素。事实表明，在客家的祖籍地宁化县，客家人居住的是殿堂式民居，并非土楼。在永定县中、西部客家人居住的是五凤楼式的土楼。在赣南地区客家人住的是方形的土围子。在广东梅州地区客家人居住的是围龙屋。在粤东地区客家人居住的是占地很大的客家围子，这些围子都不是圆形。所以说聚族而居并非圆的成因。

防卫的因素曾被认为是圆楼形成的重要原因。毫无疑问，圆楼的确满足了防盗匪防野兽的要求。然而，很显然世界上有防卫要求的地方有的是，为什么唯独在福建这个小区域出现圆楼这种形式呢？江西赣南的土围子防卫功能很强，四周凸出炮楼。这些土围子几乎都是方形。整个赣南只有三座圆形土围;定南的黄陂围并非全圆,全南县有一座土砖砌筑的圆围,定南有一座夯土圆围是回迁的福建移民所建。粤东客家围子,也有很强的防卫功能,但都没有圆形的围子。可见,方形的楼房也可以解决防卫问题,不一定非要建成圆形。因此具有防卫功能并非"圆"的成因。

不少人从"圆的意象"来分析,认为圆楼源于中国传统的"天圆地方"、"天人合一"、"天人同德"等观念。从传统文化、传统观念中挖掘虽不无道理,但也只能说明圆的出现有意识形态的因素,但这不是决定性的因素。圆形与方形一样都是最简单的图形,远古的人类选择圆形或方形来建造房屋是很自然的。考古发现已证明,距今几十万年前的旧石器时代就出现了圆形古营地。我国山西朔县旧石器时代晚期的崎峪遗址,也曾发现这种用石块围成直径大约四五米的圆形古营地。在非洲的赞比亚,至今还可见到诸多由圆形的草顶小屋组成的部落村寨。历史上圆形建筑并不少见:古罗马斗兽场是圆形,北京天坛是圆形……但完全圆形的巨型住宅楼则绝无仅有。如果把圆楼住宅的成因归结为意识形态的产物并不能服人。

所以只能从圆楼所在的地域特定的历史、地理环境中去寻找答案。

二、与粤赣两省土楼的比较

比较一下福建、江西、广东几个客家聚居地不同的地理环境与客家聚居建筑形式之间的关系,可以发现同样是聚族而居的客家人,在不同的聚居地,其聚居建筑虽然都具有相当好的防卫功能,也都能满足聚族而居的需要,但建筑形式则差异很大:在赣南地区地势相对平坦,客家人的土围子只有二、三层高,很少见到四层的。四周楼房围合中间三堂合院,占地较大。广东梅州地区的丘陵也较为平缓,客家围龙屋多数为单层建筑,依山脚而建,围屋随山坡升起,前方

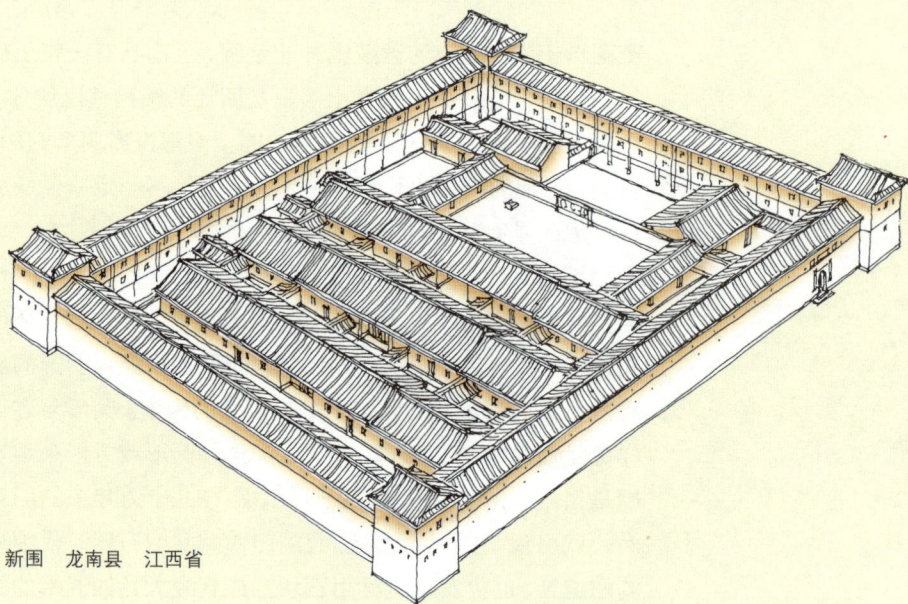

新围　龙南县　江西省

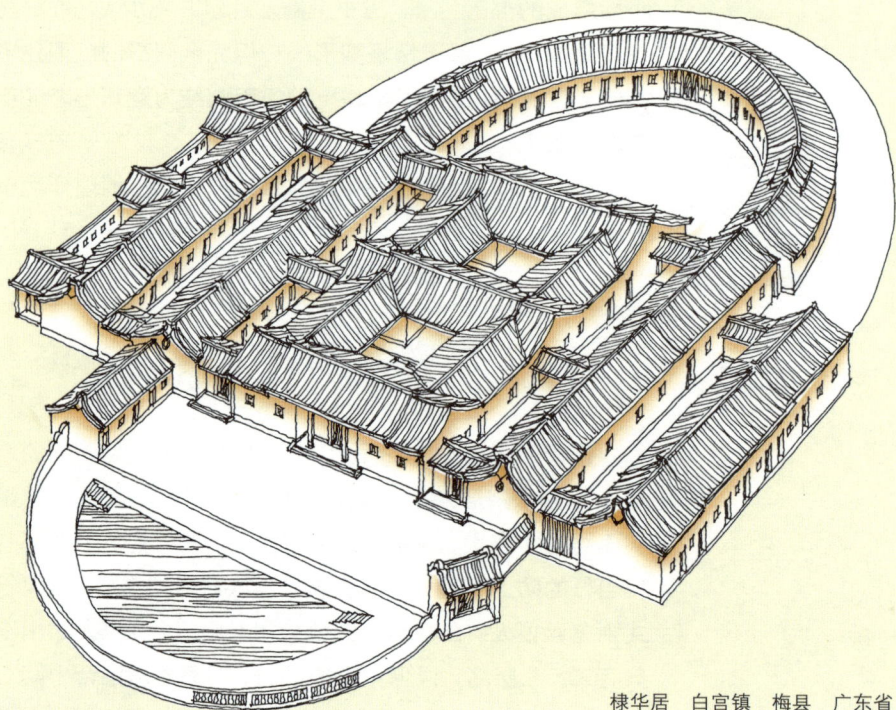

棣华居　白宫镇　梅县　广东省

后圆，形成独特的建筑形式。粤东客家人的围子占地更大，四周围屋多数两层，围内是三堂两横的合院，这也与沿海地区广阔平坦的地理条件相适应。以上这些建筑形式虽具防卫功能，但建在闽西山区则不适合，因为闽西这一带山区是博平岭南脉的东西坡，找不到开阔的平地。客家土楼集中在永定东部和南靖西部地区，这个地区范围不大，属河谷低山丘陵地貌，山峦起伏，奇峰相争，山势陡峭，可耕地很少，历史上又是盗匪出没频繁之地，为防卫需要客家人聚族而居。他们在陡峭的山地上，开发出层层梯田已经不易，在河谷山坡中可怜的些许平地上建房，只能尽量减少占地，增加层数，才能同时满足聚居与防卫两大要求。就地取材的夯土墙要建四层楼，只能增加墙厚，层层收分，楼更高，墙更厚，防卫功能也就更好了。适应这个地区特定的历史、地理环境，产生这种占地少、层数高、防卫性好、相对较小的方形、圆形土楼就顺理成章了。因此可以认定历史、地理环境条件是出现客家圆楼、方楼决定性的因素。然而，这还没有解决为什么要建圆楼的问题，因为满足防卫要求并适应地理环境，建造小而高的方楼也能解决问题。

龙田世居　宝安区　深圳市

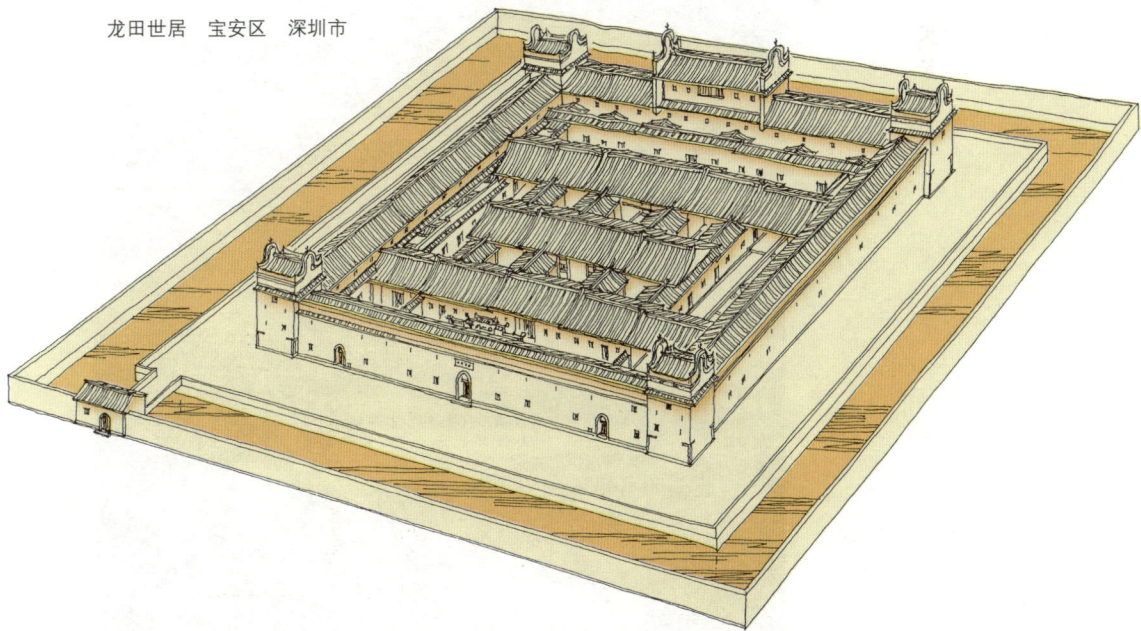

福建土楼所处的山区环境

土楼群　下坂寮村
书洋镇　南靖县

三、客家土楼从方到圆的转化

事实上，在闽西山区的许多村子里既有方楼又有圆楼，方圆并存。因此，要研究圆楼的成因，很自然要涉及它与方楼的关系。是先方后圆还是先圆后方？我的结论是：对客家人来说，是先有方楼，后有圆楼。

福建的客家人是西晋末年南渡流民的一支，他们从中原南迁，定居在安徽、江西等地。唐末动乱，他们不得不放弃定居数百年的家园，又从皖南、江西迁到福建闽西。

现在闽西客家五凤楼的形式，显然是中原四合院式民居在福建特定环境下的产物。三堂两横的五凤楼保持明确的中轴线和规整、内向的布局。两侧横屋是四合院厢房的加高，后进的正房变成高大的正楼（后堂），四面土墙围合，既满足了防卫的要求，又以严谨的宫殿式造型表现出传统宗法制度的尊严。

从永定县西部到东部，由平原过渡到山区，五凤楼逐渐

福裕楼　洪坑村　湖坑镇　永定县

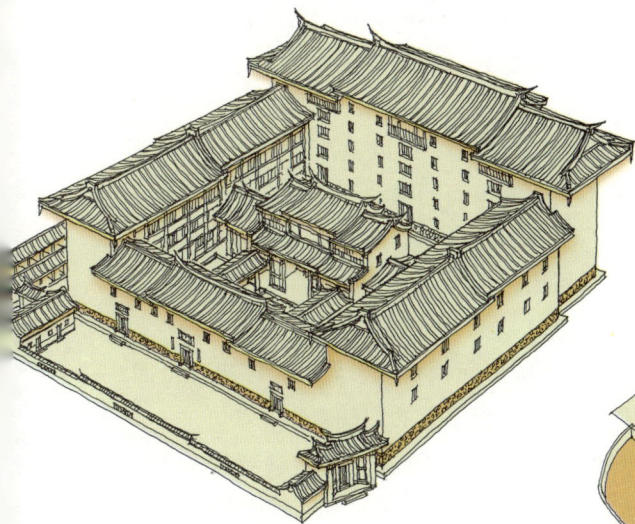

大夫第　大塘角村　高陂镇　永定县

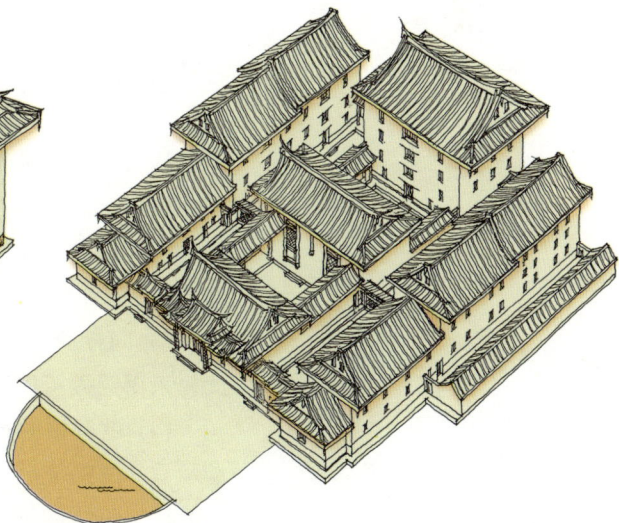

南靖县书洋镇田中村
方楼四角抹圆

减少，方楼逐渐增多。从永定高陂大夫第与永定洪坑福裕楼的比较，可以看出其发展与变化：后者将后堂两侧加高成四层楼，同时将前堂改成两层，与两侧横屋连成一体，显然已经向方楼逐步过渡。进一步的发展即再把前堂加高，完全围合成四方楼。从五凤楼到方楼的发展，实际上是防卫性逐步加强、结构趋于简单、屋顶形式不断简化的过程。

从方楼到圆楼的转化也有其必然性。与方楼相比，圆楼有八大优点：

（1）方楼的四角房间光线暗，通风差，紧临木楼梯，噪声干扰大，因此最不受欢迎，而圆楼消灭了角房间。

（2）"圆不会亏一方"，平等、均等是圆楼的重要特性。圆楼的房间朝向与方楼相比，好坏差别不明显，有利于家族内部分配。

（3）同样周长围成的圆形面积是方形面积的1.273倍。因此，采用圆楼可以得到比方楼更大的内院空间。

（4）就圆楼的每个扇形房间而言，由于外弧较长，以土墙承重，内弧较短，是木构架承重。因此，同样面积的扇形房间比矩形房间更省木材。同时，由于圆楼消灭了角房间，对大木料的需要也相应减少。可见圆楼比方楼更节省木料。

（5）圆楼构件尺寸统一。因此，只要间数确定之后，普通的木匠就能很快计算出各种梁柱构件的尺寸及整个圆楼用料。

（6）圆楼的屋顶比方楼更加简化，圆楼的两坡顶比方楼的九脊顶简单得多，施工也相对简便。

（7）按风水先生的说法，路有路煞，溪有溪煞，山有凹煞，方楼的某个角总会碰上煞气。因此，在楼角基石上要刻"泰山石敢当"用以制煞。而圆楼无角，据说煞气会滑走。如南靖县船场乡的沟尾楼把方楼靠路边的两个角抹成圆角，就是一个典型的例子。人们笃信风水，为避煞气而建圆楼也是原因之一。抛开迷信色彩，把煞气理解为山区的风，那么，显然圆楼对风的阻力比方楼要小，邪气对居室的影响也较小，从这一点看，选择圆楼有其道理。

（8）从抗震的角度看，圆楼能更均匀地传递水平的地震力，因此，高度相同、墙厚相同的圆楼与方楼相比，如果圆的直径与方的边长相等，无疑圆楼比方楼有更强的抗震能力。当地人在长期的实践中得出同样的结论，这显然是人们选择圆楼的另一个原因。

从现实调查中也可看出，方楼的出现早于圆楼。以闻名的承启楼所在的永定县高头乡高北村为例，其肇基祖所建的方楼五云楼据说已有四百多年的历史，而圆楼承启楼建成至今才三百年。再以南靖县书洋乡河坑村为例，20世纪40年代全村只有7幢方楼，据推测都是建于100—400年前，直到1951—1954年间才仿照相邻的曲江村建了一幢圆楼，取名"解放楼"（现名"裕昌楼"）。由于体会到圆楼的优越性，从1963—1972年间相继建了6幢圆楼。这个村子的变化可以说是从方到圆转化的缩影。

20世纪80年代对南靖县土楼的普查更说明问题：当时统计的总共688幢土楼中，方楼458幢，圆楼230幢。50%的方楼是18、19世纪所建，78%的圆楼（179幢）则是20世纪所建，其中89幢圆楼是20世纪60年代以后建造的。20世纪60年代还建这么多圆楼实在令人意外，究其原因有以下几点：当时经济困难时期已过，人口的增长、经济条件的好转，使得建造新楼不仅需要而且可能。由于土地集体所有，个人建楼不便占用集体耕地，而一二十户集体合建，土地问题就好解决。"文化大革命"中乱砍滥伐林木成风，也促使农民争先恐后建楼，因为是集体合建，采取的是抽签分配，因此采用圆楼形式的较多。这里还有一个不可忽视的心理因素：虽然过去那种防卫的需要已经消失，但是人们还是觉得住圆楼有安全感，尤其在"文化大革命"动乱的环境中，当地多建圆楼也就不足为怪了。

综上所述，圆楼并非凭空产生，从方到圆的过程，是整体结构与使用功能都趋于合理的过程。对客家人来说，是先有方楼后来才出现圆楼。显然，五凤楼、方楼是客家人落户永定山区以后的创造，然而圆楼形成的原因，究竟是客家土楼自身发展的延续呢，还是受到闽南圆楼的影响而促使从方到圆的转化，这就有必要进一步探讨闽南圆楼的历史。

四、福建圆楼的根在漳州

福建土楼起于何时，源自何地？回答这个问题，不能靠主观臆测与盲目的推断，单纯依靠真假混杂的族谱和口碑很难弄清土楼准确的建造年代。因此，依据可靠的文献记载和确凿的实物例证，才是科学的态度。

明万历癸酉（1573）《漳州府志·兵防志》云：

> 漳州土堡旧时尚少，惟巡检司及人烟辏集去处设有土城。嘉靖四十等年以来，各处盗贼生发，民间团筑土围、土楼日众，沿海各地尤多。具列于后：
>
> 尤溪县土城二，土楼十八，土围六，土寨一；
>
> 漳浦县巡检司土城五，土堡十五；
>
> 诏安县巡检司土城三，土堡二；
>
> 海澄县巡检司土城三，土堡九，土楼三。

这是万历年漳州知府罗青霄公布并载入史册的调查数据，官方统计具有肯定的权威性质。这个数据为明末清初三大思想家之一的顾炎武（1613—1682）著《天下郡国利病书》所收录。漳籍进士、翰林院编修林偕春（1537—1604）是福建土楼萌芽时期的历史见证人，明嘉靖四十四年（1565）在其名著《兵防总论》中说："坚守不拔之计，在筑土堡、在练乡兵……凡数十家聚为一堡，寨垒相望，雉堞相连，每一警报，辄鼓铎喧闻，刁斗不绝。贼虽拥数万众，屡过其地，竟不敢仰一堡而攻，则土堡足恃之明验也。"文中除了提及土堡而外，还出现了"楼寨"一词。

　　崇祯《海澄县志》记载了明嘉靖三十五年丙辰进士黄文豪《咏土楼》一词，全文如下：

　　　　倚山兮为城，斩木兮为兵，接空楼阁兮跨层层，奋戈□兮若虎视而龙腾，视彼逆贼兮如螟蛉。吁嗟四方俱若此兮何至坑乎长平。奈何弃险阻于不守兮闻狼虎而心惊，古云闽中多才俊兮岂无人乎请缨。谁能销兵器为农器兮，吾将倚为藩屏。

　　上述种种是中国史籍中"土楼"一词最早的记载，生动描述了土楼突出的防卫功能。可见有文献记载的出现土楼的年代，漳州地区是最早的。

　　嘉靖二十七年（1548）以降，漳州沿海黎民的防倭御盗，才是"民间团筑土围，土楼日众"的真正契机与主要动因。

　　福建土楼及其遗址，现存始建年代最早且有明确纪年者当推漳浦县绥安镇马坑村的一德楼。一德楼是一幢外圆内方的三合土夯筑土楼，经历四百多年风雨侵袭，1943年又经侵华日机的轰炸，但主楼墙体保存尚好，尤其是门额石匾刻"嘉靖戊午年季冬吉立"两行纪年款，说明其始建的年代在嘉靖三十七年（1558）。此前此后，正是倭寇蹂躏漳州，"民死过半"，"闽中之乱未有如嘉靖末年之甚，而在漳尤甚"的血雨腥风的年代。据《漳浦文化志》记载，该县现存62幢土楼和土楼遗址中，从门额石匾落款、碑刻等可靠资料中，可查到明清纪年土楼共33幢，其中，明代5幢（即一德楼建于嘉靖三十七年，贻燕楼建于嘉靖三十九年，庆云楼建于隆庆三年，晏海楼建于万历十三年，完璧楼建于万历二十八年），清代28幢（即康熙年间1幢，乾隆年间22幢，嘉庆年间3幢，道光、光绪年间各1幢）。因为永定县的客家土楼并没有比闽南土楼更早的文献记载和明确的纪年，所以这些有明确纪年的闽南土楼是最确凿的实物例证。因此从考古科学严格的意义上讲，我们只能说漳州闽南人土楼的出现比永定客家人的土楼为早。

福建圆楼的普查已经证实：不仅客家人住圆楼，闽南人也住圆楼。新近统计福建圆楼总数一千一百多幢，其中闽南人的圆楼总数比客家人的圆楼总数还要多。

现在我们再回过头来考察漳州的圆形土楼。深入研究圆楼的平面形式可以发现，客家人的圆楼绝大部分是内通廊式布局，而闽南人的圆楼多数是单元式布局，这已成为区分客

南阳楼　大地村　仙都镇　华安县

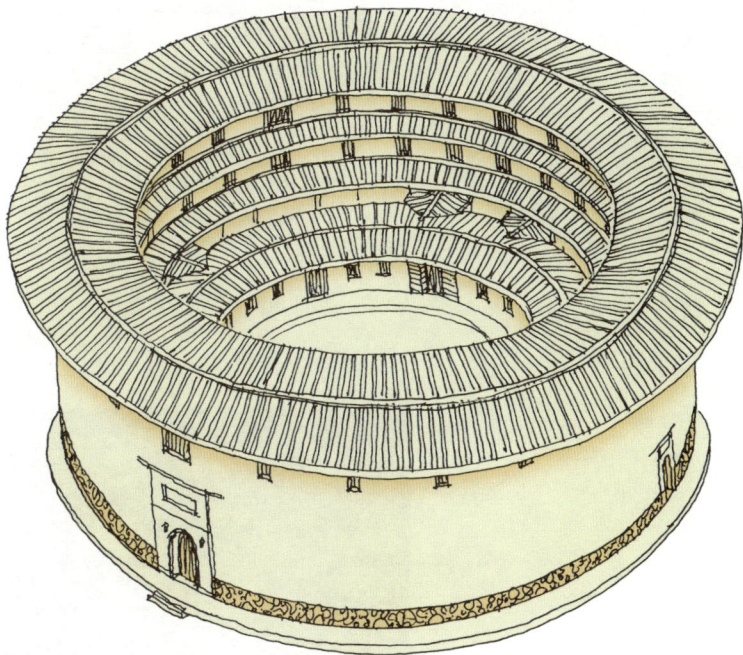

南阳楼

家人与闽南人两大民系重要的实物例证。

在漳州华安县，现存圆楼只有41幢，全是闽南人居住。坐落在仙都镇的二宜楼直径71.2米，大门石匾上明确地记着建于"清乾隆庚寅年"（1770，乾隆三十五年），圆楼由内外两环组成，内环一层，外环四层。全楼分12个单元，每个单元完全独立自成体系，有各自的出入口和独用的楼梯。

仙都镇的南阳楼建于清嘉庆二十二年（1817），也是单元式平面的圆楼，直径51.6米，外围三层，内一层，分四个单元，只有第三层以内廊连通，既分隔又联系。

沙建镇的升平楼也是三层单元式圆楼。它与众不同之处是外墙全部用花岗岩条石砌筑，是闽南唯一外墙全部石砌的圆楼，纪年"明万历二十九年"（1601），迄今近四百年。

已知现存最古老的圆楼要数沙建镇岱山村椭圆形的齐云楼。它也是单元式平面，但每个单元只占一个开间，每开间都有小天井，各自有楼梯上下。楼门上刻石纪年"大明万历十八年"（1590），虽数百年来屡有重修，但椭圆形平面及单

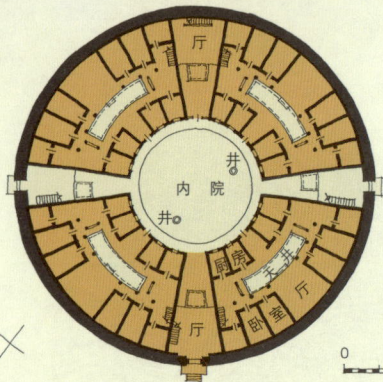

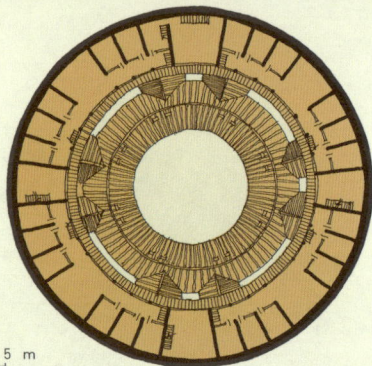

南阳楼底层平面图　　　　　　南阳楼二层平面图　　　　　　南阳楼三层平面图

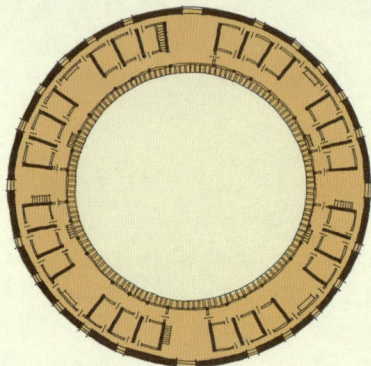

升平楼　沙建镇　华安县

元式布局不大可能变化。可谓我国已知最古老的单元式住宅，又是迄今所知最早的圆楼，而且有准确的纪年，是研究古建筑文化和民俗学的重要实物资料。

在平和县集中了240座圆楼，全部都是单元式，但是与华安县的二宜楼、南阳楼的单元式不同，绝大部分是单开间的小单元。而且在平和县方楼较少，绝大部分是圆楼。其圆楼不仅直径大，圆楼外又有一圈甚至几圈楼包。

在云霄县和漳浦县，现存的圆楼虽然不多，但形式又与华安县不同。比如云霄县和平乡的树滋楼建于清乾隆五十四年（1789）。它的外墙出檐极小，与其他地区圆楼巨大的出

福建土楼
中国传统民居的瑰宝

檐截然不同。底层外墙用条石砌筑；二、三层及内墙全部是三合土夯筑，也与其他地区的一般夯土墙不同，当地做法是取含粗砂的风化土加石灰、红糖水、秫米浆夯筑而成，极其坚硬，近二百年来几经自然及人为破坏仍安然无恙。

    漳州闽南人居住的单元式圆楼，以其独特的平面布局和奇异的造型，展示了古代民间工匠伟大的创造力。其单元式的平面与南靖县、永定县所见通廊式圆楼平面形式迥异。特别是它们都有明确的纪年，为研究它建成的年代提供了准确

齐云楼内院

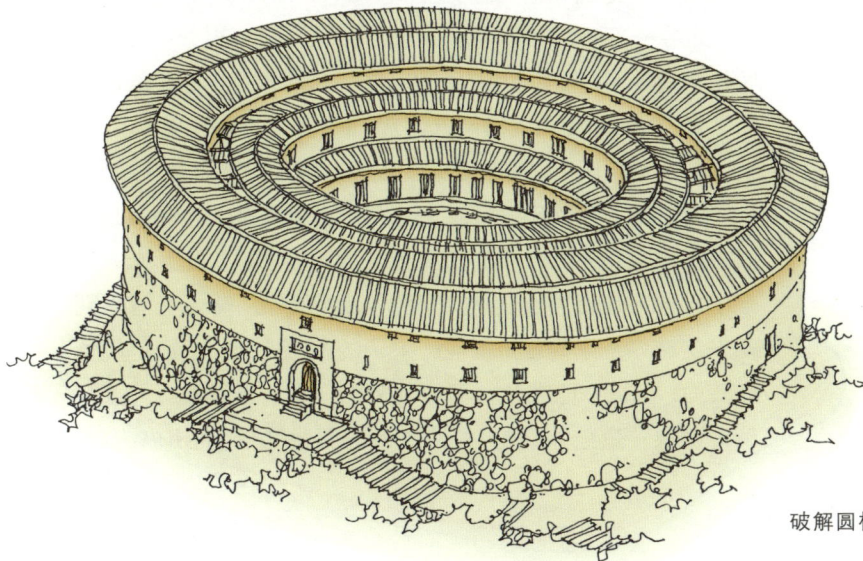

齐云楼　岱山村
沙建镇　华安县

的依据，使人们有理由推断漳州东部县份圆楼的出现比西部的南靖、永定两县交界地区要早。永定、南靖两县客家人的圆楼很可能是从漳州东部县份引进的形式。

闽南大型传统民居称为旧式"大厝"，其两侧还加"护厝"。南靖县客家土楼中流传"厝包楼儿孙贤，楼包厝儿孙富"的俗语，其中"厝"的说法也可以说明问题。"厝"字在闽方言中是"房屋"和"家"的意思，是闽方言最有特色的方言词，是其他汉语方言所没有的。福建沿海地区盖房子叫"起厝"，山区盖房子叫"徛厝"（徛，站立也，意即盖房子不用打地基）。在闽西七个客家方言的县都没有"厝"这个方言词，然而在南靖县客家人居住的土楼中却用"厝"这个词，显然是闽南语的影响所致。这也从侧面印证了闽南土楼对客家土楼的影响。然而在客家人的原住地赣南以及客家人南迁入闽首先到达的福建宁化、长汀等地，几乎不见圆楼的遗迹，因此有理由推断，圆楼的根在漳州。

五、从城堡山寨演变到圆楼

深入的调查和对漳州特定历史环境与地理环境的研究，使我对漳州圆楼的成因有了较为清晰的认识：从城堡、山寨到圆楼的发展是漳州特定历史、地理环境的产物。

远在一万年前，漳州地区已经有人类活动。周秦时代这里居住着闽越人，在唐代称为"蛮獠"，是非常强悍的民族。六朝以来，朝廷都无法遏制南方诸蛮，他们派驻闽南的军队只能驻守在九龙江以东，"阻江为界，插柳为营"，与蛮獠久久相峙。

唐总章二年（669），泉、潮一带蛮獠啸乱，唐高宗为巩固东南边陲，结束军事上的对峙局面，派陈政、陈元光率近万中原府兵与奋力抗击的"蛮獠"武装接战。陈元光意识到要平定这一片远离中原、地广人稀的蛮荒之地，不能单纯依靠武力。因此，他在获得军事优势的同时，坚持实行怀柔政策，争取"蛮獠"归附，"遗土人诱而化之"。他招徕流亡，

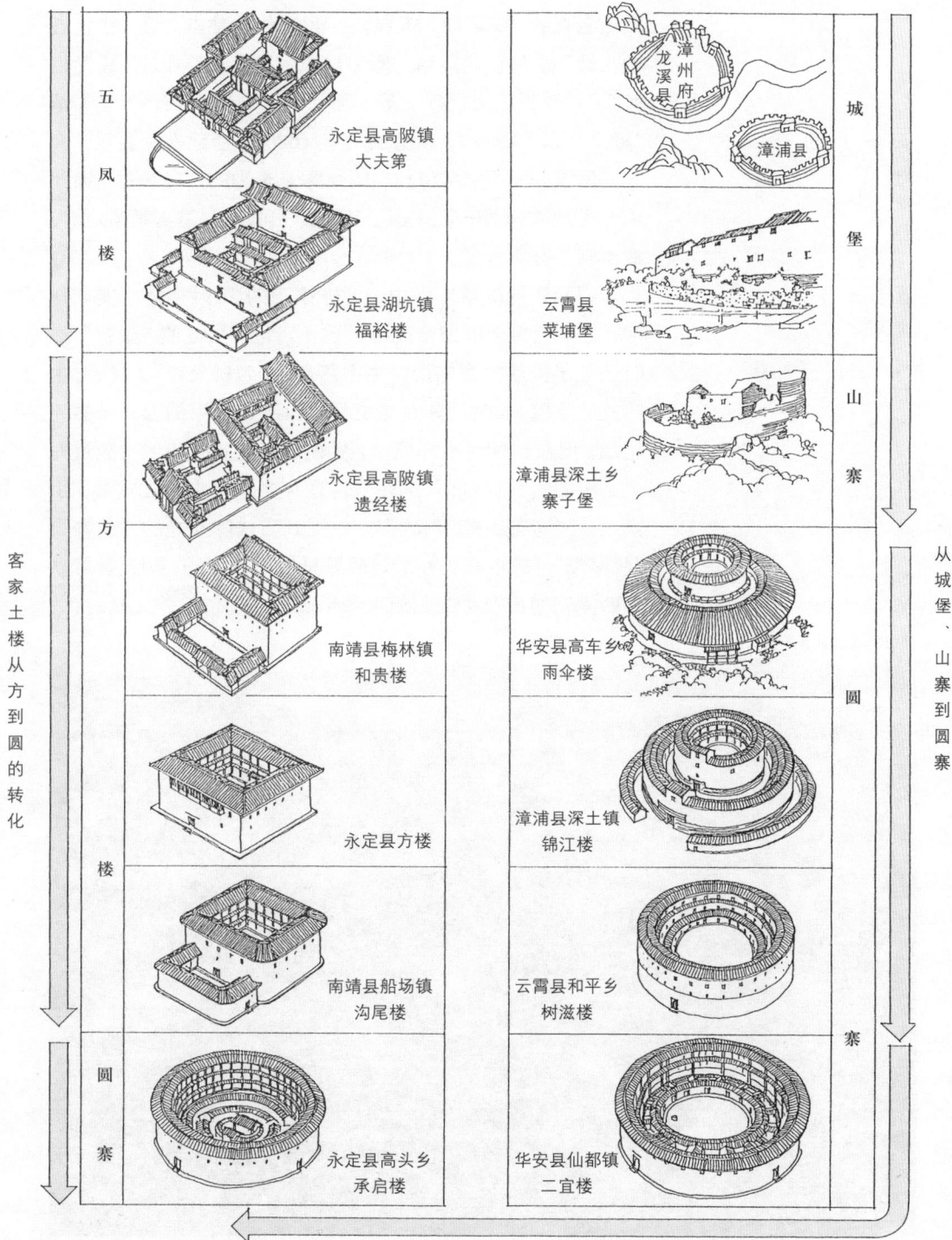

福建土楼发展演变示意图

发动老百姓"辟草莽，斩荆棘，建宅第"。他本人及"军校五十八姓"全部在此落籍。他深知"兵革徒威于外，礼让乃格其心"，欲长治久安须文治，而文治必先置州县。于是奏请"置州县以控岭表"。唐垂拱二年（686），唐廷准奏在泉、潮之间增置一州，定名漳州，诏令陈元光为第一任刺史，因此陈元光被称为"开漳圣王"。所以漳州的建立是与军事对峙、战事骚乱分不开的。

在频繁的战争环境中，北方南下的58姓要落籍安家建宅，如果照搬中原四合院形式已不可能。当地的"蛮獠"那时还处于氏族社会末期，生产落后，"刀耕火耨"，"结竹木障复居息"。当时，陈元光屯兵扎寨建造宅第的形式虽然无记载，但在这种动乱环境中，居住建筑应具有防卫功能是完全必要的，目前只能从漳州各地现存为数不少的古城堡和山寨遗迹来考证。《漳州政志》中提到唐代陈元光的"营寨"、"牧马场"（即屯兵处）是记载最早的山寨之一，因此，可以推断漳州的山寨可能起源于一千三百多年前的陈元光时代。

圆山寨遗址　长泰县

山寨遗址　下戴村　山城镇　南靖县　　　　　　　　　山寨遗址　下戴村　山城镇　南靖县

宋元以后史书中有关漳州山寨的记载更多。

宋代后期，朝廷的失政和元代政府对汉人的压迫，都激起漳州人民连绵不断的起义，义军据守山寨与朝廷抗争。元至元十七年（1280）陈吊眼率众在漳州起义，《元史·高兴传》一书记述"陈吊眼聚十万，连五十寨，扼险自固"。他们占据的是地势险要的山寨，利于固守。因为这些山寨"地通诸山洞，山寨八十余所，据险相维，内可出外不可入，以一当百"，因此"鞑贼十攻九败，独有此脉不绝"。

再细细观察漳州地区的地貌可以发现：漳州所属各县，遍布圆形的山头和土丘，至今仍到处可见削平的小山丘上的山寨遗址，其残留的墙基还明显可辨，绝大部分是接近圆形的平面。在南靖县山城镇的下戴村官圆自然村的一个小山头上，就有接近圆形的山寨遗址，环周土墙还残留二三米高，墙顶设有防卫走廊。据说族谱记载这个村的张姓就是随陈元光入闽的，传说山寨陈元光时代就有，后来人口增加搬到山下居住，山寨仍做躲避盗匪的场所。当地有"入寨不杀人"的风俗，实际上土匪兵也不敢贸然进寨。从山寨遗址土墙中还发现瓦片、瓷片，可见明清时期曾经重修。这是最典型的山寨遗址。附近几个小山头同样也发现山寨遗址。在南靖县地图上有很多用"崠"命名的山头，如大山崠、上马崠、碗坑崠、尖崠等。闽南话"崠"就是指小山丘顶上削平处，早

山顶上的圆楼　永定县

期的圆寨就建在山丘顶上。南靖县奎洋镇的高楼崇村，历史上曾有"九楼十八寨"，即9座方楼18座圆楼。原住在里面的人后来才搬到山下来居住。

　　圆丘建圆寨是很自然的结果。再说圆形有最宽广的视野，最有利于防卫，又方便建造，节省材料，因此，山寨多圆形。在动乱的环境中，人们仿照山寨建造圆形住宅是很自然的。难怪当地无论是闽南人还是客家人，至今仍然把圆楼称为"圆寨"，而把方楼称为"四角楼"或"四方楼"，却没有称之为"四方寨"的。一字之差可以反映其渊源关系。

　　在漳州各县，现在还可以找到很多以"寨"字为地名的村寨。仅平和县就有五寨、霞寨、顶寨、东寨、土寨、高寨、内麻寨、江寨、寨下楼等村镇地名。地名是最具稳固性的，如五寨这个地名，据族谱记载是唐代开始有的，基于原有军寨、高寨、罗寨、福寨、赤寨五个山寨，因此得名。五个寨都是建在小山丘上，当地老人都见过山寨圆形的遗址，直到近二三十年才被铲平。村子以"寨"为名,山寨为圆形,圆楼称"圆寨",这里也可以看出圆楼民居与山寨的渊源关系。

研究当时漳州地区城堡形式与圆楼的关系也可以说明问题。据说漳州原有几百座城堡,现在保存下来的只有十几座。云霄县火田镇的明代古堡菜埔堡是典型的圆形城堡,平面大体呈椭圆形,周长约五百米,四周护城河环绕,辟东西南北四个城门,城内的住宅仍是合院式的布局。城内广场、街巷面貌四百年未变,在国内罕见。城墙是三合土夯筑,高5—8米不等,这是漳州现存唯一全部用三合土夯筑的城堡。特别值得注意的是,这个500米长的城墙是由高两层楼的单元式土楼围成,这种由住宅围合起来充当城墙的合二而一的形式,与云霄、漳浦现存单元式圆楼的亲缘关系明显可辨。

总之,从陈元光时代屯兵的兵营,到圆形城堡和圆形山寨,再演变到圆寨(即圆楼),我们看到了一个清晰的发展脉络。

圆土楼 甘峰村
船场镇 南靖县

　　另外，圆寨的成因，从它强烈的地域性也可以得到印证。原陈元光创立的漳州所辖的县，以及后来归划漳州府的龙岩县（含今永定县，曾属龙岩县管辖）都有圆寨。而与漳州毗临的同安、安溪以及广东大浦、饶平等县，只见极个别的圆寨。看来，圆寨强烈的地域性不是偶然的，这只能与陈元光唐垂拱二年建漳相联系才解释得通。而客家人从江西迁到福建则是二百年后唐末的事了，况且，客家人当时居住的赣南几乎不见圆楼的踪迹。即使在宋元之际，客家人第三次南迁，大多从福建宁化迁到广东梅县，现在梅县也没有这种完全圆形的楼房民舍。因此，圆楼的根不是在江西、广东，而是在福建漳州。圆楼的形成追溯到陈元光的兵营、城堡和山寨，是很自然的。漳州特定的历史环境，加上北方58姓入漳，曾经引发汉畲激烈的武装冲突，

菜埔堡　火田镇　云霄县

直到陈元光建漳，最后汉人同化异族的过程……这样的社会环境出现防卫性极强的圆形兵营、城堡、山寨，继而辟地置屯仿照城堡、山寨来建造便于防卫的圆楼，是顺理成章的。此外，明代倭寇骚扰漳州，接连洗劫漳浦、诏安，甚至集结上万人围攻长泰县城，并入南靖、平和，"到处攻破寨堡劫掠"，倭祸延续几十年。明末清初，漳州人民在郑成功领导下，又进行长期的抗清战争，漳州人民历尽战乱的蹂躏。从唐以后的南宋，直到元、明、清连续的战乱，促使了这种圆楼的发展并保存至今。

六、福建圆楼成因揭秘

（1）福建土楼中"圆"的成因是难以破解的世纪之谜。

客家人住圆楼，闽南人也住圆楼。说聚族而居产生圆楼不能成立，因为大多数客家人聚族而居的并不都是圆楼。说防卫需要产生圆楼显然不对，因为要防卫不一定非要取圆楼的形式。说"天圆地方"的观念产生圆楼也不能服人。因此只能从圆楼所在地域、特定的历史地理环境中去寻求答案。

（2）闽、粤、赣三省客家聚居建筑都具有防卫功能，都能满足聚族而居的要求，其形式的差异是与聚居地的地理环境相关联的：赣南客家围子都是方形，层数不高，四角建炮楼，占地较大，与当地相对平坦的地形相适应；粤北梅州客家围龙屋，依山脚而建，单层围屋随山坡升起，前方后圆，形式独特，适应低山丘陵地貌；粤东客家围子，围屋高两层，围合中心三堂两横的合院，占地很大，只有沿海平坦的地形才适合建造。与粤、赣两省的客家民居相比，闽西的客家土楼占地较小，层数较多，节省用地，是适应山区河谷陡峭地形的产物。因此，闽西特定的地理环境是出现客家土楼的决定性因素。

（3）在闽西客家村落中方、圆土楼并存，孰先孰后？

圆楼的八大优点的分析和现实的调查可以得出结论：对

客家人而言，是先有方楼后出现圆楼。从方到圆的发展，是整体结构与使用功能都趋于合理的过程。因此客家圆楼也有可能是客家方楼自身发展的延续。

（4）客家人的土楼从方到圆的转化是否还受到闽南人土楼的影响？历史文献记载和实物例证都确凿证实，漳州闽南人土楼的出现比永定客家人土楼来得早，圆形土楼也是如此。因此可以推断圆楼的根在漳州。

（5）对漳州地区特定的历史环境与地理环境的研究可以看到一个清晰的发展脉络：即从陈元光时代屯兵的兵营，到圆形的城堡山寨，再演变到圆寨（即圆楼）。所以说"圆"形住居的出现是与唐代陈元光建立漳州的过程和几百年来连绵不断的战争环境以及漳州地区诸多圆形山丘（"崇"）的地貌相关联的，是漳州特定的历史环境和地理环境的产物。

催人奋进的匾额楹联

在中国传统建筑中，匾额和楹联是很有特色的建筑装饰，也是民族精神和文化在建筑上的一种体现。在传统的寺庙、园林、府第中，楹联随处可见，尤其在文人雅士的住居中更为普遍。这个传统随着汉人的南迁也带进了坐落在偏僻山区的土楼之中，构成福建土楼的又一个特色景观。

在中国传统民居中，只有少数的官邸豪宅才起宅名。然而在福建土楼中几乎每一座楼都要取一个楼名，这与聚族而

振福楼楼名匾和大门对联

永康楼的楼名匾和大门对联

居不无关联。人们日常称呼土楼的不是某某人的住宅，而是整个家族聚居的土楼的名字。因此土楼的命名十分讲究，楼楼有名，并嵌楼名撰联，镶刻在大门口。

福建土楼大门上均设楼名匾。楼名大多用吉祥如意的词汇，讨吉利祥和的兆头，有的楼名反映土楼的环境特色，如永定县高东村顺溪建造的一座土楼称"顺源楼"；有的楼名显示门第的寓意，如永定县的"大夫第"、"中书第"；有的楼名点明土楼的形式特点，如永定县湖坑镇洪坑村直径很小犹如米升的圆楼称做"如升楼"。漳浦县旧镇的"清晏楼"、

土楼灶间联

振福楼厨房门联

土楼内春联耀眼，洋溢着节日的喜庆。

怀远楼祖堂斯是室

潮水楼灶间联

"晏海楼",其楼名是取河清海晏、国泰民安之意。永定县湖坑镇南中村的"环极楼"是取圆满至极的意思。这些都表达了土楼主人的希冀。最常见的楼名多是集中体现楼主的向往与追求,如南靖县的"和贵楼"、"振德楼"、"裕昌楼";永定县的"侨福楼"、"永康楼"、"日升楼"、"永隆昌楼"等等。

许多土楼都以楼名作藏头嵌字联,请名人撰书用做大门的对联,进一步诠释楼名的含义。永定县洪坑村"福裕楼"门联:"福田心地,裕后光前",是特请汀洲知府张星炳撰书;"奎聚楼"门联:"奎星朗照文明盛,聚族于斯气象新",是专请清代翰林巫宜福撰书;永定县"承启楼"的门联是"承前祖德勤和俭,启后孙谋读与耕",以"承""启"二字开头。华安县仙都镇"二宜楼"的楼名则是取"宜山宜水、宜家宜室、宜内宜外"之意,阐明土楼的好风水,隐喻居此能与环境和谐,平安发达。福建土楼的楼名是土楼主人的审美意识、文化心态和人文思想的集中表现。

在福建客家人的土楼中底层的灶间有灶间联:"天增岁

月人增寿，春满乾坤福满门。""爆竹千声歌盛世，红梅万点报新春。"横批"三星拱照"、"五福临门"。客厅有客厅联："天泰地泰三阳泰，天和人和万家和。"横批或"高朋满座"，或"贵客常临"。二层楼的谷仓，门扇上贴红纸"角仔"即方角贴红，上书"五谷丰登"、"仓箱有庆"、"丰衣足食"……三、四层楼的卧室门口有卧室联："阳光普照楼常暖，正气长存室更清。""一室泰和添万福，满门喜庆集千祥。"横批"福星高照"、"四季平安"等等。在福建土楼内，十几户甚至几十户人家数百人聚居一楼。三、四层的木结构楼房，上百个房间围合。每逢春节来临，家家室室都贴上大红色的春联，土楼内红光耀眼，风光旖旎，好一派喜气洋洋的气息，显示土楼人以其独有的方式悠然自得地生活着。

在华安县的二宜楼内，彩绘壁画结合楹联："四时和气春长在，一家安乐庆有余。""孝慈友恭一堂吉庆，诗书礼乐千古文章。"生动反映了楼内其乐融融的生活景象和土楼人的向往和追求。在二宜楼的公共祖堂，每一对柱子上都有楹联，而且

人才辈出的衍香楼

振成楼内石刻对联

衍香楼入口门楼

多是即兴应景而作,不落俗套,充分反映出主人极高的文化修养和对仗功力。楹联的书法苍劲有力,也是不可多得的艺术精品。"祥钟大地且继琼林开六秀,庆溢二宜还向龟山对九龙。"巧妙地将二宜楼所处的地理环境和风水形势融入联中。

土楼楹联的突出特点是以联诲人。土楼的祖堂和书斋是匾额、楹联最集中的地方。如南靖县梅林镇坎下村的怀远楼,书斋正中高悬书有"斯是室"三个大字的匾额。两侧楹联曰:

斯堂诅为游观,祗计敦书开耳目;
是室何嫌隘陋,惟思尚德课儿孙。

它教育子孙勤奋耕读,奋发图强。

永定县湖坑镇洪坑村振成楼的楹联更加丰富:门联"振纲立纪,成德达材",告诫人们无论是"国"是"家",都要有"纲"有"纪",才能培养出德才兼备的人才。其二厅联为"干国家事,读圣贤书",教人读书报国。右门中厅联为"振刷精神,担当宇轴;成些事业,垂裕后昆"。中厅联为"言法行则,福果善根";"从来人品恭能寿,自古文章正乃奇"。院内每根石柱上均阴刻对联,如:"振乃家声,好就孝悌一边做去；成些事业，端从勤俭二字得来。""能不为息患挫志，自不为安乐肆志。""在官无偿来一金，居家无浪费一金。"永定县高头乡高北村承启楼厅堂的楹联："一本所生，亲疏无多，何须待分你我；共楼居住，出入相见，最宜注重人伦。"永定县湖坑镇新南村的衍香楼厅堂的楹联："积德多蕃衍，藏书发古香。""种德多，随居蕃衍；读书好，出口生香。""不因富贵求佳地，但愿儿孙做好人。"这些对联文字是无声的教诲，它强调恪守封建伦常与家庭规范，并持续不断地起着灌输、训诫、警策的作用，教育子孙后代如何做人，如何处事，如何奋斗，如何成才，从而形成福建土楼内部独特的文化氛围，以至于不少土楼居民离家几十年后仍能背出家乡土楼中诸多的刻石对联。振成楼后厅的一对长联更是高度概括了他们家族的传统文化心理和奋发进取的高尚情操：

> 振作那有闲时，少时、壮时、老年时，时时需努力；
> 成名原非易事，家事、国事、天下事，事事要关心。

难怪一座振成楼内居住的林氏家族，在近八九十年中，出了近六十个大学生，现为教授、博士的超过10人。一座衍香楼内出了两个博士、10个硕士、69个学士，还有六十多个正在上大学，真是人才辈出，代有铮皎。

福建土楼中的匾额、楹联是中国传统家训文化的一种独特表现形式，其内容十分广泛，涉及"为人处世、待人接物之道；读书治学、立身成才之道；理家聚财、和亲睦邻之道；做官任仕、经邦御民之道"。以中华民族传统美德为中心教育子孙勉励家人，它成为家庭成员稳定的行为准则，并形成家族的风范和文化心理。况且楼中楹联所言，是直接面对子孙、家人，往往能剖肺腑，吐真言，动真情，所以表露出更多的亲情实趣，其中的精华至今仍具有不可忽视的积极意义。

第 **拾肆** 章

神奇美妙的传说故事

在调研土楼的过程中，村民们给我们讲述了一个又一个关于土楼的掌故，似乎每一座土楼都有传奇，每一个房间都有故事。深圆阔大的土楼，不知盛载了多少美好的传说，它为游客增添了无比的乐趣，它为学者提供了丰富的研究素材。

永定县山村的五凤楼

一、余娘娘的传说

在永定县的高陂、坎市、抚市、湖雷等乡镇，遍布五凤楼式的土楼，这些土楼使得整个村庄楼房林立，气势轩昂。为什么如此偏僻的永定山村却建造这么多府第式的五凤楼呢？这种建筑形态显然是客家人南迁带来的中原古代建筑形式的积淀。对于它的成因当地人却另有解释，流传最广的是"余娘娘的传说"。

黄锦彩先生记述过这样一种说法：传说明正德年间，永定县湖雷镇出了一位余娘娘。这位娘娘小时贫苦，姐弟二人割草放牛相依为命。姐姐16岁那年正赶上皇帝选妃，民间百姓谁愿送女应选？由于她是孤儿，地方人士买通族人举她前去。哪知她命中福大，平时虽然毫不起眼，启程上轿时一经梳妆却貌若天仙，加上她福至心灵，一路习礼应对，中规中矩，因此一入宫很快被选为贵妃，亲弟自然就成了国舅。过了几年，贵妃想念弟弟，启奏皇上降旨召国舅相聚。哪知这位国舅久居乡野，到了宫中虽然锦衣玉食，却觉得礼节纷繁，不胜其苦，遂告辞还乡。临行时，皇帝特加厚赐。岂料国舅临出宫门仍频频回首，皇帝见状不解，问其缘由才知他家中居室矮小简陋，对宫殿建筑甚是羡慕。皇帝十分同情，随即

楼房林立的石坑村
湖雷镇 永定县

降旨永定官府为国舅建府第式宅院。那时国舅又顺势请求其所有亲戚都能分享恩典，居住楼院，皇帝随口应允。故回乡后亲朋好友都来分沾殊荣。因此，只永定县有此高楼府第，其他邻近州县的民宅仍是低矮的平房。这虽是传说，但可见永定人民对五凤楼的喜爱和发自内心的自豪感。

二、姑嫂夸楼的趣事

在永定县流传一个有趣的故事，说明福建圆楼规模之大：在某次婚宴上，有两个年轻女子同桌喝酒，她们都夸自己住的土楼很大，一个说："高四层，楼四圈，上上下下四百间。你说我住的楼大不大？"另一个说："我的楼像座城，居住三年认不全本楼人！到底我的楼大还是你的楼大？"待到双方问清楼名后，在场的人都哈哈大笑。原来她俩都住承启楼，按辈分还是姑嫂呢。一个是尚未出嫁的姑娘，一个是已嫁来两年的媳妇，只因一个住圆楼东，一个住圆楼西，至今还不相识罢了。承启楼人丁最盛旺时住六百多人，一年到头时有生丧嫁娶，人员常有进出，难怪同住一楼，并不相识。这个"姑嫂夸楼"的故事生动地道出了承启楼庞大的规模。

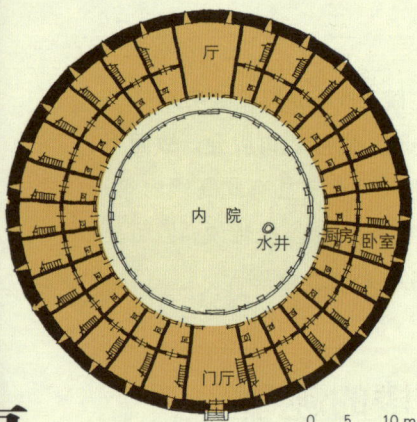

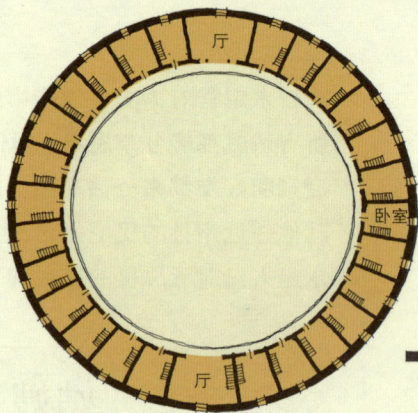

树滋楼底层平面图　　　　　　　　　树滋楼三层平面图　　　　　　　　　树滋楼剖面图

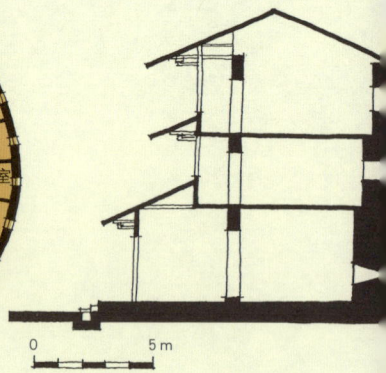

三、土楼御敌的记录

　　突出的防卫功能是福建土楼的一大特点，不少传说故事生动地描述了土楼抵御外患的经历：

　　永定县湖坑镇的裕兴楼在20世纪30年代是游击队活动的据点，1934年，国民党中央军第10师第56团包围该楼，据江

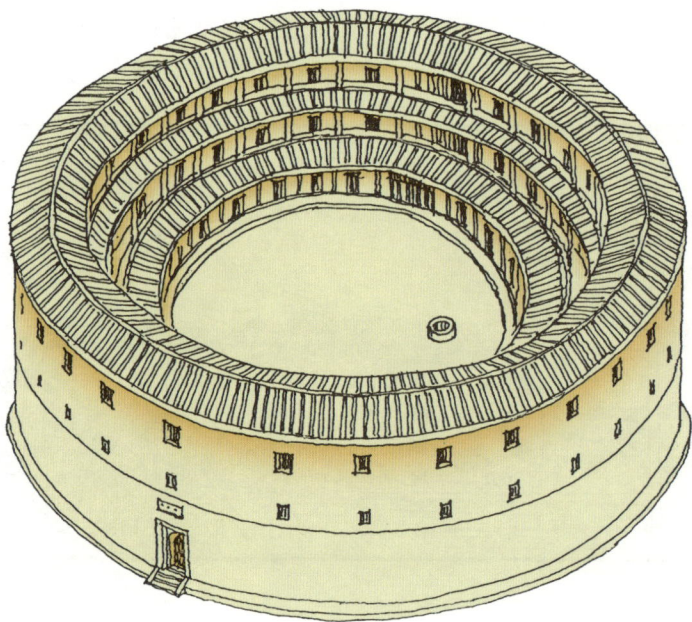

树滋楼　宜谷径村
和平乡　云霄县

千里记述：共产党游击队"对于中央军的进剿，视若无睹"。国民党围困数日无法攻破，挖墙失败之后，想恃炮破楼。动用平射炮轰击，哪知19发炮弹不过把土墙打了几个小坑而已，楼墙仍巍然不动。所以后人把裕兴楼称为轰不烂炸不垮的土楼。

　　永定县高陂镇的遗经楼，土地革命时期，红军永定独立团和赤卫队驻守该楼抗击白军和民团的围剿，相持两个多月仍未见楼内粮草短缺。最后白军和民团使用炸药包，连爆三次，只把大门边上的楼脚崩塌一个小角。

　　云霄县和平乡的树滋楼，建于乾隆五十四年（1789）。二百多年来几经自然及人为破坏仍安然无恙。1918年广东南澳7.25级大地震，震中离此地才60公里，只在楼北面顶部三合土墙上留下一道小小的裂缝。1936年，国民党白军围剿卢胜率领的红军独立营时，曾误把此楼围困七天七夜，用迫击炮连轰四天，三十余发炮弹只把土墙打了三个小坑。

　　在沿海的漳浦县现存的土楼中，我们所到的几乎没有一幢不曾遭火攻，烧焦的木门是战乱年代历史的见证。似乎每一幢土楼都经历了战火的蹂躏，留下了无数悲壮的回忆。

沟尾楼　船场镇　南靖县

我们在南靖县船场镇的沟尾楼还听到这样一段趣事：由于土匪得知楼内无井，便屯聚附近，迭攻累日，想持续围困待楼内断水则不攻自破。在危急之时，楼内居民将尿桶中浸过的布衫伸出窗外晾晒，制造假相迷惑土匪，终使其自动退去，才因此得救。

四、建造土楼的故事

有关土楼的建造也流传着不少故事。永定县湖坑镇南溪边庆扬楼与众不同的"石脚"（即土楼石砌的墙脚）就是一例。南溪地处山区，盗匪出没，经常撬墙挖洞，抢夺财物。河卵石砌的墙脚石块很容易被撬开的问题始终无法解决。庆扬楼的楼主是位女东家，建楼时对楼房的安全十分重视，她出高价请石匠来砌墙脚，但条件是没有一块石头可以被撬动。当地石匠都不敢接这个活儿。后来一个外地石匠欣然应聘，在石工谚语"砌石无样，尖峰向上"的启发下，经过反复试验，蓦然想出一个"尖峰向外，大头向内"的做法，果然灵验。这样的石脚盗匪用铁牛角也撬不动一块石头。从此，庆扬楼石脚的砌法便流传于世，成为土楼干砌卵石墙脚独特的工艺，确保了土楼的安全。

永定县下洋镇的中和楼是一座古老的土楼。据说建楼时，楼主请来两伙夯墙师傅，每天以烟酒茶饭盛情相待。动工前订立合同，规定了每版墙上土的层数和夯筑的次数，夯好的土墙要检查质量，即用铁钎插进土墙，其深度不得超过允许的数值，不合格必须返工。就这样两伙工匠相互竞争，以博得信誉。有一天，其中一队由于泥土配水比例不当，经楼主"打墙针"发现不合格，楼主本可以立即叫他们锄掉重筑，但他并没有这样做，而是先请工人们下墙休息，并备了丰盛的酒菜点心，待吃完之后才说："今天工资照付，一分不少，但要麻烦你们锄掉这几版墙重夯。"夯筑师傅们乐在心里，更加劲夯墙，确保了土楼的质量，因此这座楼的土墙异常坚固。

永定县湖坑镇的裕兴楼，建造时楼主更有绝招，除了热情招待之外，在工匠上墙前每人发给一个纸包，里面装了什么呢？上墙后打开一看竟是晶莹雪白的一块冰糖，他们明白了东家的用意，夯墙时哪有不出力的呢！过路人见夯墙工个个嘴巴鼓鼓地在专心夯筑，感到奇怪："怎么不说话呀？是牙疼吗？"叫他们怎么回答呢？后来有人将此事说明，路人才恍然大悟，美传该楼为"冰糖楼"。

五、风水先生的把戏

"风水术"寻求建筑、人和自然环境的协调和合，有其科学的一面，但也不乏假借"风水术"来骗人谋利的"风水先生"。下面这个故事就是为了戳穿"风水先生"的把戏：坐落在华安县仙都镇的二宜楼，两个侧门不对称布置令人费解，在探访中我们听说了这样一段有关风水先生的故事：

通常圆楼的两个侧门是对称布置的，两个侧门可以通视。由于修建二宜楼的蒋家与附近的刘家是对头，因此风水先生对刘家说，蒋家要建的圆楼两个侧门对直，正好"箭射"刘家的祖坟，如果给他 1 000 两银子，可以设法避免。风水先生又跑到蒋家，说两个侧门如果对直，后代会出聋哑，若给他 1 000 两银子可以设法"破"掉。结果，二宜楼的侧门错开了一个开间，风水先生从中得利捞走了两千两白银。

六、土楼兴衰的轶事

南靖县的南欧村是书洋镇一处交通闭塞的小山坳，这里有一座方楼，被人称为"进士楼"，门前旗杆竖立，门额上题"进士及第"四个大字。在这里，要提起这座土楼的主人进士张金拨老爷，故事可多了，对张老爷几乎有口皆碑。

传说张老爷的令尊大人是个做木材生意的富商，一心指望儿子能中举做官,荣宗耀祖。可张老爷的仕途并不平坦,一直考到50岁还是个举人。他老爷子仍给他鼓气,干脆叫他住在京城攻读,考中进士再衣锦还乡。于是他安心在京苦读,由于体谅老父年迈经商挣钱不易,因此在京城吃穿十分节俭,一日三餐都吃家乡带去的最便宜的笋干。几麻袋笋干吃完了,家人在京城四处买不到廉价的笋干,只好买小鸡给老爷下饭,他一见大怒:"不是逢年过节吃什么鸡,一顿一只鸡还不吃穷了。"后来他才知道笋干在京城算是"山珍",一斤笋干等于十只母鸡的价钱。直到54岁他终于考中进士,被派到甘肃福宁府一个小县当七品正堂。他当了一年县官,一清如水,不计俸禄,还倒赔了300两银子。他的长子中了举人后,去代老子当知县,年底回家带回3 000两雪花纹银。张老爷一见真气火了,高声训斥:"这种官不能当了!像你这样做官,一代当官三代绝,岂不是叫我张家断子绝孙吗?"张金拨信奉的格言是:"世事让三分天宽地阔,心里存一点子种孙耕。"至今这副楹联仍挂在"进士楼"的诗礼厅上。

在永定县城,北门山麓秋云楼的轶事更是广为流传。其楼门对联是"秋水一泓银涌地,云山万叠笋朝天",寓意"富贵双全",文字优雅,构思巧妙,不落俗套,而且对仗工整,因此脍炙人口。据说这是楼主花大钱在上海登报征选而得,难怪有此妙笔。此楼在永定县城所以出名,不仅因为楼主富有,而且由于此楼出了不少人才。据说以前每年春节楼门口都挂一对灯笼,左边书"兄博士",右边书"弟学士",其后人为博士、学士的更难尽数。

此楼取名"秋云"是因为楼主乃秋航、云航两兄弟。他们原籍抚市乡社前村,父亲是私塾教师,生五子一女,无奈家境清贫。秋航、云航两兄弟只好放弃仕途,弃学经商,迁居到县城联手做条丝烟生意。永定种植烤烟有四百多年的历史,永定的烤烟色、香、味俱佳,当时正销路兴旺,他们把条丝烟发运到扬州、镇江销售,经过数年辛苦经营,如愿以偿发了大财,遂在县城盖起全城瞩目的秋云楼。明中叶以后永定县外出经营条丝烟致富的人很多,这正是永定县大量兴建土楼的重要经济基础。

特别值得一提的是，第二次国内革命战争时期，1931年10月中旬，周恩来同志秘密从上海取道香港、潮汕前往江西中央苏区时，途经永定，曾在秋云楼的前堂住了两个晚上。

七、"落户秘鲁"的土楼

永定土楼"落户秘鲁"是发生在最近几年的一段真实动人的故事。1985年11月联合国教科文组织在北京召开国际生土建筑学术研讨会，会后秘鲁籍的拉美生土建筑研究中心主席西尔维亚·马图克女士和她丈夫副主席阿兰·海斯先生(法国籍)、联合国教科文组织顾问比利时的史蒂汶斯·安德烈，以及日本建筑师福岛骏介等四人到福建永定县考察土楼，由于时间仓促，未能尽兴，但是福建土楼却给他们留下了极其深刻的印象，激发起浓厚的研究兴趣。1990年夏天海斯和马图克夫妇俩不远万里又一次来到永定，想解开心中有关福建土楼夯土技术的种种疑团。特别是下洋镇上川村1980年春天新建的大圆楼——新华楼引起他们极大的兴趣。当他们看到筑墙用的"墙枋"是直的模板时大惑不解地问："那你们怎么筑成圆形的土楼？"当楼主告诉他筑圆楼的"墙枋"比筑方楼的短，一段段短折线自然可以围成圆形，他们才恍然大悟。临走时还装了一袋夯墙剩下的"熟泥"和一袋旧楼墙的泥巴回国进行认真分析研究。同时"花了很长时间"培训了一批夯土楼的技术工人，在秘鲁的马卡村用夯土墙方法建起了土楼式的学校。1993年7月23日，马卡村遭遇一次4.8级地震，震中距离该村只有10公里，整个村庄都遭到破坏，一座古老的教堂也倒塌了，而这所土筑的学校却完好无损。村民们都十分惊讶，当地报纸立即报道了这个消息。永定土楼在秘鲁"落户"并显示了它卓越的抗震性能，使太平洋彼岸的人们惊叹不已。

八、土楼里盛传的笑话

走进土楼的大门，门厅两侧靠墙摆着长长的木板凳，这里是楼内公共交往的理想场所，夏日这里的穿堂风凉爽宜人，土楼的居民们都喜欢在这里吃饭、纳凉、闲聊。很多关于土楼的故事就是在这里传播。更有许多土楼里的笑话也在这里产生，并流传开来。

一则"说谎"的笑话提到一个阿仙叔，他的说谎逗乐的本事远近闻名，有一天，一群孩子路上遇见他，央求他"扯个谎乐乐"，他一本正经地边走边说："没空没空，河里毒鱼，满河泛白，我得赶快取网捞去。"孩子们一听，巴不得去捡它几尾，便三步并作两步赶到河边，结果连鱼腥也闻不到，才知上当。孩子们气呼呼找阿仙叔算账，阿仙叔说："不是你们求我说谎乐乐吗，谁叫你们当真呢。"

还有一则"打平伙"的笑话，说三个吝啬鬼打平伙，约定每人带上一瓶上好的酒进餐。三个人都想占便宜，带的都是白开水。酒席上开第一瓶是水，三人都唯恐是自己带的，便同声夸："好酒，好酒！"打开第二瓶又是水，三人还唯恐这是自己带的，仍然赞："有劲，有劲！"喝到第三瓶还是水，三人才心照不宣，只好齐声说："不错，不错。"三个人喝了一肚子闷水，暗自骂道："乞食子，没有一个带酒的！"

土楼里的笑话给小孩带来无穷的乐趣，也以笑醒人，丰富了土楼里的日常生活。

九、海峡两岸的亲情

福建土楼还紧紧联系着海峡两岸的亲情。永定南靖是不少台湾客家人的祖籍地。台湾国民党主席吴伯雄的祖籍就在永定县的下洋镇。李登辉的祖籍是永定县湖坑镇。

吕秀莲祖上就居住在南靖县书洋镇田中村的龙潭楼。

吕秀莲数典忘祖，然而现在居住在台湾桃园市的吕氏宗亲已繁衍到两万人，他们都以龙潭楼作为家族的标志。1989年吕氏居台子孙返乡祭祖探亲，并立碑纪，碑文写道："海峡两岸隔绝一个世纪，但隔不断血浓于水的亲情。"台湾的桃园市与福建的龙潭楼分别新建吕家宗祠，竟不约而同于1988年11月20日（农历十月十二日）同日落成，这种巧合令人惊异又感动。

在福建土楼里有说不完的神奇传说，讲不完的真实故事。如"凤眼楼"保护永定城的传说，提到流寇架云梯登城时城墙会陡然腾升，使城池稳如泰山；还有"一夜成高楼"的建楼神话，等等，这些近乎神话的传奇故事数不胜数。当然也有不少颂鬼神、讲报应、宣传封建迷信的故事，如今绝对不能以挖掘文化内涵为由再把它们整理出来宣扬，而应该作为文化糟粕坚决加以摈弃。

土楼长城（客家土楼旅游发展有限公司提供）

福建土楼

中国传统民居的瑰宝

第 **拾伍** 章

迫在眉睫的保护开发

　　福建土楼是闽西、闽南的历史、文化的载体和佐证，是居住在土楼里的闽南人或是客家人经济文化的"自传"，是建造者科学技术水平的体现，是他们的生活方式、风俗习惯、审美理想的集中表现。因此对福建土楼的深入研究具有重要的历史价值与艺术价值。

　　福建土楼从山寨、城堡演变发展至今已有近千年的历史。明清两代是福建土楼的全盛期，随着时代的发展，传统土楼建筑已不能很好地满足现代生活的要求而不断被废弃，尤其是近二十余年来农村经济的迅速发展，土楼已逐渐被淹没在现代砖砌的民居之中。土楼文化正濒临灭绝的边缘，土楼的保护、利用和开发已是迫在眉睫的课题。

　　目前，急切要解决的是两个问题：一是对福建土楼进行更深入的研究；二是在深入研究的基础上落实保护措施，使福建土楼作为中国建筑乃至世界建筑园地中的一朵奇葩得以完好保存，并作为珍贵的历史文化遗产而造福人类。

一、科学普查至关重要

　　福建土楼的基本类型虽已摸清，但其"家底"至今心中无数。永定县的人说共有土楼两万多座，南靖县的人称有土楼一万五千座。由于对"土楼"的概念含混不清，没有明确的界定，在这个最基本的概念上缺乏共识，统计数字自然相去甚远。再如漳州市所属的平和县、云霄县、诏安县都没有进行过土楼普查。尤其是平和县,它是福建土楼最集中、最有典型意义的县份之一,但是在土楼的数量上至今没有准确可靠的统计数字。

由于没有进行科学的普查,才有了近年来福建土楼不断的"新发现"。例如,原以为永定县湖坑镇洪坑村的如升楼是直径最小的圆楼(外径17.4米),前两年才发现,南靖县南坑乡新罗村的翠林楼才是直径最小的圆楼(外径只有13.72—14.25米)。原以为福建土楼只集中在闽西的龙岩、永定和闽南的漳州市所属县市,这几年才知道,原来泉州市沿海的南安市和惠安县也有土楼,虽然数量很少,但又别具一格。华侨大学研究生就以此为课题作了调查研究。2001年11月福建的《海峡都市报》又以《明末古村落"隐身"漳州600年》为题报道了漳州近郊天宝镇洪坑村占地130公顷的古村落。村中"青砖石壁脚,道路似迷宫",村中心居然是一座三层的圆楼"鸿湖乐居"。前面提到2002年12月5日,一天之内发现三个福建土楼之最,就很说明问题。

可见,对福建土楼有计划地进行科学的普查是深入研究必要的基础工作。遗憾的是这个工作还没有引起足够的重视。

二、推动多学科深入研究

关于福建土楼的研究虽然已经取得可喜的成果,但整体来说还只是处于起步阶段,很多问题还有待深入地研究。虽然目前对土楼感兴趣的已不局限于建筑学者,但多学科的共同研究还未形成合力,至今未召开过多学科共同探讨的学术会议,更谈不上有组织地进行跨学科的系统研究。

福建土楼分布区域虽不算广,但也横跨博平岭,从闽西山区到闽南沿海,遍及龙岩、漳州、泉州三个市所属地区。各地民俗差异很大,尤以闽西客家人与闽南人的民间风俗差异更为明显。在研究各地不同的民俗对土楼建筑影响的课题

集庆楼　初溪村　下洋镇　永定县

集庆楼内院

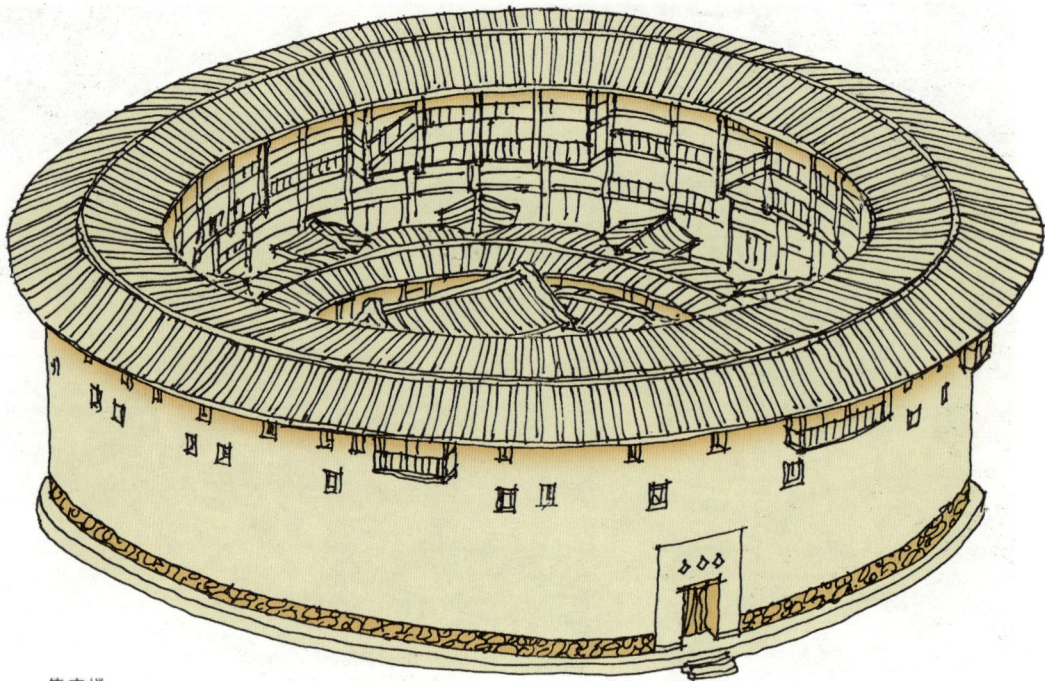

集庆楼

上，就有待民俗学者、人类学学者与建筑学者共同的努力。此外，各地土楼的用料、选材、施工工艺、特殊做法也不尽相同，各具特色，也有必要深入调查、总结和挖掘。

至于土楼的形式特色，尤其是内通廊式与单元式这两种截然不同的平面布局，其产生的原因还很有必要深入地探讨。现在只能说内通廊式大致上是客家土楼为主的平面形式，单元式大致上是闽南土楼为主的平面形式。如在闽西客家人聚居的永定县全是内通廊式土楼，仅有一座土楼是单元式的（下洋镇初溪村的集庆楼）。在闽南人聚居的华安县全都是单元式土楼，泾渭分明。然而，地处闽西、闽南交界的南靖县，闽南人也住内通廊式土楼，平和县的客家人也住单元式土楼，这在过渡地带并不奇怪。但是闽南沿海的云霄、东山等县闽南人居住的是单元式土楼，而漳浦县的闽南人居住的不少是通廊式土楼，这就很值得深入探究。

总之，只有通过科学的普查和深入的研究，才能知道哪些土楼有价值、有典型意义，才能明确保护的重点和范围，才能有的放矢，分层次、有计划地加以保护。

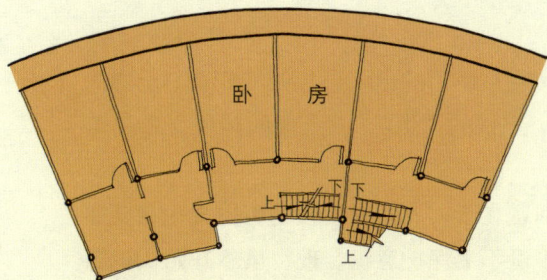

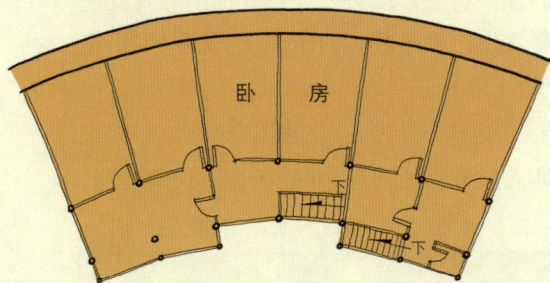

集庆楼三层与四层平面图

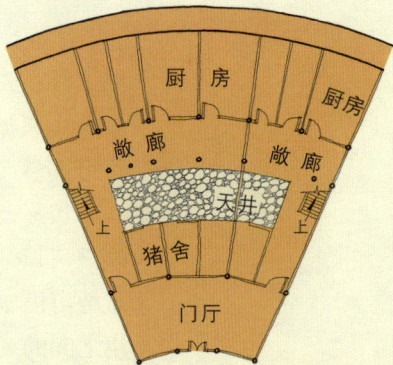

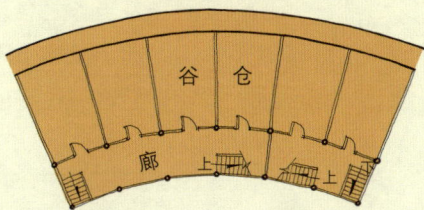

集庆楼单元底层与二层平面图

三、抢救保护迫在眉睫

　　近二十多年来福建土楼所在地区的经济飞速发展，人口不断增加，原有的土楼早已不堪重负。许多年轻人搬出老土楼新建单幢的一字型的小型土房。随着生活水平的进一步提高，土楼村落中又建起了大量砖砌白瓷砖贴面的小楼房。建筑越盖越多，树木越砍越少，土楼聚落的自然环境和人文环境都在急剧恶化，现在想拍一张"原汁原味"反映土楼聚落本来面目的照片都十分困难。生土夯筑的土楼被淹没在现代化的小楼之中。有的土楼中的木构被整幢拆毁，有的木料被卸下建造新房，更有的被一把火烧光。2001年9月，福建土楼的一个代表性聚落河坑村的"七方七圆"中的一座圆楼阳春楼就是一夜之间毁于火灾，现在只剩下一个土墙的躯壳。

　　前些年土楼旅游的发展也造成土楼聚落环境的破坏：水泥马路修进了土楼村落，大型的停车场就设在土楼门口，白瓷砖贴面的土楼宾馆建在村中，无数的旅游纪念品地摊围绕土楼，紧绕土楼安装不锈钢的出入口控制三辊门，土楼内像是小商品超市……土楼的"土味"、土楼的传统文化氛围行将荡然无存。

实际上最大的问题在于，人们对土楼的历史文化意义还缺乏认识，所以根本谈不上保护意识。现在虽然开始认识到土楼可供旅游观光的经济价值，却又处理不好保护与开发利用之间的关系，说是开发，实是破坏。所以说土楼的保护已是当务之急。这个问题如果今天不能勇敢面对、认真解决，福建土楼这个不可再生的资源一旦丧失，将来定会悔之莫及。我们这一代将成为破坏人类文明的罪人，而被子孙万代所唾骂。

四、申报"世遗"推动保护

非常可喜，福建土楼的保护近年来得到政府有关部门的重视。自从华安县的二宜楼1996年11月第一个被列为全国重点文物保护单位之后，2001年又有田螺坑、振成楼、福裕楼、奎聚楼、和贵楼、承启楼、绳武楼等列为全国重点文物保护单位，此外更多的福建土楼列入了县级保护单位的名单。

从1999年开始，福建土楼开始申报列入世界文化遗产名录。通过对申报名称到申报范围的讨论，统一了政府领导、文化部门、专家以及群众的认识。申报的名称从以"客家土楼"为名统一到以"福建土楼"为名，从而涵盖客家人和闽南人两大民系，不仅大大丰富了土楼的形式，也大大增加了土楼文化的内涵。通过反复的讨论使福建土楼的历史、文化、艺术价值更加深入人心。

在各级政府的领导下，干部群众与专家学者紧密结合，确定申报范围，制定保护规划和实施政策。同时投入足够的资金，集中力量整治：整理环境，拆除不协调的新建筑，修整重点土楼，建立居民新村安置拆迁户。短时间内就大见成效，恢复被破坏的环境，还原了土楼聚落应有的传统风貌。以申报"世遗"为动力，一个保护福建土楼的热潮掀起了。福建土楼的保护工作从个别专家的呼吁变成从上到下的实际行动,福建土楼的保护工作可以说有了一个大的飞跃。

2008年7月福建土楼正式列入世界遗产名录,标志着土楼的保护得到世界的认可。目前列入世界遗产的土楼,由龙岩、漳州两市所属的永定、南靖、华安三县的"六群四楼",即永定县的初溪、洪坑、高北土楼群及衍香楼、振福楼,南清县的田螺坑、河坑土楼群及和贵楼、怀远楼,华安县大地土楼群共计46座土楼。

现在更有必要关注的是福建土楼更大范围保护的课题。为了争取"世遗"的称号,领导重视,上下齐心,全力以赴,但是考虑到整治的难度和时间局促的矛盾,申报范围涵盖的面较小。实际上福建土楼中具有典型意义和独具特色的聚落和土楼单体绝不仅仅限于目前列入"世遗"的土楼和村落。南靖县的石桥村、塔下村、下坂寮村和永定县的实佳村等等都是独具魅力的土楼聚落。漳浦县的锦江楼,平和县的绳武楼、西爽楼、厥宁楼,永定县的大夫第、遗经楼、环极楼,安溪县的辉斗楼等等都是独具特色的土楼,都应该有计划地妥为保护,分别轻重缓急,有的抢救修复,有的局部整治。千万不能只把眼睛盯在已列入"世遗"的土楼上,让这些同样宝贵的资源丢失。回想起来目前列入"世遗"的村落,要是回到十几年前我见到的模样,完全不必花费数百上千万元资金,费如此大的力气搞拆迁整治。但愿不要到10年以后,我们再来重复这种遗憾。希望这一点能引起有关政府部门足够的重视,推动福建土楼的全面保护。当然全面保护并不等于全部保护,全部保护无疑是不现实的。只有在深入研究的基础上抓住重点,分别层次加以保护,有的复旧,有的维修,有的外观不变内部改造,使土楼能够满足现代生活的种种需求。控制新建民居的造型使之与整个土楼聚落环境相协调,为土楼居民创造更加理想的生活环境。

此外,遗产地的保护,还必须有大环境保护的观念。除了自然山水的大环境要保护之外,还要保护土楼所在地域的大环境。保护土楼绝不仅仅是为了保护若干栋土楼,而是要注意保护整个地域的建筑文化氛围，也就是要保护好土楼这个文化遗产产生的文化土壤和环境背景，才不至于造成文化遗产地的"文化流失"，导致遗产价值的毁灭。

五、开发土楼旅游促进土楼保护

随着我国人民生活水平的提高，作为人文景观和自然景观完美结合的土楼村落近年来已经成为人们旅游的一个新热点。永定县的旅游部门最早意识到土楼作为旅游资源的潜力与价值，率先推出了"客家土楼旅游"的项目，使国内外游客走进了客家山村，客家土楼的独特魅力，令他们称奇叫绝。土楼旅游促进了土楼的宣传，使福建土楼一步步走向世界。由于保护意识的薄弱，如前所述，旅游的确造成了土楼环境的破坏。但是没有旅游的推动，人们不可能这么快地意识到土楼的价值和土楼保护的重大意义。没有旅游的推动，山村的经济不可能得到如此快的发展。旅游的收益促进了地方经

侨福楼外观

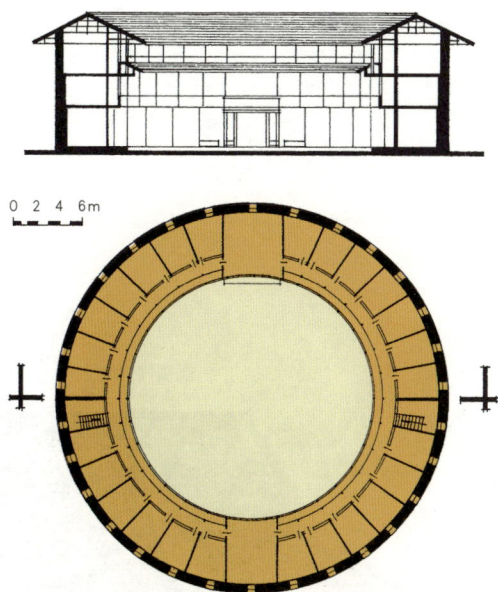

侨福楼剖面图与三层平面图

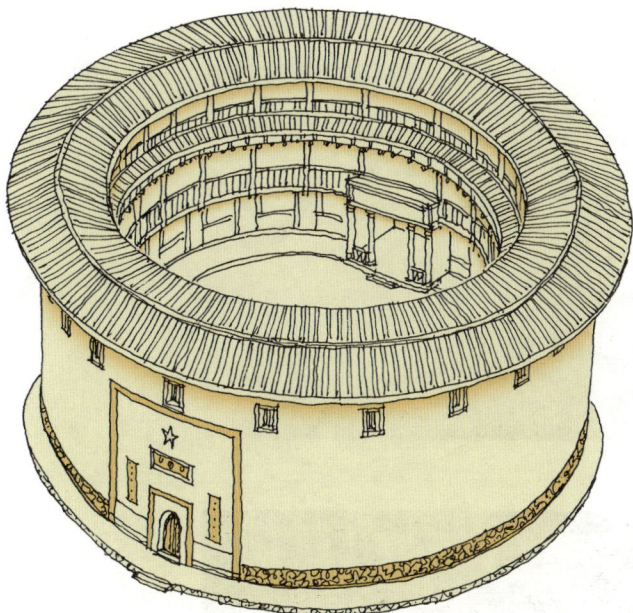

侨福楼　高北村　高头乡　永定县

济的飞跃，反过来就更有财力修复和保护土楼。旅游的发展改变了人们的思想观念，又把土楼的保护推向更高的层次。

固然旅游的发展致使一些新建的不相称的建筑破坏土楼的环境，但是一旦意识到它的破坏作用，整治起来并不困难，只要"真古董"保住了，"假古董"容易拆除。设想一下，如果没有旅游的开发，也许有的土楼早已废坯；如果没有旅游的发展，这些"真古董"的毁坏也许更多、更快。现在永定的洪坑村已作为土楼民俗文化村，多层次多方位地展现客家土楼山村的风采，吸引越来越多的游客。在永定的高头乡高北村的侨福楼，民间自筹资金，利用土楼建立土楼民俗博物馆，搜集了许许多多珍贵的土楼名匾、民俗器具、古式家具、传统农具，其展品之丰富、氛围之独特可谓罕见，它已成为土楼旅游中不可多得的、不能不看的一个内容。现在永定县湖坑镇洪坑村的振成楼已办起了土楼旅馆，不少国内外游客不愿住现代宾馆，点名要到这个土楼旅馆住上一夜。可见土楼的旅游开发与土楼的保护不仅不矛盾，反而可以做到相互促进。以旅游促保护，以保护促旅游，无疑是一个现实的、正确的选择。

土楼居民使用的武器（侨福
楼土楼民俗博物馆内展品）

侨福楼内院

脸盆架（侨福楼土楼民俗博物馆内展品）

福建土楼列入"世遗"，无疑使之声名远扬。前来观光、旅游、考察的国内外人士倍增。土楼旅游的新高潮已经到来，土楼旅游的发展必将造福土楼居民。配合旅游的开发，要解决旅客的吃、住、游服务，因此道路交通、配套服务设施建设即将大规模展开。越来越多的投资商、开发商也会前来掘金。如何处理好土楼保护与旅游开发的关系是当务之急。土楼的保护与开发是一对矛盾。旅游开发对土楼而言是一把双刃剑，搞得好对土楼保护是一种促进，搞不好势必造成更大的破坏。不少"世遗"的过度旅游开发和过度商业化造成恶果的前车之鉴我们一定要吸取。警惕"开发性"的破坏！这个警钟现在敲响正是时候。千万不能因此造成新一轮的环境破坏！保护与开发，保护始终应该放在第一位。不好好保护，把旅游资源毁了，还有什么开发可言。探索土楼保护与旅游开发的和谐结合，是如今摆在我们面前急切而又必须解决的一大课题。我们相信在新的世纪，福建土楼由于旅游的推动，肯定会得到更好的保护，使之无愧于世界文化遗产的称号，为人类的文明作出新的贡献。

塔下村庆德楼客房

塔下村庆德楼旅馆

河坑村　书洋镇　南靖县

结束语

走向未来的福建土楼

　　原先很多人以为福建土楼只是几座历史的遗存,实际上福建土楼总数三千多座,就是说如今还有数十万人仍然在土楼中生活。可见福建土楼至今还有它存在的基础。毫无疑问,随着时代的进步,生活水平的提高,生活方式的现代化,传统的土楼已不能很好地满足现代生活的需要和不断发展的居住要求。所以在建设新村的同时,改造更新传统土楼,改善数十万土楼居民的居住环境,是一个重要的现实课题。传统土楼中如何改善卫生条件,增加现代浴厕设备,如何采取有效的木结构防火措施,以确保居住安全等等,都应认真研究,切实付诸实施。

　　随着时代的发展,福建土楼这种建筑形式是否会灭绝?不少人认为传统土楼是福建历史上特定历史地理环境的产物,如今防卫要求消失了,经济发展了,技术进步了,人们的生活需求也改变了,这种传统土楼必然会逐渐消亡。然而,福建土楼就地取材、冬暖夏凉、安全牢靠以及楼内小气候的营造和温馨的邻里亲情不能不让人留恋。当我们某些人把土楼看做"落后"、"脏乱"的破房子时,国内外不少有识之士却从中发现了它独特的可资借鉴和继承的一面:日本东京艺术大学的片山和俊教授模仿福建圆楼,在日本埼玉县建造了森林科学馆,就是以圆楼的立意创造了全新的空间形象。在美国加利福尼亚州的一个科学图书馆,取福建圆楼、方楼的外观形象和封闭的平面布局手法,创造了对外封闭、对内开敞的闹中取静的阅览环境。中国的建筑师们在继承福建土楼

森林科学馆外景

日本埼玉县森林科学馆的"圆楼"

森林科学馆木构坡屋顶

日本埼玉县森林科学馆（鸟瞰）

森林科学馆外观

福建省　武夷山市　玉女宾馆

美国加州某科学图书馆外观

美国加州某科学图书馆外观

美国加州某科学图书馆室内

福建省图书馆

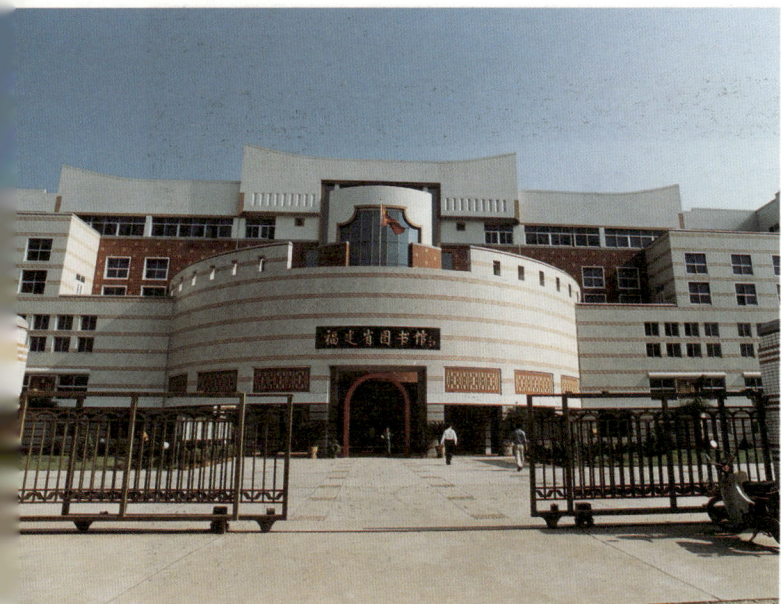

福建省革命历史纪念馆

福建省革命历史纪念馆内院

传统、创造新的地域特色方面也作了许多尝试：福建武夷山的玉女宾馆，汲取福建圆楼的形式特色建造现代的酒店，创造了浓郁的福建特色。福建省图书馆的大门入口，取福建圆楼的形象，设计半圆形的回廊，围合出前院空间，使人们从嘈杂的城市街道进入宁静的图书馆的过程中，实现了空间和情绪上的过渡，使福建省图书馆这一文化建筑刻上鲜明的福建特色的印记。在福建省革命历史纪念馆的设计中，采用隐喻福建圆楼的一虚一实的圆形空间，实现参观人流的转折，加强了纪念性建筑的空间序列。在福建龙岩会展中心的设计中，在设计理念上更新、传承了福建土楼的文化内涵，在现代建筑中体现了地方特色。

进入新世纪，从人类与环境共生的角度、从实现可持续发展的高度来审视福建土楼，可以发现福建土楼在中国传统民居建筑中，是利用自然的、天然的、洁净的资源的典范。福建土楼就地取材建造，泥土和杉木来自土地，废圮后又回归土地，正是由于它的建造使用的是"可循环"的建筑材料，

福建省龙岩博物馆

福建公安学校图书馆取福建圆楼的造型，创造了对外封闭对内开放、宁静的阅览环境。

所以上千年的变迁丝毫没有造成环境生态的破坏。为实现环境友好型、资源节约型社会的宏伟目标，为建设在建筑全寿命周期中，最少程度地占有和消耗地球资源，用量最少且效率最高地使用能源，最少产生废物并最少排放有害环境的物质，与自然和谐共生，有利于生态系统与人居系统共同安全，健康且满足人类功能需求、心理需求、生理需求及舒适需求的宜居的可持续建设，即绿色建筑。福建土楼这种生土建筑与环境的有机结合对环境生态保护的特殊意义，可以给现代人很多启示。发掘生土的作用，发挥生土墙"可呼吸"和调节室内温湿度的奇特功能，建造新型的生土建筑，以现代的技术手段来营造人与环境间更亲密的和谐关系，这无疑是具有重大现实意义的选择。

可喜的是，现在国内外一些建筑学者已经致力于这方面的研究。美国、日本、欧洲一些建筑学者已经动手尝试用新的夯土工艺建造全新的实验性的生土建筑。在福建土楼的所在地，应该更有条件更有理由在这方面作些探索并作出贡献。但愿这能引起有关部门的足够重视。

福建土楼这种生土建筑会不会成为历史的陈迹，我们还不能过早地下这个结论。虽然近年来人们不再建造大型的土楼，然而现在大量独门独户的一字形小土房，无规划地随意建造，使得公共空间杂乱无章，原本紧缺的土地被占用，优美的自然环境遭受破坏。分散居住在小土房中与居住在古老大土楼中相比，良好温馨的邻里关系明显淡化了⋯⋯在地少人多的福建山区，人们一旦觉悟到这种发展形式的危害，是否会唤起对传统聚居模式的回忆？随着城市化进程的加快，在未来的某个时候，一种建立在人类文明新高度上的圆楼、方楼，是否会以崭新的面貌在这块土地上再现呢？我想历史终究会作出肯定的答复。

福建土楼所在地龙岩市在省会建造的福州龙岩大厦方案，外观设计采用圆楼的"符号"来表现其地域特色。

福 建 典 型 土 楼 一 览 表

一、圆楼

类别	项目	楼名	地点	建造年代	平面示意	编号
圆楼	内通廊式	怀远楼	南靖县梅林镇坎下村	1909 年		1
		承启楼	永定县高头乡高北村	1709 年		2
		顺裕楼	南靖县书洋镇石桥村	1933 年		3
		如升楼	永定县湖坑镇洪坑村	清光绪年间		4
		裕昌楼	南靖县书洋镇下坂寮村	明末清初约三百年前		5
		振成楼	永定县湖坑镇洪坑村	1912 年		6
		侨福楼	永定县高头乡高北村	1962 年		7
		田螺坑	南靖县书洋镇田螺坑村	1930—1968 年		8
		环极楼	永定县湖坑镇南中村	1693 年		9
		衍香楼	永定县湖坑镇新南村	1842 年		10
		振福楼	永定县湖坑镇西片村	1913 年		11
		永康楼	永定县下洋镇霞村	1938 年		12
		深远楼	永定县古竹乡古竹村	1877 年		13
		福盛楼	永定县陈东乡岩太村	1968—1981 年		14
		翠林楼	南靖县南坑镇新罗村	1617 年		15

类别	项目	楼名	地点	建造年代	平面示意	编号
圆楼	单元式	龙见楼	平和县九峰镇黄田村	清康熙年间		16
		集庆楼	永定县下洋镇初溪村	明代		17
		二宜楼	华安县仙都镇大地村	1770 年		18
		南阳楼	华安县仙都镇大地村	1817 年		19
		齐云楼	华安县沙建镇岱山村	1590 年		20
		升平楼	华安县沙建镇岱山村	1601 年		21
		树滋楼	云霄县和平乡宜谷径村	1789 年		22
		土城楼	漳浦县石榴镇崎溪村	清嘉庆年间		23
		绳武楼	平和县芦溪镇蕉路村	1875 年		24
	特殊形式	在田楼	诏安县官陂镇大边村	1640—1700年之间		25
		厥宁楼	平和县芦溪镇芦丰村	1720 年		26
		锦江楼	漳浦县深土镇锦江村	1791 年1803 年		27
		雨伞楼	华安县高车乡洋竹径村	约1700 年		28
		辉斗楼	安溪县龙涓乡宝都村	1824 年		29

福建土楼

中国传统民居的瑰宝

二、方楼

类别 项目		楼名	地点	建造年代	平面示意	编号
方楼	内通廊式	和贵楼	南靖县梅林镇璞山村	1732年		30
		庆云楼	龙岩市适中镇仁和村	一百三十多年前		31
		德星楼	华安县高车乡洋竹径村	1877年		32
		完璧楼	漳浦县湖西乡赵家堡	1600年		33
		善成楼	龙岩市适中镇	1781年		34
		奎聚楼	永定县湖坑镇洪坑村	1834年		35
		振德楼	南靖县书洋镇石桥村	清康熙年间		36
		德辉楼	永定县下洋镇	1937年		37
		五实楼	永定县古竹乡	三百多年前		38
	单元式	西爽楼	平和县霞寨镇西安村	1679年		39
		咏春楼	平和县九峰镇黄田村	1770年		40
		思永楼	平和县五寨乡埔坪村	1727年		41
	特殊形式	沟尾楼	南靖县船场镇西坑村	二百八十多年前		42
		长源楼	南靖县书洋镇石桥村	1723年		43
		遗经楼	永定县高陂镇上洋村	1806年		44
		富紫楼	永定县下洋镇中川村	一百七十多年前		45
		清晏楼	漳浦县旧镇秦溪村	1756年		46

三、五凤楼

类别 项目	楼名	地点	建造年代	平面示意	编号
五凤楼	大夫第	永定县高陂镇大塘角村	1828年		47
	永隆昌楼	永定县抚市镇新民村	清咸丰同治年间		48
	福裕楼	永定县湖坑镇洪坑村	1882年		49

四、其他形式

类别 项目	楼名	地点	建造年代	平面示意	编号
其他形式	顺源楼	永定县高头乡高东村	150年前		50
	八卦堡	漳浦县深土镇东平村	晚清		51
	半月楼	诏安县秀篆镇大坪村	400多年前至20世纪60年代		52
	提督府	漳浦县湖西乡顶坛村	康熙末雍正初		53

五、最大的土楼

类别 项目	楼名	地点	建造年代	平面示意	编号
最大的圆楼	云巷斋	平和县安厚镇汤厝村	20世纪30—70年代		54
最大的方楼	庄上城	平和县大溪镇庄上村	清康熙初年		55
最大的前方后圆式土楼	淮阳楼	平和县大溪镇江寨村	清乾隆年间		56

福建典型土楼分布图

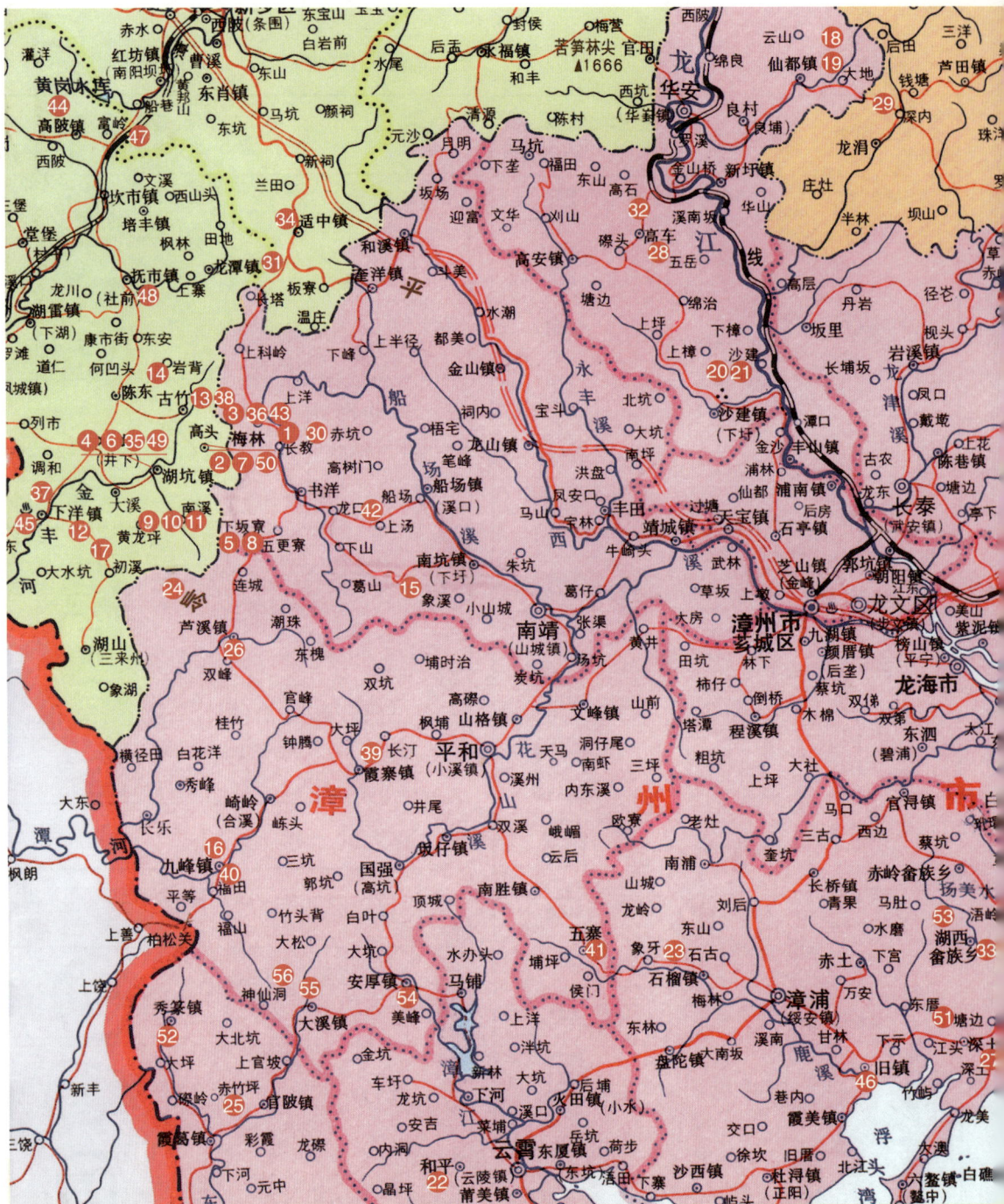

福建土楼 中国传统民居的瑰宝

1.怀远楼	8.田螺坑	15.翠林楼	22.树滋楼	29.辉斗楼	36.振德楼	43.长源楼	50.顺源楼
2.承启楼	9.环极楼	16.龙见楼	23.土城楼	30.和贵楼	37.德辉楼	44.遗经楼	51.八卦堡
3.顺裕楼	10.衍香楼	17.集庆楼	24.绳武楼	31.庆云楼	38.五实楼	45.富紫楼	52.半月楼
4.如升楼	11.振福楼	18.二宜楼	25.在田楼	32.西爽楼	39.永春楼	46.清晏楼	53.提督府
5.裕昌楼	12.永康楼	19.南阳楼	26.厥宁楼	33.完璧楼	40.咏春楼	47.大夫第	54.云巷斋
6.振成楼	13.深远楼	20.齐云楼	27.锦江楼	34.善成楼	41.思永楼	48.永隆昌楼	55.庄上城
7.侨福楼	14.福盛楼	21.升平楼	28.雨伞楼	35.奎聚楼	42.沟尾楼	49.福裕楼	56.淮阳楼

The History of Beehive-shaped Homes

by Kelly Hart

The idea of making walls by stacking bags of sand or earth has been around for at least a century. Originally sand bags were used for flood control and military bunkers because they are easy to transport to where they need to be used, fast to assemble, inexpensive, and effective at their task of warding off both water and bullets.

At first natural materials such as burlap were used to manufacture the bags; more recently woven polypropylene has become the preferred material because of its superior strength. The burlap will actually last a bit longer if subjected to sunlight, but it will eventually rot if left damp, whereas polypropylene is unaffected by moisture.

Because of this history of military and flood control, the use of sandbags has generally been associated with the construction of temporary structures or barriers. Using sandbags to actually build houses or permanent structures has been a relatively recent innovation.

In 1976 the Research Laboratory for Experimental Building at Kassel Polytechnic College in Germany began to investigate the question of how natural building materials like sand and gravel could be used for building houses without the necessity of using binders.

The use of fabric-packed bulk material was found to be a cost-efficient approach. They used pumice to pack in the bags, because it weighs less and has better thermal insulating properties than ordinary sand and gravel. Their first successful experiments were with corbelled dome shapes (an inverted catenary) which was obtained with the aid of a rotating vertical template mounted at the center of the structure.

1978, a prototype house using an earthquake-proof stacked-bag type of construction was built in Guatemala. They used cotton bags soaked in lime-wash to protect the material from rot and insects. When flattened, the bags measured roughly 8×10 cm. Vertical

bamboo poles placed on both sides of the bags and interconnected with wire loops gave the stacked bags stability. The bamboo rods were fixed to the foundation and to the horizontal tie beam at the top.

It was an Iranian-born architect named Nader Khalili who has popularized the notion of building permanent structures with bags filled with earthen materials. Actually his first concept was to fill the bags with moon dust! Attending a 1984 NASA symposium for brainstorming ways to build shelters on the moon, Khalili coupled the old sandbag idea with the ancient adobe dome and arch construction methods from his homeland in the Middle East. He realized that bags filled with lunar "dirt" could be stacked into domes or vaults to provide shelter.

Khalili came up with a further refinement on this building concept on Earth: for a more permanent, shock-resistant structure, why not place strands of barbed wire between the courses of bags, thus unifying the shell into a more monolithic structure?

At first Khalili was filling his experimental bags with desert sand, but then he evolved his idea of "superadobe", where bags or long tubes of polypropylene bag material would be filled with a moistened adobe soil that would dry into large adobe blocks. In this case the original bag material was merely the initial form and would not necessarily be an integral part of the eventual structure.

Soon after these first experiments, Khalili

began publicizing his work through newspaper and magazine articles and conducting workshops and seminars on the techniques that he was perfecting. Many people who read about his work, visited his compound in Hesperia , California , or studied with him there, decided to go ahead with their own experiments with his ideas.

Among these "early adopters" were Joe Kennedy, Paulina Wojziekowska, Kaki Hunter and Doni Kiffmeyer, Akio Inoue, and Kelly Hart. I believe that it was Joe Kennedy who coined the more general term "earthbag" to suggest that the bag could contain a variety of earthen materials.

Paulina Wojciechowska was the first to write an entire book on the topic of earthbag building: Building with Earth: A Guide to Flexible-form Earthbag Construction was published in 2001. This featured some of her early experiments done at Khalili's CalEarth, along with several other case histories.

Akio Inoue, from Tenri University in Japan, has done extensive experimentation with earthbag construction, both on the campus of the University and in India and Africa where many other domes have been built for assistance programs.

Kaki Hunter and Doni Kiffmeyer (a couple) became enamored with earthbag construction after studying with Khalili, and worked on a variety of projects, both for themselves and for clients. In 2004 they wrote and got published another book, Earthbag Building : the Tools, Tricks and Techniques , based on their particular experience.

Kelly Hart (the author of this article) first began experimenting with earthbag building in 1997, after being exposed to the concept while producing his video program, A Sampler of Alternative Homes: Approaching Sustainable Architecture . He later documented his experience in actually building his own home in another program titled Building with Bags: How We Made Our Experimental Earthbag/ Papercrete Home . Both of these programs are now available as DVD's.

In the meantime, Nader Khalili was continuing the promotion of his "Superadobe" technique and eventually decided to patent the idea, which he obtained in the U. S. in 1999, using very general terms that cover using bags made of any material being filled with virtually any material, and combining these with barbed wired between the courses. While having made many public statements that this concept was his gift to humanity, he obviously wanted to capitalize on the potential economic reward.

Many of us who had been engaged in

promoting earthbag building on our own were contacted by Khalili and asked to enter into contracts with him in order to continue our work. It didn't take much research to discover that his patent could easily be disqualified because he had been publicizing his techniques through various media for at least four years before he even applied for his patent. Patent law clearly states that such publicity occurring prior to one year before the patent application would disqualify it for consideration.

So now the door is wide open for anyone to take this concept and run with it, and more people are doing so all the time, all over the world. While Khalili (and most of his students) have focused primarily on using the bags to form large adobe blocks, others have tried filling the bags with a variety of other materials, such as crushed volcanic rock, crushed coral, non-adobe soils, gravel, and rice hulls.

Earthbag building is unique among all other building technologies in that it can be either insulation or thermal mass, depending on what the bags are filled with. This is a very important distinction, because these characteristics of a wall greatly influence how comfortable, economical, and ecological any given system will be.

Safety is of prime concern with all building technologies, and much experimentation and testing has been done to establish guidelines for many ways of building. Khalili has established a

relationship with the building department in Hesperia , California where CalEarth is located, an area where earthquakes are naturally a great danger. In 1993 live-load tests to simulate seismic, snow and wind loads were performed on a number of domed earthbag structures at CalEarth and these exceeded code requirements by 200%.

In 1995 dynamic and static load tests were performed on several prototypes for a planned Hesperia Museum and Nature Center to be constructed using Khalili's Superadobe concepts with both dome and vault shapes. All of these tests exceeded ICBO and City of Hesperia requirements.

In 2006, at the request of Dr. Owen Geiger of the Geiger Research Institute of Sustainable Building, the Department of Civil and Mechanical Engineering of the U.S. Military Academy at West Point conducted several controlled and computer-monitored tests to determine the ability of polypropylene earthbags filled with sand, local soil, and rubble to withstand vertical loads. Their written report concluded that "overall, the earthbags show promise as a low cost building alternative. Very cheap, and easy to construct, they have proven durable under loads that will be seen in a single story residential home. More testing should prove the reliability and usefulness of earthbags".

Despite the success of these tests, earthbag building concepts have yet to be incorporated into the International Residential Building Code.

Obviously more enlightened acceptance of the demonstrated viability of earthbag building needs to occur!

It is difficult to know how many residences and other earthbag structures have been made at this point, probably hundreds if not thousands. Many of us have been promoting the technique for use as emergency shelters, and certainly some have been built for this reason. It is easy for folks to accept this way of building temporary shelters because it fits the historical model of sandbag use.

But many of us have also built substantial homes using earthbags, and in the process realized how truly versatile and sustainable the technique is. I wouldn't be surprised if many of these earthbag homes are still standing long after their conventional counterparts built contemporaneously have disintegrated.

(Source: http://www.earthbagbuilding.com/history.htm)

生土建筑实验

由日本天理大学井上昭夫教授发起的"非洲生态村"计划，于乌干达首都坎帕拉附近的维多利亚湖边的基地上，建立起一个以利用再生能源为主导概念的生态村落。建筑的部分是以现地挖掘的生土为基本素材，以袋装泥土，结合人力夯筑的方式完成不假机器，完全以当地劳工徒手完成的生态建筑的实验。

来自世界各地的建筑专家学者约十人投入此项实验性的工作。在一个月的工期中，完成了结构和建筑体的部分工作。其余的抹灰和内部的细化工作将由在现场学习的当地工程师接续完成。

（本文及照片提供者为：蔡良瑞 台湾台北市人。北京科技大学副教授）

主　要　参　考　书　目

《福建土楼》　黄汉民，台湾《汉声》杂志社，
　　1994 年。

《客家土楼民居》　黄汉民，福建教育出版社，
　　1995 年。

《永定土楼》　福建人民出版社，1990 年。

《老房子——福建民居》　黄汉民、李玉祥，
　　江苏美术出版社，1994 年。

《中国民居研究——中国东南地方居住空间
　　探讨》　茂木计一郎、稻次敏郎、片山
　　和俊，台湾南天书局有限公司，1996 年。

《客家民系与客家聚居建筑》　潘安，中国建
　　筑工业出版社，1998 年。

《中国传统民居与文化》(2)、(4)、(5)　中国建筑
　　工业出版社，1992 年，1996 年，1997 年。

《闽南与闽中土楼初探》　傅晶，《建筑史论
　　文集》(11)，清华大学出版社，1999 年。

《南靖文史资料》　南靖县政协文史资料委员
　　会编。

《土楼集锦》　南靖土楼文化研究会编。

《土楼故事》南靖土楼文化研究会编。

《土楼故事》永定土楼文化研究会编。

《土楼楹联》　永定土楼文化研究会编。

《漳浦县的城堡土楼》　王文径（未刊本）。

《漳州是福建土楼的发源地》　曾五岳，《漳州
　　新方志研究文集》。

《土楼的起源和成因》　高尔逸，《福建旅游》，
　　1998 年第 3 期。

《福建南靖圆寨实测图集》　同济大学建筑城
　　市规划学院，1987 年。

《龙岩适中土楼实测图集》　同济大学建筑城
　　市规划学院，1993 年。

《和而不同——中国传统建筑文化的伦理背景
　　研究》彭晋媛（未刊本）。

《二宜楼的壁画和彩绘》　郑军，《中国历史文
　　物》2002 年第 1 期。

后 记

1994年我的专著《福建土楼》在台湾出版。转眼快十年了，只遗憾此书至今见不到在大陆发行。而这些年来福建土楼的名气越来越大，土楼的影响越来越广。现在土楼旅游已经兴起，对土楼的研究正在逐步深入，对土楼感兴趣的人越来越多。因此，对福建土楼作系统全面的研究和介绍就更加必要。

在清华大学陈志华、楼庆西两位教授的鼓励下，我才下了决心，挤出时间动笔，终于完成这一本《福建土楼——中国传统民居的瑰宝》，在原有的基础上补充了最近几年研究的新发现、新见解、新认识，也算是为福建土楼申报列入"世界文化遗产名录"尽一点微薄之力。

在前后近一年的写作过程中，在整理编辑福建土楼的照片时，一程又一程的土楼之旅，一幕又一幕地展现在我的眼前，神奇的福建土楼一次又一次地震撼着我的心灵，面对我们祖先如此伟大的创造，我没有理由不为它的研究、宣传、保护、开发而竭尽全力。

"土楼是一部读不完的书。"对福建土楼深厚文化内涵的挖掘，对福建土楼的产生和发展历史的探讨，都有待于各学科专家的共同努力。本书只能起抛砖引玉的作用，以期得到各学科专家和有识之士的指点。

在这里，我要特别感谢清华大学陈志华老师在百忙之中为本书作序并提出宝贵的修改意见。还要感谢法国艾德蒙先生、李玉祥先生和台湾《汉声》杂志社的黄永松先生，他们提供的精彩照片，为本书增色不少。更要感谢在福建土楼的调查过程中，福建省文化厅、永定县、漳州市、南靖县、华安县、漳浦县、平和县等地文化部门的同志给予的支持和帮助。没有这许多老师、朋友、同志的鼓励和支持，这本书是根本无法完成的，再多的感激之词也难以表达我对他们发自内心的最诚挚的谢意和敬意！

黄汉民

2002 年 4 月 3 日

修订版记

《福建土楼——中国传统民居的瑰宝》一书出版至今已经五年有余，在福建土楼"申遗"的过程中，它作为福建土楼的研究成果之一，发挥了应有的作用。

现在，福建土楼已经正式列入世界文化遗产名录。福建土楼的知名度更大了，想深入了解福建土楼的人更多了。前来福建土楼观光的游客成倍增长。介绍福建土楼的书籍资料也大量涌现，然而其中多是土楼的摄影画册、光盘和土楼民俗风情的文字介绍，深入研究的专著不多，从建筑学角度系统研究福建土楼的更是少见。鉴于生活·读书·新知三联书店出版的《福建土楼——中国传统民居的瑰宝》一书已经售罄，借出版社拟再版的机会，增加一些新的信息，完善原书中的一些不足之处，作为修订版体现最新的研究成果。希望它能够对想了解福建土楼的人们有所帮助，更希望能得到方家的指点，使福建土楼的研究进一步深入。

黄汉民

2008 年 12 月 15 日